U0734515

厚基础·促应用·强交叉
新一代人工智能创新人才培养精品系列

计算机视觉——从理论到实践

（微课版）

鲁鹏 周琬婷 朱新山◎编著

Computer Vision
——from Theory to Practice

工信学术出版基金
Industry and Information Technology Academic Publishing Fund

人民邮电出版社
北京

图书在版编目（CIP）数据
计算机视觉从理论到实践 : 微课版 / 鲁鹏, 周琬婷, 朱新山编著. -- 北京 : 人民邮电出版社, 2025. (新一代人工智能创新人才培养精品系列). -- ISBN 978-7-115-66743-4
Ⅰ. TP302.7
中国国家版本馆 CIP 数据核字第 2025CQ8098 号

内 容 提 要

本书深入探索计算机视觉的核心技术，围绕五大关键任务展开介绍，即图像分类、图像分割、目标检测、目标跟踪及三维重建。

本书共 9 章，分为三篇，即基础篇、识别篇和重建篇，系统性地引导读者逐步深入了解计算机视觉的复杂内涵与应用实践。基础篇（第 1～4 章）着重介绍了构成计算机视觉的通用理论与算法，包括但不限于图像滤波技术的基本原理、边缘检测的实现方法、尺度不变特征的提取策略及模型拟合的数学工具等，为后续章节的学习奠定必要的理论与技术基础。识别篇（第 5～7 章）深入分析了机器解析图像内容的高级能力，具体涉及图像分割、图像分类、目标检测与跟踪的经典算法及模型。重建篇（第 8、9 章）聚焦于如何从二维图像数据中复原三维场景结构，详细阐述了摄像机几何原理、极几何的应用、双目立体视觉等关键技术的概念与算法，展现了从图像像素到三维场景结构的转换过程。

本书可作为人工智能、智能科学与技术等专业计算机视觉、机器视觉等课程的教材，也可供计算机视觉领域的专业人士（包括开发人员、科技人员和研究学者）参考使用。

◆ 编　　著　鲁　鹏　周琬婷　朱新山
责任编辑　王　宣
责任印制　胡　南
◆ 人民邮电出版社出版发行　　北京市丰台区成寿寺路 11 号
邮编　100164　　电子邮件　315@ptpress.com.cn
网址　https://www.ptpress.com.cn
北京市艺辉印刷有限公司印刷
◆ 开本：787×1092　1/16
印张：13.75　　2025 年 6 月第 1 版
字数：332 千字　　2025 年 6 月北京第 1 次印刷
定价：59.80 元
读者服务热线：(010)81055256　印装质量热线：(010)81055316
反盗版热线：(010)81055315

前言

计算机视觉作为人工智能领域的一项前沿技术，致力于模拟并拓展人类视觉系统的功能。此外，其在诸如图像识别、目标跟踪、面部识别及自动驾驶等关键领域的广泛应用，已经显著展现出其巨大的发展潜力和广泛的社会影响。

◆ 写作初衷

本书的编写目标在于构建一个稳固的桥梁，联结理论知识与实际应用，从计算机视觉的基本原理出发，沿着 5 个核心任务的脉络，有序地整合并优化计算机视觉的学习内容。本书内容的安排遵循由基础到高级（逻辑连贯）的原则，旨在引领读者在增强实际操作与编程技能的同时，深化对这一领域深层次理论的理解。这不仅有助于人工智能及相关学科的学生构建全面的知识体系，而且可以为计算机视觉领域的研究人员提供丰富的学习资料。

◆ 本书内容

本书共 9 章，分为三篇，即基础篇（第 1～4 章）、识别篇（第 5～7 章）和重建篇（第 8、9 章），围绕计算机视觉的关键议题，逐步深入，分层讲解。各章内容概述如下。

第 1 章　绪论：综述计算机视觉的愿景、跨学科联系、历史发展脉络及其广泛的应用前景。

第 2 章　线性滤波器：深入探讨线性滤波器的原理，展示图像卷积、降噪技术及主要图像处理技巧的实际运用。

第 3 章　图像边缘提取与模型拟合：深入分析图像边缘检测技术，涵盖边缘检测的基本理论、Canny 算法的精髓及多种边缘匹配技术。

第 4 章　局部特征提取：以图像拼接为背景，揭示局部特征的重要性，详述 Harris 角点检测方法，并阐述尺度不变特征理论及 SIFT 特征提取的精妙之处。

第 5 章　图像分割：聚焦于图像分割，重点介绍高效的像素聚类方法。

第 6 章　图像检索与分类：针对图像分类与检索的复杂挑战，介绍机器学习与词袋模型的应用。

第 7 章　目标检测与跟踪：面对图像和视频，详细介绍针对图像的目标检测算法和面向视频移动物体的运动跟踪算法，以及 AdaBoost 与 HOG（Histogram of Oriented Gradient，方向梯度直方图）算法在人脸识别与行人检测中的应用，同时深入探索基于光流的目标跟踪技术。

第 8 章　摄像机几何与标定：进行摄像机几何学的深层探讨，详细介绍摄像机的内部和外部参数、校准技术及径向畸变参数的估算方法。

第 9 章　三维重建：步入三维重建的奇妙世界，解析三角测量、极几何、基础矩阵与单应矩阵的概念，并通过双目立体视觉的深入分析，展示从二维图像到三维模型的认知飞跃。

◆ 本书特色

1. 结构清晰，层次分明

本书共分为三篇，每篇针对计算机视觉的不同层面进行深入讲解，从基础理论到高级应用，层层递进，便于读者逐步掌握计算机视觉的核心知识。

2. 内容丰富，覆盖全面

基础篇（第 1～4 章）为读者提供一个全面的计算机视觉概览，揭示其跨学科特性及应用前景；深入浅出地解析线性滤波器的原理，实践图像处理的基本技巧；详细剖析边缘检测技术，为后续的特征提取打下坚实基础；介绍局部特征在图像处理中的重要性，详解各种特征提取算法的关键步骤与实施细节。

识别篇（第 5～7 章）介绍图像分割技术，探讨高效的像素聚类方法，以及这些方法如何提升图像处理的效果；同时，深入介绍图像检索与分类技术，解决图像处理领域内的高级挑战，并展示先进算法在实际中的应用；详细讲解目标检测和运动跟踪算法，这些算法对于图像和视频分析至关重要。

重建篇（第 8、9 章）深入探讨摄像机几何学，为三维重建打下坚实的理论基础，同时带领读者探索三维世界的构建，解析其中的关键技术和理论，使读者能够掌握从二维图像到三维模型转换的核心知识。

3. 理实结合，侧重应用

本书不仅注重理论知识的讲解，还介绍了大量的实际应用案例，使读者能够更好地将所学知识应用于实际问题的解决之中，进而锤炼扎实的工程实战能力。

4. 紧跟前沿，拓展眼界

本书涵盖了计算机视觉领域的最新研究成果和技术动态，可以帮助读者把握行业发展趋势，提升领域专业素养，拓展科技认知边界。

5. 讲解深入，适用面广

本书讲解深入，适用面广，适合计算机视觉领域的初学者、本科生、科研人员及相关行业的工程师阅读和学习。

◆ 教学建议

教师若选用本书授课，建议通过实际案例和实验操作相结合的方式开展教学，将理论教学与实际应用相结合。同时，鼓励学生积极参与课堂讨论和实验操作，利用本书提供的习题和案例进行课后实践，巩固所学知识。此外，学生要定期回顾所学内容，形成系统的知识体系。

全书教学时数建议为 32 学时，其中基础篇 12 学时，识别篇 12 学时，重建篇 8 学时。建议教师按照篇章顺序进行教学，每章分配适当学时，确保学生能够充分理解和吸收知识。教师在备课和教学过程中，可以充分利用本书的资源和代码示例，将其作为课堂教学的补充；同时，可以根据学生的接受程度，适当调整教学内容和进度。

为了帮助院校教师高效开展育人工作，编者为本书配套建设了丰富的教辅资源，包括 PPT 课件、教学大纲、教案、习题答案、案例包、源代码等，院校教师可以通过人邮教育社区（www.ryjiaoyu.com）下载使用。相关资源也可以助力读者巩固所学知识，并迅速将其应用到实际工作之中。

◆ **致谢**

本书的编写广泛吸收了国际学术界和教育界的宝贵成果，对于启发我们思考的所有先驱者，我们深表感激。此外，本书的成功出版还得益于黎德睿、张安然、王利玮、张峻豪、宋世鹏、王甲基、王海博、刘睿健等研究生的积极参与，编者在此一并表示衷心感谢。

鉴于知识领域的无限广阔，尽管我们力求精确无误，但书中难免存在不足之处。因此，我们真诚欢迎各位专家、同行及读者提出宝贵意见与修正建议，共同推动本书知识的细化和完善。我们期待通过电子邮箱（lupeng@bupt.edu.cn）与您开展更多建设性的对话与合作。

编　　者

2025 年夏于北京邮电大学

目录

第1章 绪论

【本章导读】

计算机视觉作为一门集成了人类视觉理解、计算机科学、人工智能以及其他相关领域的交叉学科，其研究对象广泛，旨在模仿并扩展人类视觉系统的能力，以自动化的方式分析、解释和操作视觉信息。本章将概述计算机视觉的核心概念、相关学科、发展历程及应用领域。

【本章学习目标】

- 掌握计算机视觉的基本概念，理解计算机视觉的起源，了解其发展历程中的关键事件和技术突破。
- 理解计算机视觉的跨学科性质，认识计算机视觉与其他学科之间的联系及区别。
- 了解计算机视觉技术在工业视觉、人机交互、安全监控、视觉导航、遥感与环境监测、生物医学以及虚拟现实等领域的应用情况。

1.1 计算机视觉概述

计算机视觉的灵感来源于人类视觉系统，这一复杂而精密的机制是我们认知世界的主要途径。据估计，人类获取的外部信息中约有 75%来自视觉，体现了视觉信息的丰富性和处理效率。人类视觉发挥功能的过程可以分为两个阶段：视觉感知和视觉认知。视觉感知阶段涉及对光的基本反应，如亮度、颜色等，主要从物理和化学角度理解光刺激；视觉认知阶段则更高级，负责将这些基本元素整合为有意义的对象和场景，涉及心理学和神经科学等学科。视觉感知到视觉认知的过渡，意味着从二维图像到三维世界的理解，这一过程包括对光的物理特性的理解、视觉器官对光刺激的响应，以及视网膜将光信号转化为神经信号的过程。亚里士多德早先提出的视觉任务——“确定何物在何处”，至今仍是视觉理解的核心问题之一。

计算机视觉的根本目标是通过算法和计算技术，使机器能够模拟甚至超越人类的视觉能力，对三维世界进行感知、理解和操作。这包括但不限于图像的高层次分析，如目标识别、场景理解、物体的几何结构分析，以及这些对象之间的空间关系和动态行为的解析。计算机视觉的研究目标可归纳为两个方面：技术实践与理论探索。

技术实践：目标是构建计算机视觉系统，能够利用摄像头等传感器捕获图像，然后通过复杂的算法处理，恢复和理解三维世界中的物体属性、姿态、运动等。这一系统不仅需要完成特定任务，如工业检测、自动驾驶等，还应朝着通用视觉系统方向发展，能够适应多种场景和任务。

理论探索：计算机视觉研究是为了进一步理解人脑视觉处理机制，这包括神经科学、认知科学的研究，旨在揭示大脑如何处理视觉信息。这一方向的研究不仅有助于科学界对人类视觉系统有更深层次的认识，还可以为计算机视觉算法和技术的创新提供理论基础。

计算机视觉的研究方法多样，例如仿生学方法，即模仿人眼和人类视觉系统设计算法和模型；再如工程学方法，即侧重于系统输入与输出的优化，不拘泥于生物结构的直接复制，而是寻找最有效的解决方案。无论采用哪种方法，计算机视觉的最终目标都是提升计算机的视觉智能，使之能够更好地服务于人类社会，解决实际问题，推动技术进步。

1.2 相关学科

计算机视觉作为一门高度交叉的学科，其理论和技术与计算机图形学、神经科学、认知科学、图像处理、数据结构与算法、系统架构、光学、语音与自然语言处理、机器人学、机器学习以及信息检索等多个领域存在着复杂而微妙的关联，如图 1-1 所示。本节将深入探索这些领域与计算机视觉之间的区别与联系，展示它们如何相互影响并共同塑造技术的未来。

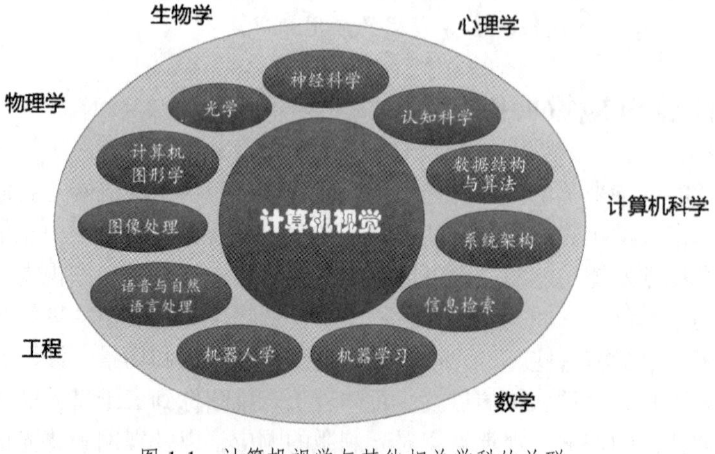

图 1-1　计算机视觉与其他相关学科的关联

计算机视觉与计算机图形学：现实与虚拟的互馈。计算机图形学专注于通过算法和物理模型创建图像和动画，强调从数据到视觉内容的生成；计算机视觉则致力于从图像和视频中提取信息，实现对现实世界的理解。计算机图形学提供的高质量合成数据成为训练计算机视觉模型的关键资源，而计算机视觉的进展，如真实感渲染技术，又反馈至计算机图形学，提升其真实度和互动性。

计算机视觉与神经科学、认知科学：智能的模仿与理解。神经科学和认知科学探究生物大脑的运作机制，尤其是视觉感知和认知过程，而计算机视觉尝试用算法和模型模拟这些功能，但不受限于生物结构。计算机视觉大量借鉴神经科学中的概念，如利用卷积神经网络模拟视觉皮层，同时认知科学为计算机视觉提供了关于注意力、记忆和学习的理论基础，推动算法的智能化发展。

计算机视觉与图像处理：基础到应用的桥梁。图像处理关注图像的预处理和特征提取，是计算机视觉的前期步骤；计算机视觉在此基础上进行高层次的理解和决策。图像处理技术是计算机视觉的基石，而计算机视觉的挑战促进了图像处理技术的革新，如深度学习在图像增强和特征提取上的应用。

计算机视觉与数据结构、算法、系统架构：效率与可扩展性的追求。数据结构与算法关注解决问题的逻辑和效率，系统架构关注软件和硬件的组织方式；计算机视觉则更侧重于具体应用，如物体识别。高效算法和精心设计的系统架构是实现计算机视觉大规模、实时应用的关键，三者相互依存，共同推动技术边界。

计算机视觉与光学：物理世界与数字世界的接口。光学研究光的产生、传播和效应，是视觉信息采集的基础；计算机视觉侧重于对这些信息的处理和理解。光学原理指导摄像头设计，影响图像质量，而计算机视觉算法的优化有时需要对光学效应进行建模和补偿，两者相辅相成。

计算机视觉与语音、自然语言的处理：多模态的融合。语音与自然语言的处理聚焦于声音和文本的识别与理解，而计算机视觉处理集中于视觉信息。多模态交互系统与三者结合，实现更加全面的人机沟通，如在智能客服和机器人中的应用。

计算机视觉与机器人学、机器学习：感知与行动的闭环。机器人技术关注自主体的动作执行和环境交互，机器学习是让机器学习模式的通用方法；计算机视觉为其提供视觉感知能力。计算机视觉与机器学习深度结合，提供机器人的“眼睛”，而机器人技术的应用需求推动计算机视觉在动态环境下的快速准确识别。

计算机视觉与信息检索：大数据时代的视觉搜索。信息检索侧重于从海量数据中高效查找所需信息；计算机视觉在此基础上增加了对图像和视频内容的检索能力。结合计算机视觉的信息检索系统能够处理多媒体内容，提升搜索的准确性和用户体验。

综上所述，计算机视觉与这些领域的相互作用形成了一个错综复杂的生态系统。它们在理论、方法和应用上既保持各自的独立性，又在交叉点上激发出创新火花。随着技术的不断演进，这些领域的界限将继续模糊，共同推动智能技术迈向新的高度。

1.3 发展历程

计算机视觉的故事始于 20 世纪 50 年代。在这个时期，两位神经生理学家大卫·胡贝尔（David Hubel）和托尔斯滕·维塞尔（Torsten Wiesel）开展了一项以猫的视觉系统为研究对象的开创性实验，揭示了大脑处理视觉信息的基本机制。如图 1-2（a）所示，他们通过向猫展示特定图案并记录其视觉皮层的反应，首次发现了初级视觉皮层中的神经元对移动边缘具有特殊的反应，并区分了简单细胞与复杂细胞。这项研究为理解视觉系统奠定了坚实的基础，并最终帮助他们在 1981 年荣获诺贝尔生理学或医学奖。与此同时，在计算机视觉领域，罗素·基尔希（Russell Kirsch）和他的团队发明了数字图像扫描仪，成功地将图像转换为机器可读的灰度值，为数字图像处理技术的发展铺平了道路。如图 1-2（b）所示，这张最早扫描的 5cm ×5cm 图像包含 30 976（176×176）个像素，成为计算机视觉历史上一个重要的里程碑。

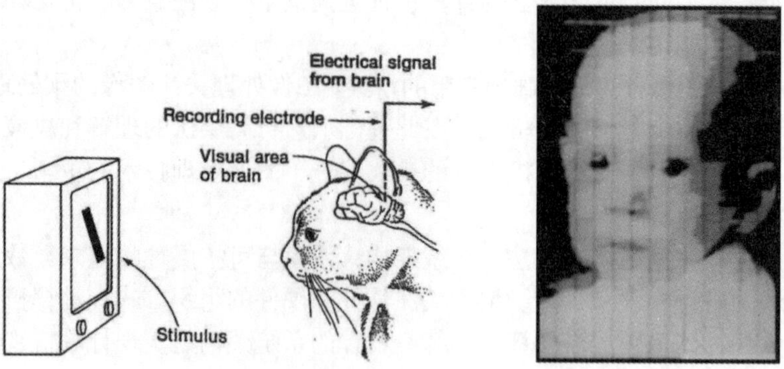

（a）猫的视觉信息处理机制探索　　（b）第一张被扫描的数字图像

图 1-2　20 世纪 50 年代的计算机视觉领域的代表性工作

到了 20 世纪 60 年代，人们开始围绕三维视觉研究计算机视觉。拉里·罗伯茨（Larry Roberts）在 1965 年的文章中探讨了如何从二维图像推断出三维信息，这为后续的三维场景理解奠定了基础。1966 年，西摩·佩珀特（Seymour Papert）在麻省理工学院人工智能实验室的夏季视觉项目标志着计算机视觉作为一个独立的研究领域而诞生，虽然该项目没有达到最初的目的，但它的重要性不容忽视。同年，威拉德·博伊尔（Willard Boyle）和乔治·史密斯（George Smith）发明了电荷耦合装置（Charge Coupled Device，CCD），如图 1-3 所示，这项技术极大地提高了数字图像的质量，对工业视觉应用产生了深远的影响。

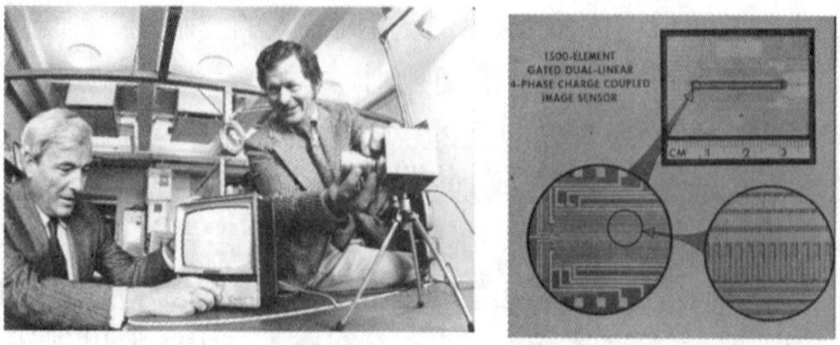

图 1-3　博伊尔和史密斯在贝尔实验室发明的电荷耦合装置

20 世纪 70 年代，计算机视觉作为一个新兴领域真正起步。顶尖的研究机构如麻省理工学院、斯坦福大学和卡内基梅隆大学的科学家们认识到，要实现复杂的智能行为，就必须解决视觉输入的问题。这个时期的研究着重于从图像中恢复三维世界的结构。大卫·马尔（David Marr）在 20 世纪 70 年代提出的理论，即视觉处理分为计算理论、算法和硬件实现三个层面，至今仍影响着计算机视觉的研究方向。马尔的著作《视觉：从可计算的角度研究人类如何表示和处理视觉信息》（见图 1-4）详细阐述了他的理论框架，为后世的研究者提供了宝贵的指导。

20 世纪 80 年代，计算机视觉领域经历了显著的发展。这一时期的研究重点转向了图像和场景分析的数学技术，比如图像金字塔技术让图像的融合和匹配变得更加高效。立体视觉技术的进步使得通过阴影、光度、纹理和焦点来恢复三维形状成为可能。边缘和轮廓检测技术的突破进一步推动了计算机视觉的发展。

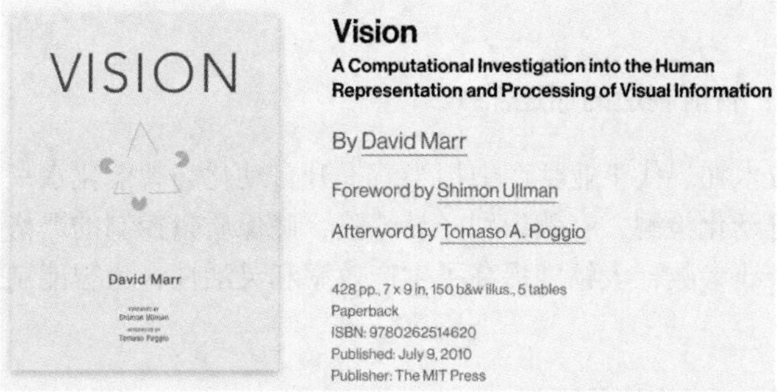

图 1-4 《视觉：从可计算的角度研究人类如何表示和处理视觉信息》

20 世纪 90 年代，计算机视觉领域取得了更多突破性的进展。运动恢复结构技术的出现解决了投影不变量的问题，推动了三维重建技术的发展。光流、密集立体匹配与跟踪算法的改进显著提高了图像处理的准确性。

进入 21 世纪后，计算机视觉技术在视觉与图形学的交汇点上继续深入发展。

在 21 世纪的第一个十年中，图像拼接、高动态范围成像和光场技术的进步显著提升了图像处理的效果。基于特征的对象识别技术和机器学习的结合，以及全局优化算法的改进，推动了视觉识别技术的进步。

21 世纪的第二个十年见证了深度学习技术的兴起，这一技术彻底改变了计算机视觉领域。2012 年的 ImageNet 竞赛中，亚历克斯·克里泽夫斯基（Alex Krizhevsky）等人使用深度卷积神经网络 AlexNet（见图 1-5）取得了突破性的成果，大幅降低了图像分类的错误率。自此以后，深度学习成为计算机视觉的主要工具，推动了许多领域的快速发展，包括自动驾驶汽车、医疗影像分析和增强现实等。

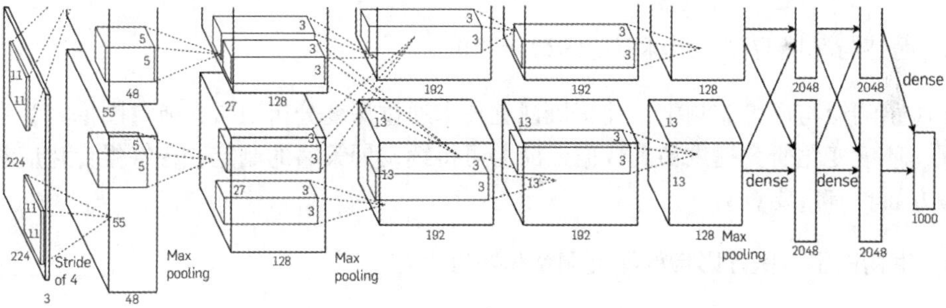

图 1-5 克里泽夫斯基提出的深度卷积神经网络 AlexNet

如今，计算机视觉技术已经被广泛应用于我们的日常生活中，从智能手机的人脸解锁到无人机的自主导航，再到工业自动化和艺术创作，计算机视觉的应用无处不在。随着技术的不断进步，我们可以期待计算机视觉在未来继续拓展边界，带来更多的可能性和惊喜。

1.4 应用领域

计算机视觉技术，作为一门横跨光学、电子学、计算机科学与人工智能等多学科的前沿科技，正在当代社会展现出其无与伦比的应用潜力与广泛的社会价值。以下详细探讨了该技术在多个关键领域的应用拓展，全方位揭示了其在科技进步与社会结构变迁中的重要地位。

1．工业视觉：智能制造的加速器

计算机视觉技术在现代工业生产中担当着提升自动化与智能化水平的关键角色。它通过实施高精度的自动化检测，有效识别产品缺陷，确保质量控制的严格性；同时，实时监控与动态调整生产线参数，大幅度提高了生产效率和灵活性，为智能制造业的快速发展奠定了坚实基础。

2．人机交互：无缝沟通的桥梁

在人机交互的界面，计算机视觉技术可以捕捉用户的非言语信息，如手势与表情，开创了更为直观、自然的互动方式，显著增强了用户体验的沉浸度与便利性。对于特殊需求群体，这一技术更是提供了包容性更强、使用更便捷的交互解决方案。

3．安全监控与军事应用：智能安防的前沿

计算机视觉技术在公共安全与军事领域的广泛应用，涵盖人脸识别、行为分析到犯罪预防，以及战场环境的实时监测，为安全防范提供精准预判与快速反应机制，在强化安全保障的同时，也为军事战略规划提供了关键信息支持。

4．视觉导航：自动驾驶与无人机的慧眼

无论是在自动驾驶汽车的路面行驶，还是在无人机的空中航行中，计算机视觉技术都是实现精准定位、安全避障的核心技术。该技术通过实时环境图像分析，确保任务高效安全执行，极大地推进了物流、交通行业的自动化进程。

5．遥感与环境监测：地球资源的智能守护

在遥感测绘与环境监测中，计算机视觉技术通过深度分析卫星与航空图像，为自然资源管理、环境变化研究提供精确数据，助力可持续发展策略的制定，在气候变化应对、灾害预警方面具有重要意义。

6．生物医学：医疗影像的深度洞察与精准医疗

计算机视觉技术在生物医学领域的应用，不仅提高了医疗影像诊断的准确性，还通过实时三维图像引导，辅助外科手术实现极高的精度，降低了手术风险，推动了医疗技术的革新。

7．虚拟现实：沉浸式体验的领航者

在虚拟现实领域，计算机视觉技术构建了高度真实的虚拟场景，为教育、娱乐等多个行业提供了前所未有的沉浸式体验，拓宽了人类认知与体验的极限。

计算机视觉技术以其广泛的应用范围和深远的社会影响，正逐渐融入社会的各个层面，成为推动社会进步与科技创新的关键驱动力。随着技术的持续演进，其应用前景充满无限可能，将持续引领各领域的变革与创新。

本章小结

本章概述了计算机视觉作为一门交叉学科的核心概念、相关学科、发展历程及应用领域。它模拟人类视觉系统，旨在自动化理解视觉信息。其研究目标分为技术实践与理论探索两个方面，涉及算法开发与视觉机制理解。计算机视觉与多个领域交织，如计算机图形学、神经科学等，它们共同促进技术创新，而且计算机视觉应用遍及工业、安全、医疗等多个领域，成为社会进步的关键驱动力。

习　题

1. 阐述计算机视觉的核心追求，同时对比分析其实用技术操作与学术理论探讨的不同之处。

2. 分析计算机视觉与神经科学领域的互动关系，探讨此类跨学科合作对计算机视觉技术进步的影响。

3. 对比研究计算机视觉与计算机图形学的基本区别及其相互关联，通过实例展示两者的互补作用在实际项目中的体现。

4. 讨论计算机视觉与图像处理领域的关系，概述二者之间的主要区别。

5. 回顾计算机视觉技术的历史演进，重点解析大卫·马尔提出的视觉计算三层级框架的意义。

6. 选取特定的计算机视觉应用案例（例如，制造业视觉检测、无人驾驶车辆或生物医学成像），深入剖析其核心技术组件及面临的主要难题。

7. 对比分析计算机视觉系统与人眼视觉机制的相似性和差异性。

8. 考察计算机视觉技术在医疗卫生行业的潜在价值，包括但不限于诊断辅助、手术导航等方面的应用。

9. 探究计算机视觉技术如何促进智能无人系统的开发与应用，评估其长远发展潜力。

10. 展望未来十年计算机视觉领域可能出现的技术革新和新兴应用场景，并提供个人见解以支撑观点。

第2章 线性滤波器

【本章导读】

滤波器之名来自频率域信号处理，原指接收或拒绝信号的某些频率分量。在计算机视觉中，滤波是我们“加工”图像信号的一个基本操作，作用于图像的最小单元——像素。线性滤波器是对图像像素进行线性的处理操作，其滤波过程可通过图像卷积表示。线性滤波器是一种常见的图像处理工具，用于平滑图像、去除噪声、边缘检测等。

【本章学习目标】

- 理解卷积的概念及其在图像处理中的应用，包括卷积的定义、性质和示例，并能动手实践图像锐化技术。
- 掌握不同的图像去噪方法，特别是中值滤波器和高斯滤波器的工作原理，并能运用这些技术去除图像中的椒盐噪声和高斯噪声。
- 通过对卷积和图像去噪技术的学习，加深对线性滤波器在计算机视觉中的重要性的认识，并能够独立完成相关的实践任务。

2.1 卷积

卷积

本节首先介绍数字图像的表示方式和线性滤波的概念，引出图像卷积的定义；然后讨论卷积操作的关键特性，以及不同卷积核对图像的影响和实际效果；最后深入研究图像中的噪声，由此引出高斯平滑卷积，这是一种常用于处理高斯噪声的操作，在图像处理中具有重要应用价值。

2.1.1 图像表示与线性滤波

图像是人类视觉系统对外部世界的感知结果。“图”表示物体反射或透射光的分布，而“像”代表这些光在人的视觉系统中形成的印象。图像泛指所有具有视觉效果的画面，其可通过光学设备或人工创作获取。根据记录方式，图像分为模拟图像和数字图像。模拟图像记录在敏感于光信号的介质上，而数字图像随着数字采集技术的发展越来越普遍。在计算机视觉领域，“图像”通常指的是数字图像，以便于计算机处理和分析。

数字图像是以数字形式存储的图像，它将图像分割成一组正方形网格实现离散表示。每个网格视为一个像素，其数值称为像素值，用一个数字量表示，从而，整个图像可表示为一个离散数值矩阵。像素值可由一个或多个数字量组成，对每个网格的颜色进行一定精度的量化表达。矩阵大小取决于像素个数，像素个数越多，像素分辨率越高，因离散表示导致的图像细节损失越小。像素值的范围可表示对颜色信息的描述能力，其范围越广，可描述的颜色种类越多，图像呈现的色彩更加逼真。

假设 f 表示一幅图像，(x,y) 表示像素点在空间的坐标，$f(x,y)$ 表示点 (x,y) 的像素值。如果图像 f 的纵坐标（ y 轴）有 M 个离散值，横坐标（ x 轴）有 N 个离散值，则图像 f 的大小可表示为 $M \times N$ ，其中，M 表示图像的高度，N 表示图像的宽度。

像素是构成图像的最小单元。根据像素值的范围，可将图像分为三种类型：二值图、灰度图和彩色图。

如果图像只包含黑白两种颜色，图像的像素值 $f(x,y)$ 仅有两个可能的取值。通常使用 0 来表示黑色，1 来表示白色，因此像素的取值范围可以表示为 $f(x,y) \in \{0,1\}$ ，这种类型的图像被称为二值图。

在二值图的基础上，增加像素的取值范围，使图像在黑色和白色之间包括多个不同程度的灰色，这类图像被称为灰度图。将白色和黑色之间按对数关系分成若干等级，通常灰度分为 256 阶，即像素值 $f(x,y)$ 的取值范围为 256 个离散值，可以表示为 $f(x,y) \in [0,255]$ 。

彩色图像通常包含多个颜色通道，可采用 RGB 、LAB 和 HSV 等颜色模型来表示。RGB 颜色模型几乎包括人眼所能感知的所有颜色，是一种应用最广泛的颜色模型。在 RGB 模型中，每个像素有三个颜色通道，分别是红色（R）、绿色（G）和蓝色（B）。每个通道的颜色强度由一个 256 阶的离散值表示，即 $f_c(x,y) \in [0,255]$ ，其中下标 c 表示颜色通道，$c \in \{R,G,B\}$ 。这三个通道的颜色叠加呈现出图像的丰富色彩。

数字图像在生成过程中往往会受到噪声的影响。这些噪声可以源自多个因素，包括摄像机传感器的特性、工作环境、电子元器件材料属性、电路结构等。典型的噪声类型包括电阻引起的热噪声、金属-氧化物-半导体（Metal-Oxide-Semiconductor，MOS）管的沟道热噪声以及暗电流噪声等。此外，受到传输介质和设备的影响，图像信号在传输过程中可能会受到各种干扰，从而引入噪声。

通常情况下，相邻像素在图像中具有相近的像素值，而噪声点的像素值通常与其周围像素值存在明显的差异，导致噪声点在图像中显得突兀。为了减轻这种突兀感，需要减小噪声点与周围像素之间的差异，使它们的值尽量接近。因此，一种简单的去噪方法是计算噪声点与其邻近像素的均值，并以该均值代替原像素值。例如，对于灰度图 f ，给定噪声点 (x,y) ，可以考虑以该点为中心的一个 3×3 区域，将该区域内的 9 个像素值取平均以获得新的像素值 $f'(x,y)$ ，即

$$f'(x,y) = \frac{1}{9}\sum_{s=-1}^{1}\sum_{t=-1}^{1} f(x+s, y+t) \tag{2-1}$$

然后，将新的像素值 $f'(x,y)$ 代替原始值 $f(x,y)$ 。这样处理后，噪声点与邻近像素点的差异会减小，从而减少了噪声点的突兀感。通常将这种操作称为均值滤波。式（2-1）中的平均操作，本质上是对区域内的所有像素点进行加权求和。通过这种方式可以实现图像的平滑处理，削弱噪声的影响。

在上述滤波操作中，如果使用不同的权重和不同大小的邻域窗口，就可以实现不同的图像处理效果。例如，如果将中心点的权重设为 1，周围像素点的权重设为 0，那么处理后

的图像将保持原样。此外，无论采用何种权重设置，上述滤波操作的输出都不会因为图像平移而改变，即输出值取决于邻域图像的模式，而非邻域图像的位置。而且，上述滤波操作也是线性的，即两个图像之和的滤波输出等于两个图像各自滤波输出结果的和。因此，上述滤波过程也被称为线性滤波，而均值滤波就是其中的一种常见形式。

2.1.2 卷积的定义

前述的图像去噪过程是一种空间域的线性图像滤波操作，滤波器的大小为 3×3，滤波器的系数都为 $\frac{1}{9}$。通过扩展式（2-1），可以得到大小为 $(2a+1)\times(2b+1)$ 的线性滤波器的一般表述，即

$$f'(x,y)=\sum_{s=-a}^{a}\sum_{t=-b}^{b}w(s,t)f(x+s,y+t) \tag{2-2}$$

其中，$w(s,t)$ 表示滤波器的权重系数。进一步，式（2-2）可等价变换为

$$f'(x,y)=\sum_{s=-a}^{a}\sum_{t=-b}^{b}w'(s,t)f(x-s,y-t) \tag{2-3}$$

其中，$w'(s,t)=w(-s,-t)$。显然，式（2-3）的运算是权重系数 $w'(s,t)$ 与图像 $f(x,y)$ 的卷积。这说明，如果滤波器的滤波核旋转 180° 后与卷积核相同，那么滤波操作与图像卷积是等价的。因此，线性滤波器的滤波操作可以用图像卷积来表示，即

$$f'(x,y)=f(x,y)*w'(x,y) \tag{2-4}$$

或者简记为 $f'=f*w'$。

根据以上分析，滤波操作总是可以转化为卷积操作，因此，可以说滤波就是卷积的过程。但是，二者的核函数是有区别的，如果把滤波过程视为卷积，其卷积核是滤波核旋转 180° 后的结果。如果滤波核自身是对称的，即满足 $w(s,t)=w(-s,-t)$，则滤波核与卷积核一致。在计算机视觉中，由于许多滤波器都是对称的，通常将滤波核和卷积核视为等同，无须特意强调翻转。

在具体执行图像卷积操作时，首先将卷积核的中心位置对准一个待处理的像素点，如图 2-1 所示；然后，将卷积核的每个位置的权值与其覆盖的像素值相乘，并对这些乘积的结果进行求和，得到一个卷积操作后的新值；随后，将卷积核的中心移动到下一个像素点，继续执行相同的操作，这一移动的幅度被称为卷积步长；当处理完所有像素点，将所有的卷积结果按顺序组合在一起，就得到了卷积后的图像。

在卷积过程中，需要注意的是，当对图像边界上的像素进行卷积时，卷积核可能会覆盖图像范围之外的部分区域，但这些区域没有相应的像素值，不能进行卷积操作。针对该问题，可采用两种方式进行处理：第一种方式是不对边界上的像素点进行卷积操作；第二种方式是在进行卷积之前，首先对超出图像范围的像素位置进行填充，然后再进行卷积操作。

边界填充

第一种方式会导致输出图像的尺寸小于输入图像。假设输入图像的大小为 $m\times n$，卷积核的大小为 $(2a+1)\times(2b+1)$，卷积步长为 1，那么经过卷积后的图像大小将变为 $(m-2a)\times(n-2b)$。如果多次进行卷积，将导致图像的尺寸严重缩小，损失图像内容信息。

更常用的是第二种处理方式。若卷积核的大小为 $(2a+1)\times(2b+1)$，卷积步长为 1，那么需要在原图像的左侧和右侧各增加 b 列像素，在顶部和底部各增加 a 行像素。这些额外

的像素通常使用常数进行填充，常见的是使用 0 进行填充。此外，也可以使用原图像边界上的像素值进行填充，这类似于“拉伸”图像，或者对图像边界上的像素使用镜像方法获得扩展区域的像素值。

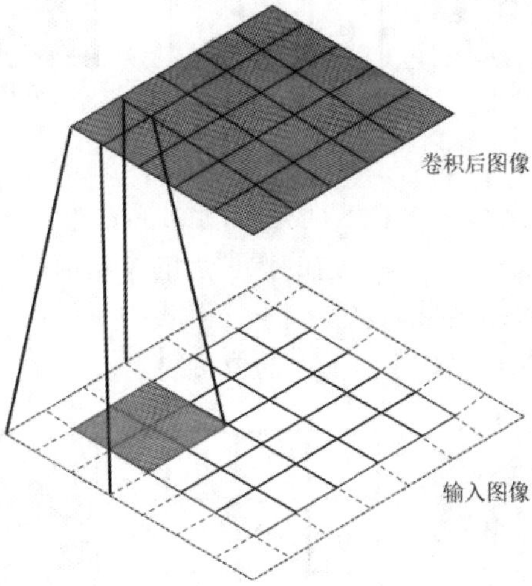

图 2-1　图像卷积示意图

2.1.3　卷积的性质

卷积操作具有两个非常重要的数学性质：叠加性与平移不变性。

叠加性：对两个图像求和后的结果进行卷积等于对这两个图像分别卷积后再求和，即

$$w * (f_1 + f_2) = w * f_1 + w * f_2 \tag{2-5}$$

平移不变性：对于一幅图像，无论是先应用卷积再进行平移操作，还是先进行平移操作再应用卷积，得到的结果相同。该性质可以表示为

$$\mathrm{shift}(w * f) = w * \mathrm{shift}(f) \tag{2-6}$$

其中，$\mathrm{shift}(\cdot)$ 表示图像平移操作。

此外，卷积操作还满足交换律、结合律、分配律和标量分解等性质。

- 交换律：$a*b = b*a$。
- 结合律：$a*(b*c) = (a*b)*c$。
- 分配律：$a*(b+c) = (a*b) + (a*c)$。
- 标量：$ka*b = a*kb = k(a*b)$。

式中，a、b 和 c 分别表示不同的函数，k 代表一个标量。

2.1.4　卷积示例

卷积示例

在计算机视觉领域，卷积是一种基础而又至关重要的图像处理操作，能够完成包括图像去噪、图像增强、边缘提取等在内的多种图像处理任务。这里通过具体实例来深入探讨卷积的功能。

单位脉冲核：中间位置的值为 1，其他位置的值为 0。如图 2-2 所示，使用单位脉冲核对左边的图像进行卷积，卷积的结果仍然是原图。这是因为单位脉冲核在周围像素上的权重均为 0，只有核心位置的像素值参与了卷积运算中的加权求和过程。

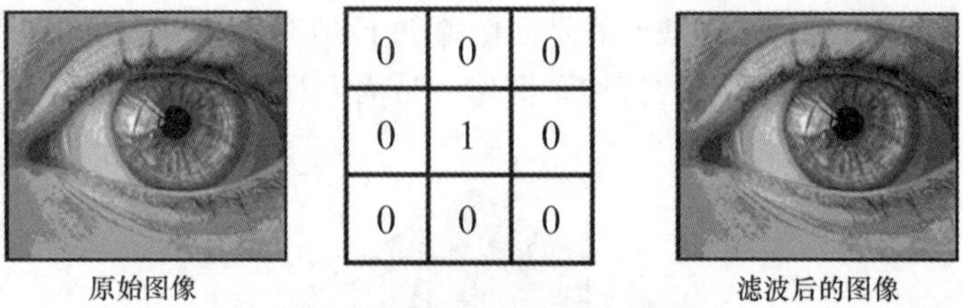

图 2-2　单位脉冲核卷积示意图

平移核：值为 1 的位置不在中心，而是移动到了右边，其余位置上的值都为 0，如图 2-3 所示。这个卷积核的作用是用右边的像素点的像素值替换当前像素点的值，产生图像整体向左平移了一个像素的结果。这个例子告诉我们，任何的图像平移操作都可以通过卷积来实现，平移的方向由卷积核权值为 1 的位置决定。

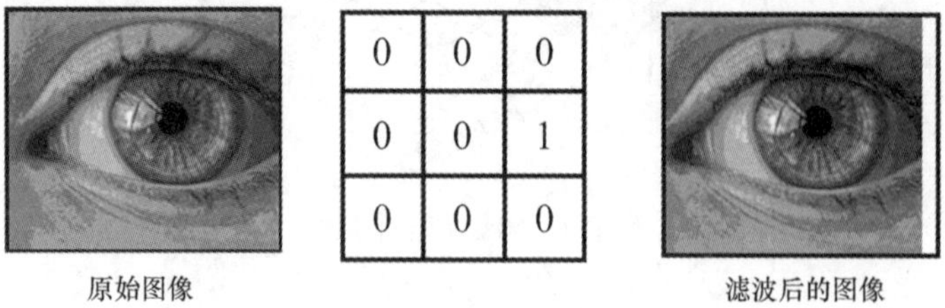

图 2-3　平移核卷积示意图

平均核：卷积核中所有位置的系数都一样，且总和为 1。这与 1.1.1 小节中讨论的均值滤波核相同。例如，如果卷积核的大小为 3×3，那么每个位置的系数都为 $\frac{1}{9}$。应用这个卷积核对图像进行卷积操作会生成一个平滑的图像，在一定程度上实现了图像去噪，如图 2-4 所示。

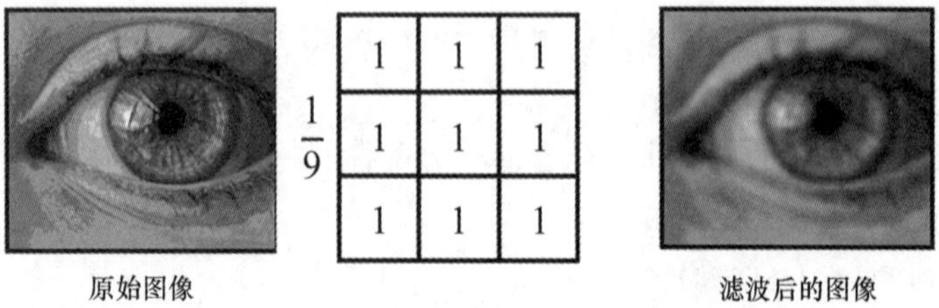

图 2-4　平均核卷积示意图

锐化核：通过将两个单位脉冲核相加然后减去一个平均核来定义的卷积核。使用这个卷积核对图像进行卷积可以实现图像锐化的效果。原因如下：平均核用于使图像平滑，对于平坦的区域，如人的脸部和皮肤，在平滑前后像素值的变化不大，然而，在图像的边缘区域，如人脸与头发的交界处，在图像平滑前后像素值的差异较大。因此，从原始图像减去平滑后的图像可以近似得到一张边缘图。然后，将这个边缘图再叠加到原始图像上，就可以进一步突出原图中的边缘信息，进而产生出锐化的视觉效果。这个过程如图 2-5 所示。在具体实现时，原图可以表示成原图与单位脉冲核卷积，平滑图可以看作原图与平滑核卷积。由于卷积操作满足分配律和交换律，因此，我们可以把原图提取出来，先计算单位脉冲核乘以一个系数，再减去平滑卷积核，得到的结果再与原图进行卷积。这就是锐化核的由来。

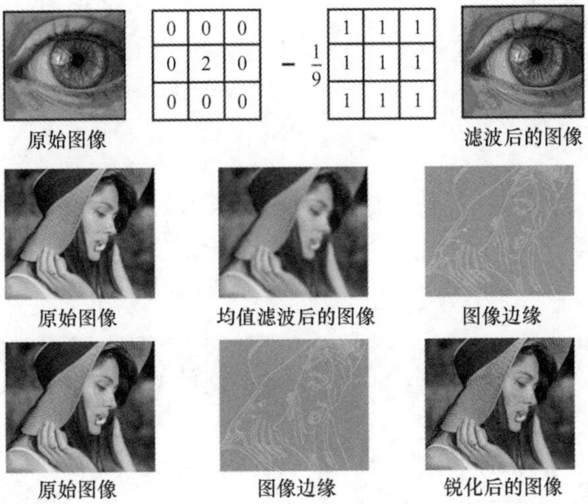

图 2-5　锐化核卷积示意图

2.1.5　动手实践：图像锐化

1．实践目标

当图像受到模糊影响（如运动模糊、焦点不准确或传感器噪声）时，可以使用图像锐化改善图像质量，提高图像的视觉清晰度，进而辅助图像分析和识别。图像锐化可以使用滤波核实现。本实验使用 Python 编程实现滤波核并用于图像锐化，具体目标如下。

（1）编程实现图像锐化，初步了解滤波核对图像的影响。

（2）通过调整滤波核参数，对比不同参数下图像锐化的效果。

（3）了解图像锐化在计算机视觉领域的应用。

2．实践内容

使用 cv2 读取图像数据，实现一个增强边缘的滤波核，使用 cv2 将滤波核应用于图像并展示锐化效果。

3．实践步骤

本实验使用 numpy 自定义卷积核，并运用 cv2 读取、处理和展示图片，代码如下。

（1）读取图像数据

```
import cv2 as cv
import numpy as np
img_path = 'flower.jpg'
src = cv.imread(img_path)
```

（2）定义滤波核

```
kernel = np.array([[0, -1, 0], [-1, 5, -1], [0, -1, 0]])
```

（3）进行图像滤波并展示锐化效果

```
dst = cv.filter2D(src, -1, kernel)
cv.imwrite('shaped1.jpg', dst)
```

```
cv.imshow('original', src)
cv.imshow('dst', dst)
cv.waitKey(0)
cv.destroyAllWindows()
```

4. 实验结果与分析

对比图 2-6 与图 2-7，可以发现图像锐化操作使图像更加清晰。图像锐化的关键在于卷积核（滤波核）的选取，通常使用一个 3×3 的卷积核作为滤波核，其形式可以参照实践步骤中的滤波核定义。

图 2-6　锐化前的图片

图 2-7　锐化后的图片

2.2 图像去噪

图像去噪

本节首先对噪声进行了分析，介绍了两类常见的噪声类型：椒盐噪声和高斯噪声。随后，探讨了如何利用中值滤波器去除椒盐噪声，并设置了一个动手实践环节来加深读者对去除椒盐噪声的理解。接着，详细探讨了设计高斯卷积核的步骤及其对高斯噪声平滑效果的影响。这部分涵盖了不同参数的选择如何影响滤波效果，并讨论了高斯卷积核的基本性质。最后，通过实践环节，加强了读者对去除高斯噪声方法的理解。

2.2.1　噪声分析

噪声是一种不可预测的随机信号，它会对图像的输入、采集、处理以及输出结果的各个环节产生影响。因此，图像预处理的一个至关重要的任务是噪声的分析和抑制生成，这很大程度上决定了后续图像处理的效果。不论是模拟图像处理还是数字图像处理，一个出色的图像处理系统无不以减少噪声为首要目标。

噪声有多种分类方式。根据噪声产生的来源，可以将噪声分为内部噪声和外部噪声；根据噪声的频谱特征，可以将噪声分为低频噪声、中频噪声和高频噪声；根据噪声与信号的关系，可以将噪声分为加性噪声和乘性噪声；根据噪声的概率密度函数，可以将噪声分类为高斯噪声、脉冲噪声（椒盐噪声）、瑞利噪声、伽马噪声、指数分布噪声和均匀分布噪声等。其中，最常用的是根据噪声的概率密度函数分类的方法，因为这种分类方式下可以利用数学模型设计去除图像噪声的方法。本节主要介绍椒盐噪声和高斯噪声的处理方法，它们是图像去噪常考虑的两种噪声。

椒盐噪声是一种极端噪声，即噪声点的像素值与周围像素点的像素值之间存在明显的差异。在灰度图像中，椒盐噪声表现为明显的亮点和暗点，如图 2-8 所示。

原始图像

含有椒盐噪声的图像

图 2-8 椒盐噪声效果示意图

椒盐噪声属于脉冲噪声，是对图像中随机孤立像素点的干扰，它的概率密度函数 z 可表示为

$$p(z)=\begin{cases}P_a, & z=a \\ P_b, & z=b \\ 0, & 其他\end{cases} \tag{2-7}$$

其中，$0 \leqslant P_a \leqslant 1$，$0 \leqslant P_b \leqslant 1$，$a$ 和 b 是图像中噪声点的灰度值。

根据式（2-7），如果 $b>a$，灰度值为 b 的像素在图像中显示为亮点，即“盐噪声”；而灰度值为 a 的像素在图像中显示为暗点，即“椒噪声”；其他像素点则没有噪声。

与图像信号的强度相比，脉冲干扰通常较大，因此，在一幅图像中，脉冲噪声总是量化为像素值的最大值或最小值（对应色彩是纯白或纯黑）。基于此，通常假设 a 和 b 分别代表图像的饱和最小值和最大值，在数字图像中，它们等于该图像像素的取值范围所允许的最小值和最大值，因此，对于一幅 256 阶的灰度图像，$a=0$，$b=255$。

高斯噪声是指服从高斯分布的一类噪声。带有高斯噪声的图像，每一个像素点的值都有不同程度的偏移。如图 2-9 所示，图 2-9（a）为没有噪声的原图，图 2-9（b）是存在高斯噪声的图像。右图中每一个像素值是由原图中对应位置的像素值加上一个随机噪声产生的，这个噪声的具体值是从零均值的高斯分布中采样得到的。如果分别从原图和高斯噪声图中取出一行像素，绘制像素值曲线，则可以看到，理想图像的像素值变化相对比较平滑，而带有噪声的像素值则呈现出明显的振荡特征。

高斯噪声的概率密度函数 z 可表示为

$$p(z)=\frac{1}{\sqrt{2\pi}\sigma}\mathrm{e}^{-\frac{(z-\mu)^2}{2\sigma^2}} \tag{2-8}$$

其中，z 表示随机变量，μ 表示 z 的均值或期望，σ 表示 z 的标准差。z 服从高斯分布也可写成 $z \sim \mathcal{N}(\mu,\sigma^2)$。由高斯分布的性质可知，$z$ 在区间 $[\mu-\sigma,\mu+\sigma]$ 取值的概率为 70%，在区间 $[\mu-3\sigma,\mu+3\sigma]$ 取值的概率为 95%。

（a）原始图像　　（b）含有高斯噪声的图像

图 2-9　高斯噪声效果示意图

2.2.2　中值滤波器

对于椒盐噪声，使用前文所述的均值滤波（或平均卷积核）进行图像去噪效果并不理想。原因在于像素值极端偏离的噪声点对平均值的计算影响很大，这不仅无法有效减小异常值，还可能对噪声点周围的正常点引入误差，难以获得良好的平滑效果。

如图 2-10 所示，椒盐噪声图像经过均值滤波后，图像变得模糊，但噪声“颗粒”未能去除，反而形成了模糊的“斑点”，去噪效果较差。

3×3　　5×5　　7×7

图 2-10　不同卷积核尺寸的均值滤波效果图

针对这种噪声，一种较为有效的滤波方法是使用中值滤波器。中值滤波器也有一个“卷积核”，但并不具备固定的权值。它对其覆盖的像素值进行排序，然后选取排序后的中间位置的值作为平滑后的结果，通过这种方式可去除掉具有最大或最小像素值的噪声点。假设 f 为噪声图像，f' 为滤波后的图像，滤波窗口的大小为 $B \times B$，在以 (x, y) 为中心的滤波窗口

中包含图像像素的坐标集合表示为 S_{xy}，那么中值滤波操作可以表示为

$$f'(x,y) = \underset{(s,t)\in S_{xy}}{\mathrm{median}}[f(s,t)] \tag{2-9}$$

对于一个尺寸为 $B \times B$ 的中值滤波窗口，其输出值大于或等于窗口中包含的 $(B^2-1)/2$ 个像素值，并小于窗口中另外 $(B^2-1)/2$ 个像素值。例如，对于一个 3×3 的窗口，中值为 9 个值中按大小顺序排列的第 5 个值。

图 2-11 展示了对一个 3×3 的图像子块进行中值滤波的具体操作过程。在中值滤波中，窗口的尺寸是决定滤波效果的重要因素，通常很难提前确定最佳的窗口尺寸。实际应用中，可以逐渐增大窗口的尺寸，以便确定最适合的尺寸。

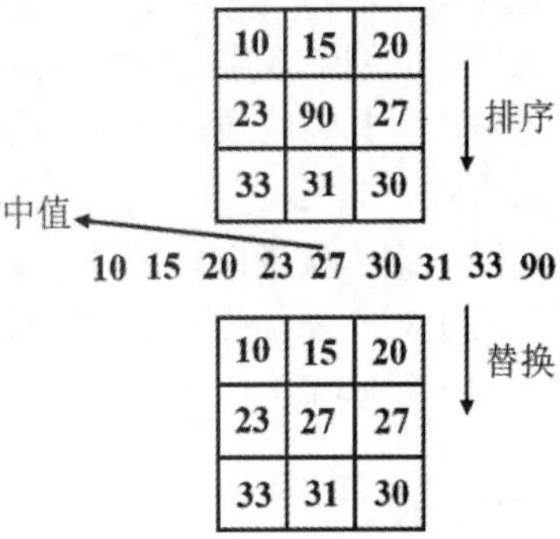

图 2-11　中值滤波过程示意图

中值滤波对椒盐噪声的抑制效果非常出色。由于该操作不牵扯到像素值的平均计算，因此它能够在抑制噪声的同时有效地保护图像的边缘，避免了去噪后的图像出现模糊效果。如图 2-12 所示，图 2-12（a）为含有椒盐噪声的图像，图 2-12（b）为经中值滤波去噪后的图像。通过绘制一行像素值曲线，可以明显观察到噪声图的像素值曲线中包含许多脉冲干扰，而经过中值滤波后，脉冲干扰基本被滤除。从视觉效果上看，图像中绝大多数的噪声“颗粒点”都被去除了，同时图像去噪后仍然保持了清晰的图像边缘。

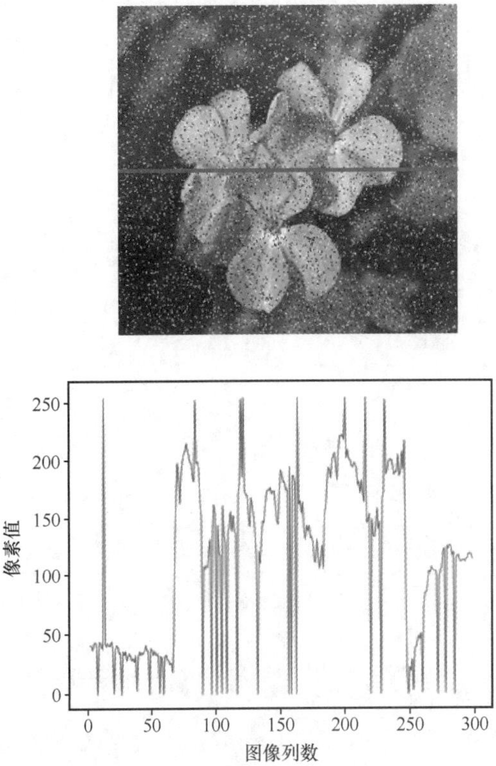

（a）含有椒盐噪声的图像

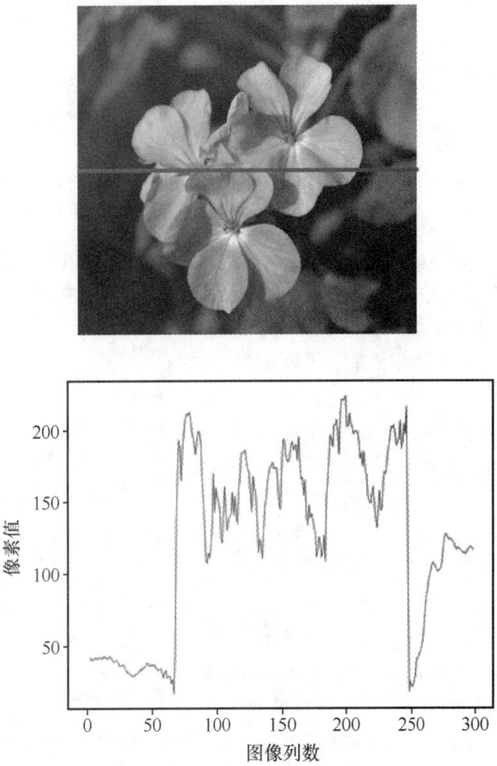

（b）经中值滤波去噪的图像

图 2-12　中值滤波效果图

2.2.3 动手实践：去除图像中的椒盐噪声

1．实践目标

椒盐噪声（Salt-and-pepper noise）是一种常见的图像噪声，表现为图像中随机分布的白色（盐）和黑色（椒）像素点。椒盐噪声对图像质量有显著影响，该噪声会使图像粗糙，降低图像的视觉效果。使用中值滤波可以有效降低椒盐噪声的影响。中值滤波器通过替换每个像素值为其邻域像素值的中值来去除椒盐噪声。这种方法对于保留图像细节同时去除噪声非常有效。本实验使用 Python 编程实现了添加椒盐噪声和中值滤波，具体目标如下。

（1）编程实现图像滤波，初步了解图像数据的处理方法。

（2）观察添加噪声和进行图像滤波后的效果，直观认识椒盐噪声与中值滤波。

（3）了解椒盐噪声的常见成因和不利影响，了解其他去除椒盐噪声的方式。

2．实践内容

使用 cv2 读取图像数据，使用 numpy 处理图像数据，编程实现添加随机椒盐噪声和中值滤波去除噪声两项任务，并展示加噪与降噪效果。

3．实践步骤

本实验使用 numpy 的随机数 api 生成椒盐噪声，并结合 cv2 实现向图像添加噪声，代码如下。

（1）读取图像数据

```
import cv2
import numpy as np
image = cv2.imread("flower.jpg")
```

（2）添加椒盐噪声

```
# 设置添加椒盐噪声的数目比例
s_vs_p = 0.5
# 设置添加噪声图像像素的数目
amount = 0.04
noisy_img = np.copy(image)
# 添加 salt 噪声
num_salt = np.ceil(amount * image.size * s_vs_p)
# 设置添加噪声的坐标位置
coords = [np.random.randint(0, i - 1, int(num_salt)) for i in image.shape]
noisy_img[coords[0], coords[1], :] = [255, 255, 255]
# 添加 pepper 噪声
num_pepper = np.ceil(amount * image.size *(1. - s_vs_p))
# 设置添加噪声的坐标位置
coords = [np.random.randint(0, i - 1, int(num_pepper)) for i in image.shape]
noisy_img[coords[0], coords[1], :] = [0, 0, 0]
cv2.imwrite("noisy_flower.jpg", noisy_img)
```

（3）中值滤波

```
src = cv2.imread("noisy_flower.jpg")
```

```
filtered_image = cv2.medianBlur(src, ksize=3)
cv2.imshow('dst', filtered_image)
cv2.imshow('src', src)
cv2.waitKey(0)
cv2.destroyAllWindows()
cv2.imwrite("median_filter.jpg", filtered_image)
```

4. 实验结果及分析

图 2-13 展示了一张原始的菊花图像。当我们在图像上添加椒盐噪声后，效果如图 2-14 所示，图像中出现了随机分布的白色（盐）和黑色（胡椒）像素点。这种椒盐噪声严重影响了图像的质量。为了改善这种情况，我们对添加了椒盐噪声的图像应用了中值滤波。处理后的效果如图 2-15 所示。通过增加中值滤波的窗口大小（ksize），我们可以进一步提升降噪效果，但这也会导致图像变得模糊。因此，在实际应用中，需要适当调整窗口大小，以平衡去噪效果与图像清晰度，进而达到最佳效果。

图 2-13　原始图片

图 2-14　添加椒盐噪声后的效果

图 2-15　对噪声图片进行中值滤波

2.2.4　高斯滤波

高斯滤波

对于具有高斯噪声的图像，由于其每个像素点上的噪声满足高斯分布，理论上来说直接使用平均卷积核可以取得不错的去噪效果，然而，实际效果并非如此。如图 2-16 所示，经过平均卷积核卷积后的图像，图像不仅变得更加模糊，还引入了水平和竖直方向的条纹，这种现象被称为“振铃”效应。

图 2-16　“振铃”效应示意图

“振铃”效应指的是，图像中出现的明暗相间的周期性重复条纹的现象，类似于钟被敲击后产生的空气振荡。这一现象产生的直接原因在于图像滤波过程中信息的丢失，尤其是高频信息的丢失。

为了减小“振铃”效应，应该根据当前像素点与邻近像素点的距离来分配滤波器的权重，而不是将邻近像素的权重都设置成相同的值。这种想法的直观解释是，与当前点距离更近的像素应该被赋予更高的权重，而距离更远的像素应该被赋予较低的权重，通过这种加权求和的滤波操作，可使当前点与近距离的像素更相似。

为了实现这一想法，可以根据二维高斯函数生成卷积核，这种卷积核因此被称为高斯卷积核。使用高斯卷积核进行图像卷积，可以确保靠近中心点的像素在加权求和中拥有更大的权重，而远离中心点的像素则具有较小的权重。零均值的二维高斯函数的数学表达式为

$$g(x,y)=\frac{1}{2\pi\sigma^2}\mathrm{e}^{-\frac{x^2+y^2}{2\sigma^2}} \tag{2-10}$$

其中，σ^2 表示方差。高斯卷积后的图像 $f'(x,y)$ 可表示为

$$f'(x,y) = g(x,y) * f(x,y) \tag{2-11}$$

在实际操作中，设计一个高斯卷积核需要如下三步。

- 指定参数：卷积核尺寸 $B_1 \times B_2$ 以及高斯函数的方差 σ^2 。
- 将卷积核的位置坐标 (x,y) 代入高斯函数，得到卷积核当前位置的权重，这里默认卷积核的中心点位于 $(0,0)$ 。
- 对权重进行归一化，保证所有权重之和为 1，目的是保证卷积操作不缩放像素值的范围。

第一步中，两个参数的设置会对最终的平滑效果产生影响。这里，通过分析高斯卷积核中心点的权值来理解这两个参数的效果。如果中心点的权值较大，意味着当前像素在卷积后的像素值中所占的比重很大，而周围像素点对它的影响较小，因此最终的平滑效果不太明显。相反，如果这个权值较小，表示周围的像素点对当前点的影响较大，这将导致更显著的平滑效果。

首先，固定卷积核的尺寸，分析方差对卷积核的影响。如图 2-17 所示，方差越大的卷积核，中心位置的权值越小；方差越小的卷积核，中心位置的权值越大。因此，方差大的卷积核的平滑能力强于方差小的卷积核。

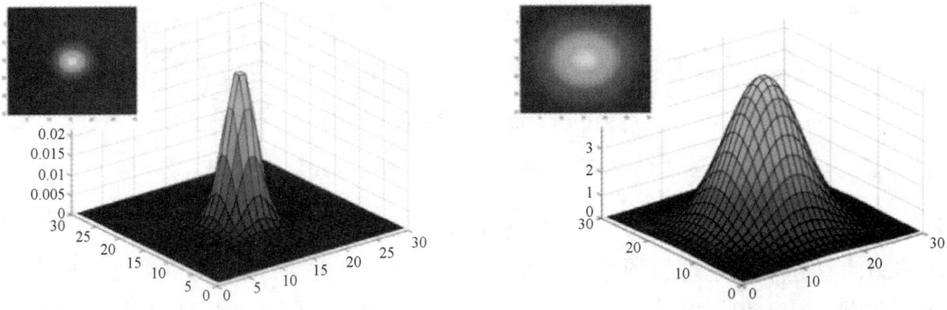

方差为2，大小为30×30　　方差为5，大小为30×30

图 2-17　不同方差的高斯卷积核对比图

接下来，固定方差，讨论卷积核尺寸的影响。由于方差相同，大尺寸和小尺寸的卷积核中心点的权值在未归一化时是相同的。然而，经过归一化操作后，由于大尺寸的卷积核包含更多的权值，其中心点的权值在归一化后会相对较小，因此，大尺寸的卷积核具有比小尺寸卷积核更强的平滑效果。图 2-18 显示了不同尺寸的二维高斯卷积核的权值的三维示意图。

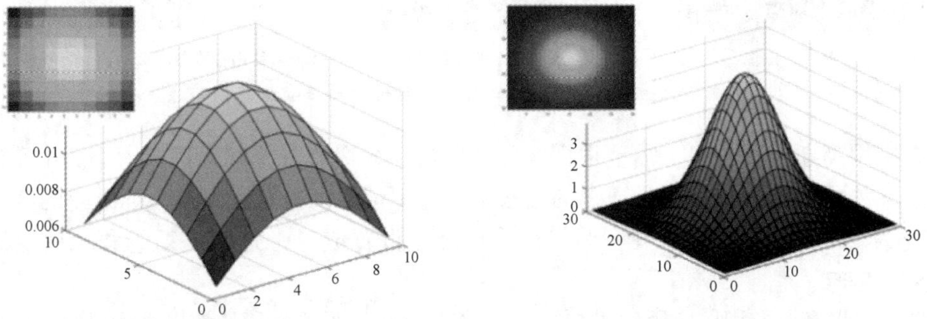

方差为5，大小为10×10　　方差为5，大小为30×30

图 2-18　不同尺寸的高斯卷积核对比图

经过分析可知，当图像中噪声方差较大时，需要较强的图像平滑效果，选择具有较大方差的高斯函数或大尺寸的卷积核；反之，若噪声方差较小，应选择具有较小方差的高斯函数或小尺寸的卷积核。图 2-19 中，第一行展示了叠加了三种不同方差的高斯噪声后的灰度图像。从图中可以看到，随着噪声方差的增大，图像中的噪声变得更加明显。接下来，分别使用标准差为 1 和标准差为 2 的高斯卷积核对第一行的三张噪声图像进行平滑处理，将处理后的结果分别显示在第二行和第三行。

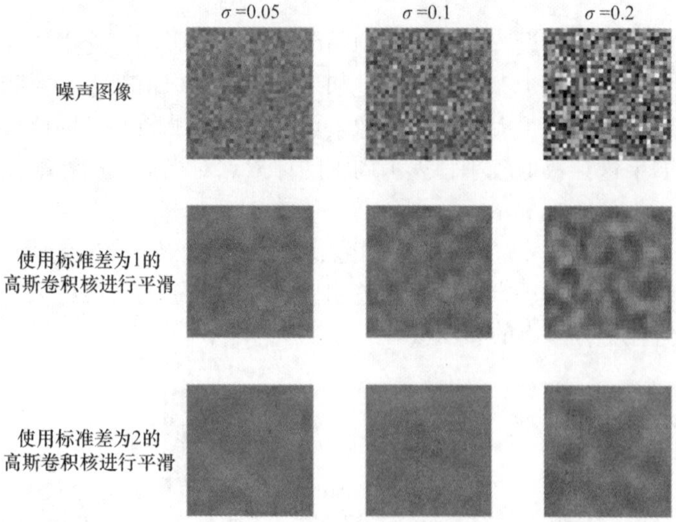

图 2-19　不同方差高斯卷积核的去噪效果对比

从图 2-19 中可以看到，当噪声方差比较小时，采用小方差的高斯卷积核能平滑掉噪声，平滑后的图像看起来接近理想图像；当噪声方差比较大时，必须采用更大方差的卷积核才能去除掉噪声。图 2-20 的第一幅图像为包含噪声的图像，后面两幅图像分别为使用标准差为 1 及标准差为 2 的高斯卷积核进行去噪的结果图。可以看到，方差越大，去噪效果越明显，但同时丢失了图像中的很多轮廓信息，使图像变得更加模糊。

图 2-20　不同标准差的高斯卷积核的去噪结果图

在应用高斯卷积核时，需要根据实际情况选择合适的方差和卷积核大小。由于同时考虑两个参数可能会较为复杂，通常的做法是将卷积核的半窗宽度设置为标准差的 3 倍，整个窗宽为 6 倍的标准差加 1。例如，将标准差设置成 1，这时高斯卷积核的窗宽等于 $2\times 3\times 1+1=7$。

现在，将高斯卷积核应用到图 2-16 中，将其结果与平均卷积的效果进行对比，如图 2-21 所示。可以清楚地看到，高斯卷积核在平滑图像的同时，有效地抑制了“振铃”效应的发生。

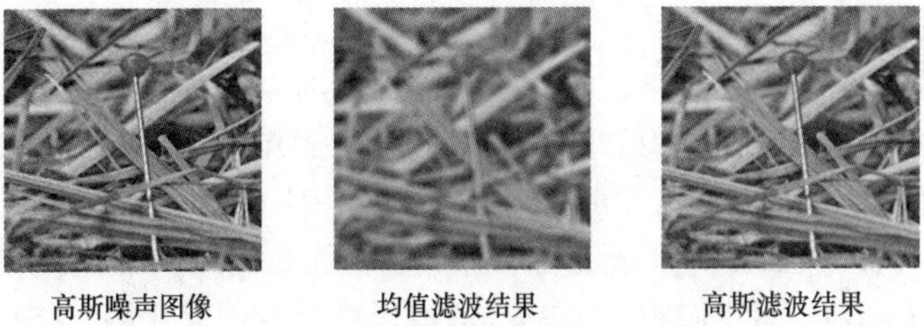

图 2-21　平均卷积与高斯卷积的效果对比

下面介绍高斯卷积核的部分性质。

- 高斯卷积核可以实现低通滤波，即可以去除图像中的高频信息，比如噪声或者图像中的边缘，让图像中的低频信息通过，最终实现图像平滑。前面的测试用例验证了高斯卷积核的平滑效果。
- 用一个大尺寸的高斯卷积核对图像进行卷积，其结果可以通过对输入图像重复进行多次小尺寸高斯卷积来获得。

例如，对一幅图像用标准差等于 $\sqrt{2}$ 的卷积核进行卷积的结果，可以通过对输入图像先用标准差为 1 的卷积核进行卷积，对所得结果再用标准差等于 1 的卷积核进行卷积来获得。

- 一个二维高斯卷积核可以拆分为两个一维高斯卷积核。

该性质可以通过一个例子来说明。如图 2-22 所示，第一行的左侧展示了一个二维高斯核，当这个核与右侧的图像进行卷积时，结果为 65。第二行展示了二维高斯核可以分解为纵向和横向的两个独立的一维高斯核。第三行和第四行显示了分解后的这两个一维高斯核先后对图像进行卷积的结果。可以看出，连续使用这两个一维高斯核的卷积与直接使用未分解的二维高斯卷积核得到的结果是一致的。所以，一个二维高斯卷积核对图像进行卷积，可以通过其分解的两个一维高斯卷积核对图像进行连续卷积来实现。

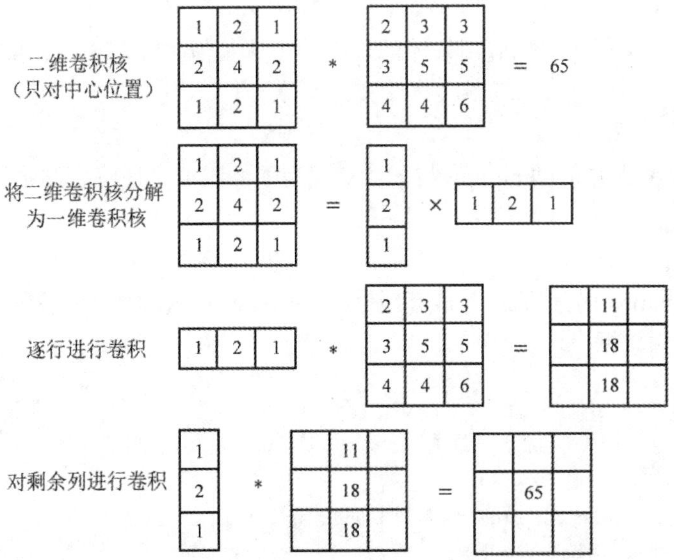

图 2-22　高斯卷积核拆分示意图

这是高斯核的三个特性。第一个性质表明高斯卷积核能平滑图像，实现图像去噪。后面两个性质能够帮助我们有效地减小运算量，提升运算速度。为了理解这一点，下面将具体分析卷积操作的计算量。

图像卷积是逐像素进行的操作，假设图像的尺寸为$M \times N$，卷积核的尺寸为$m \times m$，那么需要计算$M \times N$个位置的卷积。每个位置的卷积操作包含$m \times m$次乘法。在这种情况下，卷积计算的复杂度是$O(M \times N \times m^2)$。然而，如果使用多个小尺寸的卷积核操作来代替一个大尺寸的卷积核，那么计算复杂度将会降低，比如我们用5×5的模板进行卷积时，它的复杂度是$O(25M \times N)$，而我们用两个3×3的模板进行卷积以代替5×5的卷积核时，其复杂度降至$O(9M \times N)$。如果进一步将一个二维卷积核分解为两个一维卷积核，那么计算复杂度将会进一步降低，变成$O(M \times N \times m)$。因此，高斯卷积核的第二个和第三个性质对于减小计算复杂度和加速运算大有裨益。

2.2.5 动手实践：去除图像中的高斯噪声

1．实践目标

高斯噪声（Gaussian noise），也称为正态噪声，是一种统计噪声，其幅度的分布遵循正态分布（也称为高斯分布或正态曲线）。在图像处理领域，高斯噪声是一种常见的随机噪声，它可以由电子设备的热噪声、传感器噪声、环境干扰等因素产生。

高斯噪声的特点是其强度和频率的空间位置是随机的，且噪声值在一定范围内围绕一个平均值（通常是零）对称分布。这种噪声在图像中表现为随机的亮度或颜色变化，可能导致图像细节模糊，降低图像质量。高斯滤波是一种降低高斯噪声的常见方法，该方法通过应用高斯函数作为权重的卷积核来平滑图像，从而减少噪声。这种方法在保留图像细节的同时，可以有效地减少高斯噪声。本实践目标如下。

（1）编程实现添加高斯噪声与高斯滤波。

（2）观察添加高斯噪声与进行高斯滤波后图像的特点，理解高斯噪声与高斯滤波对图片的影响。

（3）了解高斯噪声在实际应用领域的成因，了解其他去除高斯噪声的方法。

2．实践内容

使用 Python 编程并借助 numpy 与 cv2 实现为图像添加高斯噪声与高斯滤波。

3．实践步骤

本实验使用 numpy 内置的 api 生成高斯噪声，使用 cv2 内置的高斯滤波进行降噪，代码如下。

（1）读取图像数据

```
import cv2
import numpy as np
image = cv2.imread("flower.jpg")
```

（2）添加高斯噪声

```
img_height, img_width, img_channels = image.shape
print(img_height, img_width)
mean = 0
# 设置高斯分布的标准差
sigma = 25
# 根据均值和标准差生成符合高斯分布的噪声
```

```
gauss = np.random.normal(mean, sigma, (img_height, img_width, img_channels))
# 给图片添加高斯噪声
noisy_img = image + gauss
# 设置图片添加高斯噪声之后的像素值的范围
noisy_img = np.clip(noisy_img, a_min=0, a_max=255)
```

（3）高斯滤波降噪

```
src = cv2.imread("noisy_img2.jpg")
dst = cv2.GaussianBlur(src, (3, 3), 0)
cv2.imshow("src", src)
cv2.imshow("dst", dst)
cv2.waitKey(0)
cv2.destroyAllWindows()
```

4. 实验结果及分析

原始图片如图 2-23 所示，实验结果如图 2-24 和图 2-25 所示。可见，使用高斯滤波核可以去除高斯噪声的影响，高斯卷积核的 kernel_size 越大则平滑效果越好，但是相应图像会变得模糊。后续可以调整高斯卷积核的尺寸进一步验证结论。

图 2-23　原始图片

图 2-24　添加高斯噪声的图片

图 2-25 高斯滤波处理后的图片

本章小结

本章首先简要介绍了数字图像的基础知识以及卷积的概念与应用，并通过示例展示了不同卷积核的卷积效果；随后，对图像噪声进行了分析，针对不同噪声类型分别介绍了中值滤波和高斯卷积核这两种基本的图像去噪方法；最后，详细解释了高斯卷积核的性质，特别强调了可拆分性，这一特性能够有效地降低卷积操作的计算复杂度。

习　题

1. 证明卷积操作满足交换律。
2. 证明连续两次高斯卷积操作的结果可由一次高斯卷积操作得到。
3. 证明一个二维高斯卷积核可以拆分为两个一维高斯卷积核。
4. 程序设计：编程实现以方差和窗口尺寸为输入的高斯卷积核自动生成函数。
5. 程序设计：根据图 2-6，编程实现参数可调的图像锐化卷积核自动生成函数。
6. 程序设计：以卷积核和图像为输入，实现带填充的图像卷积操作。
7. 程序设计：利用习题 4 的程序生成一个二维高斯卷积核，然后，将其等价地拆分为两个一维高斯卷积核，之后，利用习题 6 的程序验证一个二维高斯卷积核对图像进行卷积，可以用它分解所得的两个一维高斯卷积核对图像进行连续卷积来实现。
8. 程序设计：利用习题 4 的程序生成一个大尺寸的二维高斯卷积核，然后，利用习题 2 的理论，将其等价地拆分为两个二维高斯卷积核，之后，利用习题 6 的程序验证一个二维的高斯卷积核对图像进行卷积，可以用它分解所得的两个小尺寸的高斯卷积核对图像进行两次连续卷积来实现。
9. 程序设计：实现一个图像模糊算法，使用习题 4 生成的高斯卷积核对图像进行模糊处理，并分析不同方差对模糊效果的影响。
10. 程序设计：实现一个图像锐化算法，使用习题 5 生成的卷积核对图像进行锐化处理，并分析不同参数对于图像锐化结果的影响。
11. 程序设计：扩展习题 6 的程序，使其支持可分离卷积核的卷积操作，并比较可分离卷积与普通卷积在计算效率上的差异。

第 3 章 图像边缘提取与模型拟合

【本章导读】

图像边缘是一种图像的低层次语义信息，有助于理解图像中的结构信息，为各种计算机视觉和图像处理任务提供基础。本章首先解释图像边缘的含义与作用；然后，阐述图像边缘与图像导数之间的关系，并介绍使用高斯一阶偏导核进行图像边缘检测的方法；接着，介绍一个经典的边缘检测算法——Canny 算法；最后，介绍一些常用的模型拟合方法。

【本章学习目标】

- 掌握图像边缘检测的基本概念、图像求导与梯度计算，熟悉 Canny 边缘检测器的工作原理。
- 熟悉模型拟合方法，掌握最小二乘拟合、鲁棒拟合、RANSAC 算法、霍夫变换等方法的基本原理及其应用场景的差异。
- 能够编写程序实现图像求导、边缘检测及模型拟合等方法。

3.1 图像边缘与图像求导

图像边缘

本节主要介绍图像边缘与图像求导的基本概念。首先探讨边缘位置的特点；随后讲解图像的导数与梯度表示；为了减少噪声的影响，继续介绍高斯一阶偏导核的应用；最后，通过动手实践环节，帮助读者熟练掌握图像求导的过程。

3.1.1 边缘的位置特点

在图像中，亮度出现显著或急剧变化的点通常被称为边缘或边缘点。图像边缘一般携带着图像的语义和形状信息，相对于像素表示，边缘表示显然更加紧凑。

观察图 3-1 这幅线条画，很显然，透过画中的线条，能够知道这是一个圆柱体放在一个平板上，平板上的阴影为圆柱体的投影。可见，边缘能传递图像中的大部分语义，所以，通过图像中的边缘去理解图像是可行的。

为了更好地理解图像边缘，通常将图像边缘分成以下 5 种类型，它们分别对应着不同的物理特性，如图 3-1 所示。

- A 类边缘线是空间曲面上的不连续点。这个边缘线为两个曲面或者平面的交线，该点的物体表面的法线方向不连续，因此在 A 类边缘线的两边，图像的灰度值有明显的不同。
- B 类边缘线是由不同材料或者不同颜色造成的。由于不同材料或者不同颜色对光的反射系数不同，使得 B 类边缘线的两侧灰度有明显的不同。
- C 类边缘线是物体与背景的分界线。由于物体与背景在光照条件和材料反射系数方面有很大的差异，因此在 C 类边缘线两侧，图像灰度也有明显的差异。
- D 类边缘线既是物体与背景的分界线，又是物体表面上法线不连续处，但 D 类边缘线两侧灰度差异较大的原因往往是前者。
- E 类边缘线是阴影引起的边缘。由于物体表面某一部分被其他物体遮挡，使其得不到光线照射，从而引起边缘点两侧的灰度值有较大差异。

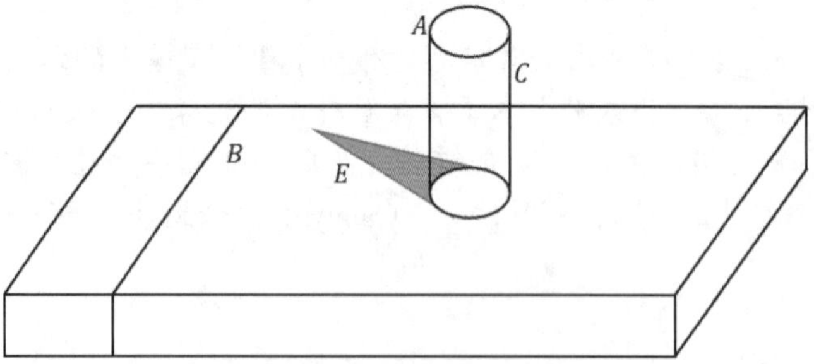

图 3-1　图像边缘示例

需要说明的是，对不同的图像识别任务，通常所关注边缘的类型是不相同的。例如，如果想要识别目标的外形，就主要关注深度上的不连续以及表面法向量的不连续产生的边缘；如果想要识别目标内部是什么，就要识别目标表面是否有相关的信息，这时关注的是表面上色彩不一致产生的边缘；如果希望知道目标在空间中的位置信息，就需要关注阴影产生的边缘。

通过边缘的含义可知，边缘处的灰度值通常呈现不连续性。如图 3-2（a）展示，图像中有两个边缘，均位于两种颜色交界处。现在，取图像水平方向的一行像素，绘制出像素值随坐标变化的曲线，如图 3-2（b）所示。可明显看出，图像边缘处的灰度值发生了突变。鉴于导数可反映信号变化的速度，对图 3-2（b）中的一维曲线计算每个位置的导数，然后，绘制出导数随坐标变化的曲线，如图 3-2（c）所示。在图 3-2（c）中，因为灰度值发生突变处的导数值较大，故边缘点位于导数的极值点位置。

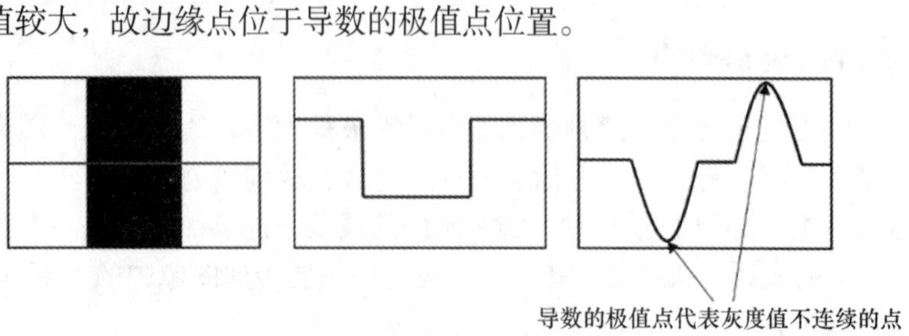

导数的极值点代表灰度值不连续的点

（a）图像　　（b）水平方向灰度值变化　　（c）水平方向导数变化

图 3-2　图像中边缘点的灰度值的变化特征示例

通过以上观察，为了定位图像中的边缘，须寻找图像导数的极值点。因此边缘提取的核心任务在于进行图像求导。

3.1.2 图像导数与梯度

根据导数的定义，在任意坐标(x,y)处，图像$f(x,y)$处沿x方向的偏导数可表示为

$$\frac{\partial f(x,y)}{\partial x}=\lim_{\varepsilon\to 0}\frac{f(x+\varepsilon,y)-f(x,y)}{\varepsilon} \tag{3-1}$$

由于需要取极限，根据定义来计算图像导数在实际操作中难以应用。为了简化问题，在计算图像偏导数的过程中，省略极限操作，并将ε设置为 1，得到图像沿x方向的近似求导公式为

$$\frac{\partial f(x,y)}{\partial x}\approx f(x+1,y)-f(x,y) \tag{3-2}$$

同理可以得到，在任意坐标(x,y)处，图像沿y方向的近似求导公式为

$$\frac{\partial f(x,y)}{\partial y}\approx f(x,y+1)-f(x,y) \tag{3-3}$$

根据式（3-2），对图像中的某个像素位置求x方向的偏导数，就是用它右边像素的像素值减去它自身的像素值。显然，这个操作可以用一维卷积来实现，其对应的一维卷积核为$[-1\quad 1]$。同理，计算图像沿y方向的偏导数，也可以用卷积实现，其卷积核为$\begin{bmatrix}-1\\1\end{bmatrix}$。由此，可称这两个卷积核为导数核。

现在使用导数核来计算图像的偏导数。如图 3-3 所示，第二行左侧图像是x方向的导数图像，右侧是y方向的导数图像。竖直边缘在水平方向上的像素值差异明显，而在竖直方向上的像素值变化较小，因此y方向的导数较小；同理，水平方向的边缘在竖直方向上差异较大。因此，x方向的导数图像主要反映了纵向边缘，而y方向的导数图像主要表现为横向边缘。

图 3-3 使用导数核计算图像沿x方向和y方向的偏导数

进一步，将图像在点 (x,y) 处沿 x 方向和 y 方向的两个偏导数组合成一个二维向量，即

$$\nabla f = \begin{bmatrix} \frac{\partial f(x,y)}{\partial x} & \frac{\partial f(x,y)}{\partial y} \end{bmatrix} \tag{3-4}$$

称 ∇f 为图像在点 (x,y) 处的梯度。图像中的每个点都有一个梯度向量，梯度既描述了图像沿 x 方向的边缘信息，也描述了图像沿 y 方向的边缘信息，因此，梯度可以更全面地表达图像边缘。

图像梯度是矢量，具有方向与强度。图像在点 (x,y) 处的梯度方向表示为角 θ，计算公式为

$$\theta = \tan^{-1}\left(\frac{\partial f(x,y)}{\partial y} / \frac{\partial f(x,y)}{\partial x} \right) \tag{3-5}$$

图像在点 (x,y) 处的梯度强度表示为 $\|\nabla f\|$，计算公式为

$$\|\nabla f\| = \sqrt{\left(\frac{\partial f(x,y)}{\partial x} \right)^2 + \left(\frac{\partial f(x,y)}{\partial y} \right)^2} \tag{3-6}$$

图 3-4 依次给出了水平、竖直和倾斜 45°方向的梯度向量，其中箭头所指方向就是梯度方向。通过图 3-4 可以看出，梯度垂直于边缘，并指向边缘两侧中像素值较大的一侧。

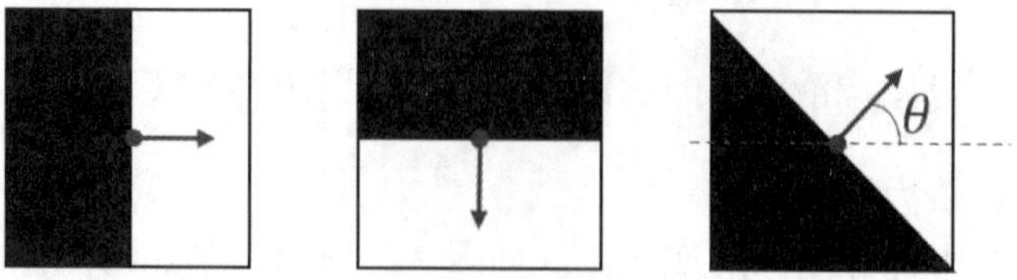

$\nabla f = \begin{bmatrix} \frac{\partial f}{\partial x} & 0 \end{bmatrix}$　　$\nabla f = \begin{bmatrix} 0 & \frac{\partial f}{\partial y} \end{bmatrix}$　　$\nabla f = \begin{bmatrix} \frac{\partial f}{\partial x} & \frac{\partial f}{\partial y} \end{bmatrix}$

图 3-4　不同方向的梯度向量

在边缘检测中，通常使用梯度强度来确定当前点是不是边缘点。由于梯度方向与边缘的方向垂直，因此可以通过梯度方向来确定边缘的方向。

3.1.3　高斯一阶偏导核

在实际应用中，图像通常受到噪声的影响，此时，如果直接使用导数核来对有噪声图像进行卷积，噪声的存在会使求导结果十分糟糕。图 3-5 展示了一维信号 $f(x)$ 的导数计算结果，由于 $f(x)$ 中存在噪声，通过其导数无法判断边缘存在与否。

为了解决这一问题，可以先利用前一章介绍的高斯平滑核 g 与图像 f 进行卷积操作 $f*g$，实现图像去噪处理；然后，再对去噪后的图像求导，分别计算 $\mathrm{d}(f*g)/\mathrm{d}x$ 和 $\mathrm{d}(f*g)/\mathrm{d}y$。以一维信号为例，图 3-6 所示显示了去噪和导数计算的过程。

从图 3-6 中可以看到，通过在求导之前增加去噪操作，就能检测到信号中的边缘。但是，在这个过程中，需要进行两次卷积操作，一次用于去除噪声，另一次用于计算导数，计算效率较低。由卷积操作的性质可知，卷积操作满足交换律与结合律。因此，可以先使用结合律将求导核与高斯核进行卷积，然后再与图像进行卷积。这样提取水平或垂直边缘时，只需对图像进行一次操作，从而提升了计算效率。

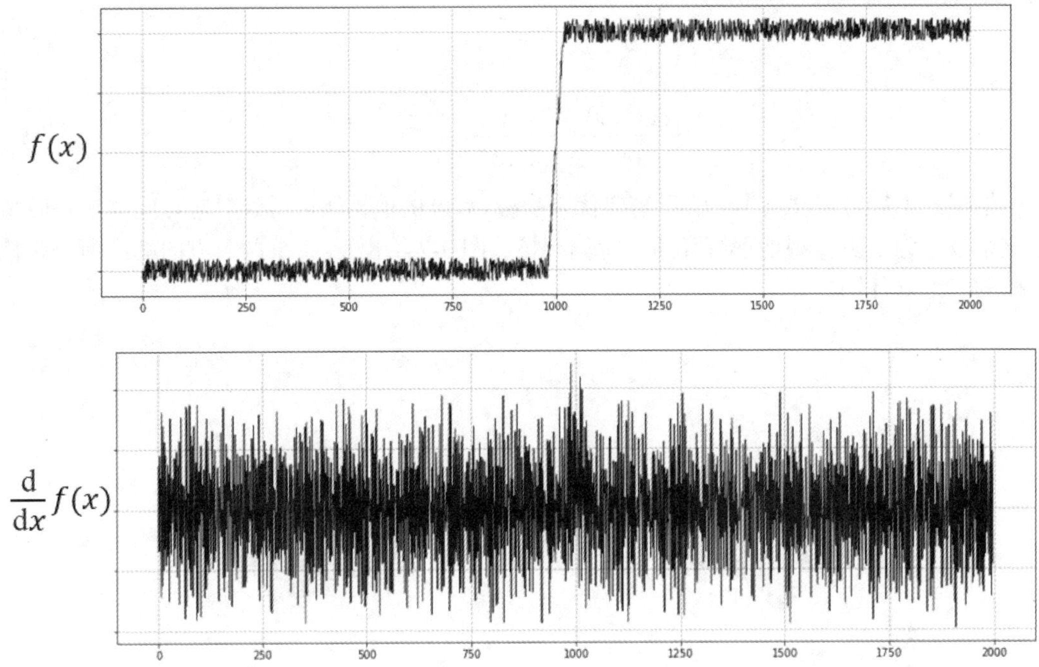

图 3-5　有噪声的一维信号与其导数

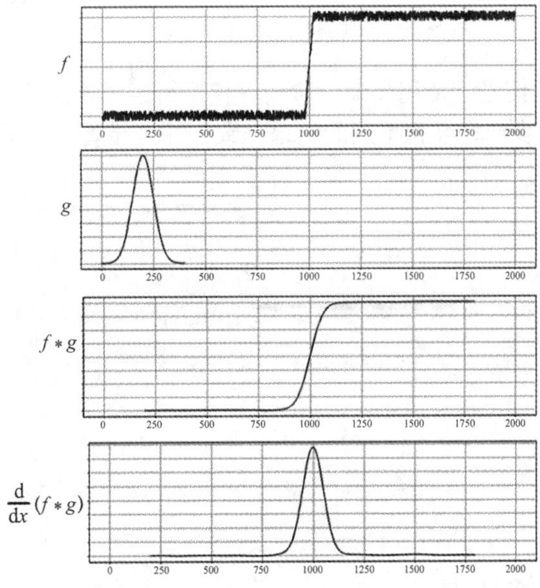

图 3-6　对一维信号进行去噪和求导

将求导核与平滑核进行卷积后得到的卷积核 $\mathrm{d}g/\mathrm{d}x$ 和 $\mathrm{d}g/\mathrm{d}y$ 称为高斯一阶偏导核。回忆第 2 章中高斯函数的表达式为

$$g(x,y)=\frac{1}{2\pi\sigma^2}\mathrm{e}^{-\frac{(x^2+y^2)}{2\sigma^2}} \tag{3-7}$$

然后，计算 $g(x,y)$ 的一阶偏导数，可得

$$\frac{\partial g(x,y)}{\partial x} = -\frac{x}{2\pi\sigma^4}\mathrm{e}^{-\frac{(x^2+y^2)}{2\sigma^2}} \tag{3-8}$$

$$\frac{\partial g(x,y)}{\partial y} = -\frac{y}{2\pi\sigma^4}\mathrm{e}^{-\frac{(x^2+y^2)}{2\sigma^2}} \tag{3-9}$$

根据式（3-8）和式（3-9），只需要代入坐标(x,y)的值，就可得到对应点的高斯一阶偏导核系数。为了更直观地理解高斯一阶偏导核，图 3-7 给出了 x、y 两个方向的高斯一阶偏导核的三维立体图。

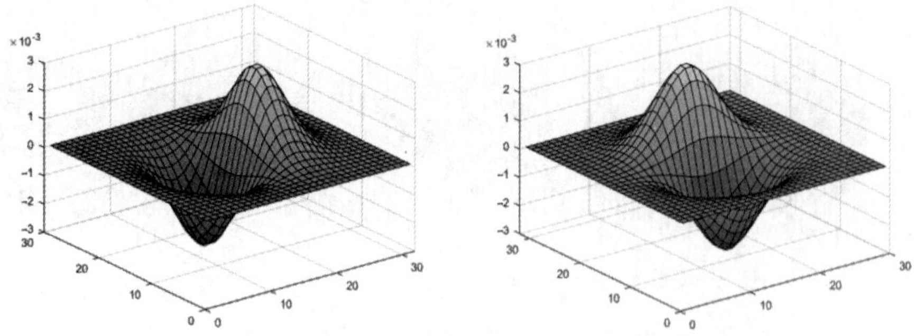

（a）x 方向　　（b）y 方向

图 3-7　高斯一阶偏导核的三维立体图

对图 3-6 中的一维信号，使用高斯一阶偏导核进行边缘检测，如图 3-8 所示。显然，该结果与图 3-6 中分两步计算卷积得到的结果一致，并且显著减少了计算量。

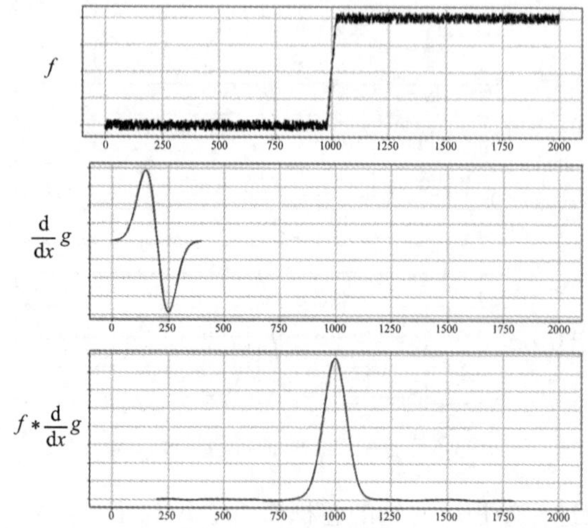

图 3-8　使用高斯一阶偏导核进行边缘检测的效果

观察式（3-8）和式（3-9），高斯一阶偏导核包含一个重要参数，即方差σ。通过调整方差的数值，可以控制边缘提取的细节程度。方差越小，能够保留更多边缘的细节信息；方差越大，则会减少边缘的细节信息。因此，如果需要捕捉图像中的细微细节，可采用小方差的高斯一阶偏导核；如果只关注图像的主要轮廓信息，可选用较大方差的高斯一阶偏导核。

另外，值得注意的是，高斯卷积核是用来进行图像平滑的，卷积核中的权值都是非负的，并且总和为 1。高斯一阶偏导核是对高斯卷积核求导后得到的，它的作用是提取边缘，卷积核中的权值可以是负值，但总和必须为 0。

3.1.4 动手实践：图像求导

1. 实践目标

求解图像梯度是计算机视觉领域的基础操作，图像梯度分析对于边缘检测、特征提取、纹理分析、图像分割等经典任务至关重要。本实验利用 Python 编程求解图像梯度，实践目标如下。

（1）理解图像 x、y 方向梯度的含义。

（2）使用 Python 编程实现 x、y 方向梯度的计算。

（3）了解图像梯度计算在计算机视觉领域的诸多应用场景。

2. 实践内容

使用 Python 编程实现 x、y 方向梯度的计算和可视化，对比图像 x、y 方向梯度的图像并总结其特点。

实践内容包括以下三点。

（1）读取图像数据并转化为灰度图像，以便后续处理。

（2）使用 cv2 内置的 Sobel 算子计算 x、y 方向梯度。

（3）计算结果可视化。

3. 实践步骤

本实验使用 cv2 内置的 Sobel 算子计算图像 x、y 方向梯度，之后将 x、y 方向梯度线性混合并展示，其代码如下。

```
def Sobel():
    # 对 x 和 y 方向求微分
    x = cv.Sobel(img, cv.CV_64F, 1, 0)
    y = cv.Sobel(img, cv.CV_64F, 0, 1)

    # 取绝对值
    absX = cv.convertScaleAbs(x)   # 转回 uint8
    absY = cv.convertScaleAbs(y)

    # 线性混合
    dst = cv.addWeighted(absX, 0.5, absY, 0.5, 0)

    # 可视化
    cv.imwrite('x2.jpg', absX)
    cv.imwrite('y2.jpg', absY)
    cv.imwrite('xy2.jpg', dst)
    cv.imshow("absX", absX)
```

```
    cv.imshow("absY", absY)
    cv.imshow("dst", dst)
```

4．实验结果及分析

读取图片并绘制 x、y 方向梯度的计算结果，代码如下。

```
img = cv.imread('img_5.png')
img = cv.cvtColor(img, cv.COLOR_BGR2GRAY)
cv.imshow("img", img)
Sobel()  # Sobel 一阶微分算子
cv.waitKey(0)
```

原始图像如图 3-9 所示，绘制结果分别如图 3-10、图 3-11、图 3-12 所示。

图 3-9　原始图像

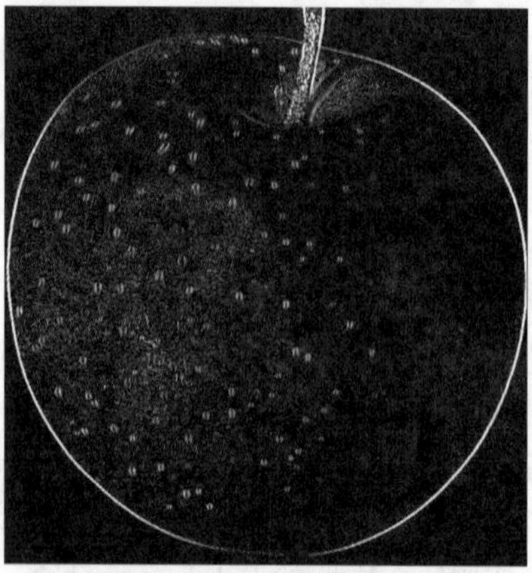

图 3-10　x 方向梯度的计算结果

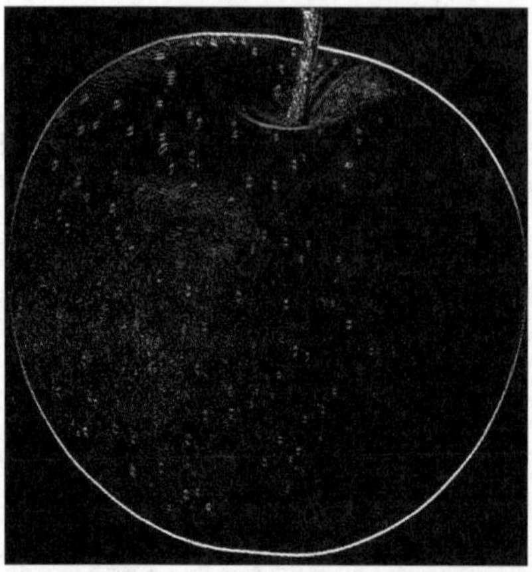

图 3-11　y 方向梯度的计算结果

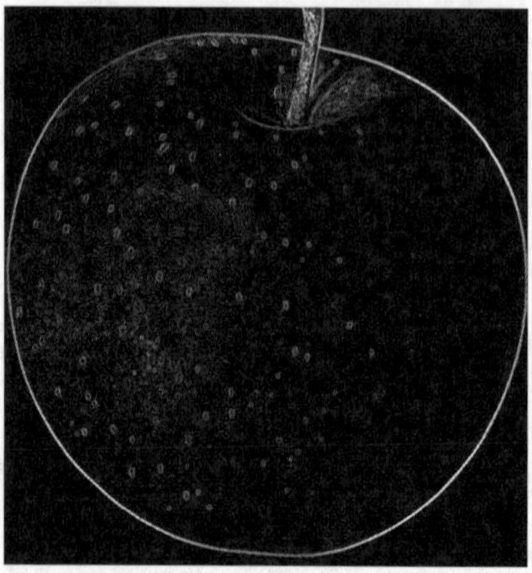

图 3-12　x、y 方向梯度的计算结果

计算梯度使用的关键函数为 cv.Sobel(src, depth, dx, dy)。其中 src 表示输入的图像；depth 表示输出图像的深度类型，cv2.CV_64F 表示输出图像的深度为 64 位浮点数；dx 表示在 x 方向上求导的阶数；dy 表示在 y 方向上求导的阶数。dx 为 0 或 dy 为 0 表示在对应方向上不计算梯度。

3.2 边缘检测

边缘检测

通常情况下，边缘提取的结果是一个二值图像，非零数值表示存在边缘。然而，仅使用高斯一阶偏导核还不足以达到这一目的。本节将介绍经典的 Canny 边缘检测算法，详细讲解其三个关键步骤，并通过棋盘格线检测的动手实践，加深对 Canny 算法的理解。

3.2.1 Canny 边缘检测器

Canny 边缘检测器

Canny 算法可以归结为以下三个步骤：计算图像梯度、非最大化抑制和双阈值边缘拼接。下面将详细介绍这三个步骤的具体实现方法。

首先，对于待检测图像，使用 x 方向和 y 方向的高斯一阶偏导核计算图像梯度，然后，计算图像上每个点的梯度强度和梯度方向。图 3-13 展示了原始图像和它在每个点的梯度强度形成的灰度图像。从图 3-13（b）中可以观察到，经过第一步操作获得的边缘通常较宽，需要进一步将这些边缘细化以获得更准确的边缘。

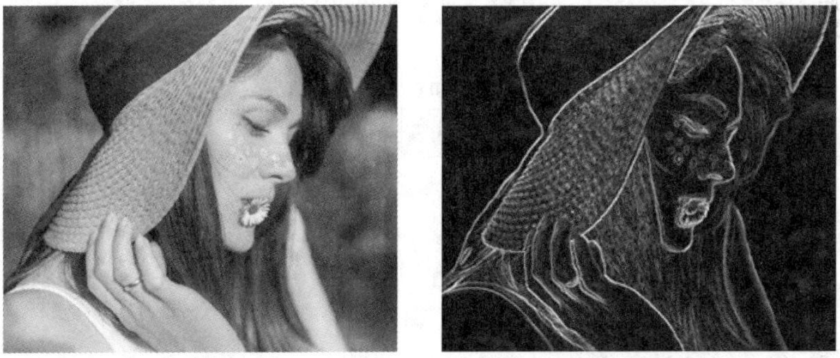

（a）原始图像　　（b）梯度强度图像

图 3-13　原始图像与其对应的梯度强度图像

非最大化抑制（即删除局部梯度非最大化的边缘点）是一种边缘细化算法。该算法将每个潜在边缘点的梯度强度与其梯度正反方向上的点的梯度强度进行比较，以决定是否保留当前的边缘点。如图 3-14 所示，需要比较点 q 与点 p 及点 r 的梯度强度，如果点 q 的梯度强度大于点 p 和点 r，那么点 q 将保留作为边缘点，否则将被去除。对每个潜在边缘点都执行该操作，最后得到的就是细化后的边缘。需要说明的是，通常点 p、r 的坐标不是整数的，需要进行双线性插值，才能得到这两个点的梯度值。

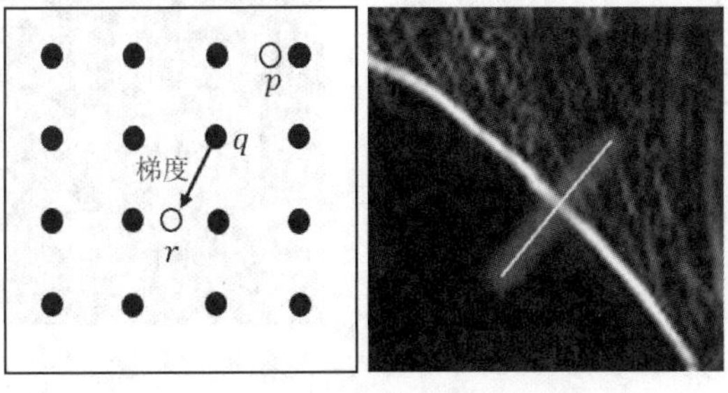

图 3-14　非最大化抑制操作示例

经过非最大化抑制后的图像，边缘已经被细化，但有些边缘的梯度强度虽然是局部最大的，但数值仍然可能很小，这些边缘可能由噪声引起。因此，通常会使用一个梯度阈值过滤剩余的边缘，小于该阈值的点被认为是噪声，大于该阈值的点被认为是边缘。

在实际操作中，设置适当的阈值是一个具有挑战性的任务。如果阈值设置得太高，在滤除噪声的同时会滤掉许多真实的边缘；如果阈值设置得太低，会保留大量的噪声。为了应对这个问题，Canny 算法使用一种双阈值的处理方案，如图 3-15 所示。首先，使用一个相对较高的阈值来提取那些梯度较大的边缘，然后，使用一个较低的阈值找回更多的边缘，但是，只有与高阈值提取的边缘相连接的低阈值边缘才会被找回。通过这种双阈值的边缘拼接方法，Canny 算法有效地解决了单一阈值的问题。

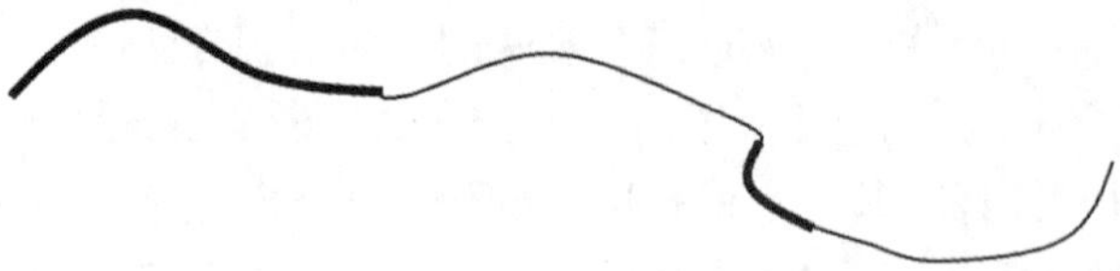

图 3-15　双阈值的处理示意图：使用高阈值寻找边缘，使用低阈值进行边缘连接

以上详细介绍了 Canny 算法的步骤，该算法流程如表 3-1 所示。

表 3-1　Canny 边缘检测算法

Canny 边缘检测算法
输入：待检测图像
输出：检测到的边缘图像
1：使用高斯一阶偏导核对待检测图像进行卷积操作。
2：计算图像中每个像素点的梯度大小和梯度方向。
3：进行非最大化抑制，对边缘进行细化。
4：进行双阈值边缘拼接：
设置高阈值和低阈值；
使用高阈值寻找边缘，使用低阈值进行边缘拼接。

Canny 算法是经典的边缘检测算法，具有简单、高效的特点。图 3-16 显示了 Canny 算法的边缘检测效果示意图。

图 3-16　Canny 算法的边缘检测效果示意图

3.2.2 动手实践：车道线检测

1．实践目标

Canny 算法因其高效、准确和高鲁棒性成为一种应用广泛的图像边缘检测方法，其基本步骤包括高斯平滑、计算梯度、非极大值抑制、双阈值抑制和边缘跟踪，可应用于车道线检测、医学影像分割等。本实验使用 Python 和 cv2 实现 Canny 边缘检测并可视化检测效果，实践目标如下。

（1）理解 Canny 算子检测原理。

（2）使用 cv2 内置的 Canny 算子检测图像边缘。

（3）了解 Canny 边缘检测在计算机视觉领域的应用。

2．实践内容

读取图像并预处理，使用 cv2 提供的 Canny 算子提取图像边缘并绘制检测结果，调整参数对比边缘检测效果的变化，总结各个参数的作用。

具体实践内容如下。

（1）读取图像数据并使用高斯平滑过滤噪声。

（2）使用 cv2 内置的 Canny 算子检测边缘。

（3）绘制检测结果。

（4）调整参数对比检测效果。

3．实践步骤

本实验使用 cv2 内置的 Canny 算子提取图像梯度并绘制，代码如下。

（1）读取图像

```
import cv2
img = cv2.imread("img_1.png", 0)
img = cv2.GaussianBlur(img, (3, 3), 1)
```

（2）使用 Canny 算子检测图像

```
canny = cv2.Canny(img, 50, 150)
```

（3）展示结果

```
cv2.imshow('Canny', canny)
cv2.imwrite('canny_edge1.jpg', canny)
cv2.waitKey(0)
cv2.destroyAllWindows()
```

4．实验结果及分析

待检测图像如图 3-17 所示，由图 3-18 所示的提取边缘效果图可知，使用 Canny 算子可以较好地检测出图像的边缘。在实际应用中 Canny 算子的表现受图像对比度的影响，因此当 Canny 检测效果受限时，可以考虑对图像预处理，适当增强对比度以提升检测效果。此外 cv2.Canny(src, threshold1, threshold2)有两个关键参数 threshold1 和 threshold2，分别表示低阈值和高阈值。threshold1 和 threshold2 的选择对边缘检测的结果有很大影响。通常，这两个阈值需要根据图像的具体内容和噪声水平来调整。如果阈值设置得过高，可能会丢失一些弱边缘；如果设置得过低，可能会引入过多的噪声。

图 3-17　待检测图像

图 3-18　提取边缘效果图

3.3 模型拟合

尽管边缘可以描述自然物体的轮廓，但人类世界中的线条不计其数。因此，如果想构成更高层、更精练的特征，匹配这些线条十分重要，这就是拟合任务。拟合在工业零部件识别、建筑物识别等领域被广泛应用。

对于一组给定的特征点或数据，拟合任务需要选择一个带有参数的模型，并使用已知数据对模型参数进行估计。如图 3-19 所示，可供选择的模型不仅限于直线、曲线，还可以是齐次变换矩阵、基本矩阵、二维图形或三维物体等。

直线拟合　　曲线拟合　　三维物体拟合

图 3-19　用于拟合的模型示例

拟合也面临着很多困难，数据中的噪声或异常值、遮挡问题以及类内差异等因素都会增加拟合问题的复杂性。例如，图 3-19 所示的直线拟合问题，特征点并不是完全位于同一条直线上，数据中有一定的噪声，导致直线拟合效果下降。

本节将介绍 3 种常用的拟合方法：最小二乘拟合、鲁棒拟合、RANSAC 算法以及霍夫变换，可以有效解决许多实际的模型拟合问题。

3.3.1　最小二乘拟合

最小二乘法是一种数学优化方法，它通过最小化误差的平方和来找到已知数据的最佳匹配参数。下面以二维情况下的直线拟合问题为例解释最小二乘法，这有助于我们更好地理解该算法。

直线拟合问题可以描述如下：假设在二维平面中有 n 个数据点，如图 3-20 所示，第 i 个数据点的坐标记为 (x_i, y_i)，如何在该二维平面内确定一条直线，可以最优地拟合这些数据点？

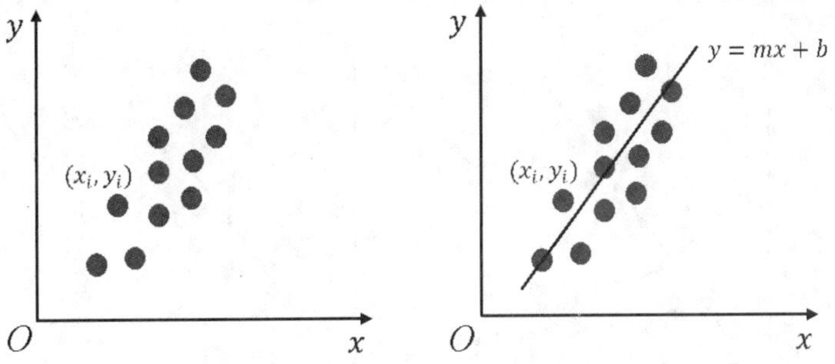

图 3-20　数据点分布与目标直线模型

在二维平面内，直线的数学模型可表示为 $y = mx + b$，所以，实际上只需要确定一对最优的参数 m 和 b。为此，需要评价模型拟合的效果。一种评价拟合效果的简单方法是在所有数据点上计算匹配误差的平方和 E，即

$$E = \sum_{i=1}^{n} [y_i - (mx_i + b)]^2 \tag{3-10}$$

最小二乘法的优化目标是使匹配误差的平方和最小，从而确定一对最优的参数(m, b)。下面介绍最优参数的具体求解过程。

首先，将模型的预测值 $mx_i + b$ 用矩阵的形式表示为

$$mx_i + b = (m \quad b)\begin{pmatrix} x_i \\ 1 \end{pmatrix} \tag{3-11}$$

将式（3-11）代入式（3-10）中，并设 $\boldsymbol{H} = (m, b)^{\mathrm{T}}$ 和 $\boldsymbol{X}_i = (x_i \quad 1)^{\mathrm{T}}$，可得

$$E = \| \boldsymbol{Y} - \boldsymbol{XH} \|^2 \tag{3-12}$$

其中，$\boldsymbol{Y} = (y_1\ y_2 \cdots y_n)^{\mathrm{T}}$，$\boldsymbol{X} = (X_1\ X_2 \cdots X_n)^{\mathrm{T}}$，进一步，可得

$$E = \boldsymbol{Y}^{\mathrm{T}}\boldsymbol{Y} - 2(\boldsymbol{XH})^{\mathrm{T}}\boldsymbol{Y} + (\boldsymbol{XH})^{\mathrm{T}}(\boldsymbol{XH}) \tag{3-13}$$

为获得优化的模型参数 $\boldsymbol{H}$，计算总匹配误差 E 对 $\boldsymbol{H}$ 的导数

$$\frac{\partial E}{\partial \boldsymbol{H}} = -2\boldsymbol{X}^{\mathrm{T}}\boldsymbol{Y} + 2\boldsymbol{X}^{\mathrm{T}}\boldsymbol{XH} \tag{3-14}$$

使总匹配误差 E 取最小值的参数 $\boldsymbol{H}$ 应满足 $\frac{\partial E}{\partial \boldsymbol{H}} = 0$。

于是，可得方程

$$\boldsymbol{X}^{\mathrm{T}}\boldsymbol{XH} = \boldsymbol{X}^{\mathrm{T}}\boldsymbol{Y} \tag{3-15}$$

当 $\boldsymbol{X}^{\mathrm{T}}\boldsymbol{X}$ 是非奇异矩阵时，可解得

$$\boldsymbol{H} = (\boldsymbol{X}^{\mathrm{T}}\boldsymbol{X})^{-1}\boldsymbol{X}^{\mathrm{T}}\boldsymbol{Y} \tag{3-16}$$

求出向量 $\boldsymbol{H}$ 后，相应的直线模型就确定了，但在实际应用中，该方法的效果通常较差。问题在于拟合误差的计算依赖于坐标系。在某个坐标系下，如果拟合模型是一条接近垂直

于横轴的直线，仅将直线纵坐标的残差作为模型拟合效果的评价指标，将导致很大的匹配误差，以至于无法很好地拟合垂直的直线。为避免该问题，通常采用样本点到拟合直线的距离和作为评价模型拟合效果的指标，如图 3-21 所示。

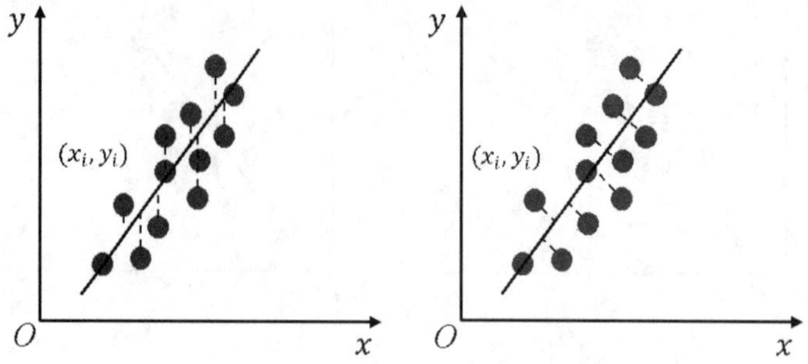

图 3-21　以模型的预测误差为评价指标（左）和以数据点到直线的距离为评价指标（右）

为了便于表示样本点到拟合直线的距离，将直线模型更改为 $ax+by=d$，其中，$\boldsymbol{N}=(a,b)^{\mathrm{T}}$ 表示该直线的单位法向量，即满足 $a^2+b^2=1$，d 是坐标原点到该直线的距离，显然，该模型由参数 a、b 和 d 确定。对该模型，容易验证任意点 (x,y) 到直线的距离为 $|ax+by-d|$。这样，可以用

$$E=\sum_{i=1}^{n}(ax_i+by_i-d)^2 \tag{3-17}$$

测量模型拟合误差。因此，在约束条件 $a^2+b^2=1$ 下，可以通过最小化总匹配误差 E 求解一组最优的拟合参数 (a^*,b^*,d^*)，即

$$(a^*,b^*,d^*)=\arg\min_{a,b,d}\sum_{i=1}^{n}(ax_i+by_i-d)^2\text{，约束于 } a^2+b^2=1$$

下面详细介绍其求解过程。

首先，可以直接计算优化目标 E 对参数 d 的导数，得到

$$\frac{\partial E}{\partial d}=\sum_{i=1}^{n}-2(ax_i+by_i-d) \tag{3-18}$$

令该导数等于 0，可以解出最优参数 d^* 为

$$d^*=\frac{a}{n}\sum_{i=1}^{n}x_i+\frac{b}{n}\sum_{i=1}^{n}y_i=a\overline{x}+b\overline{y} \tag{3-19}$$

其中，$\overline{x}$ 和 $\overline{y}$ 分别表示所有数据点的横坐标和纵坐标的平均值。然后，将式（3-19）代入式（3-17）中，可得

$$E=\sum_{i=1}^{n}[a(x_i-\overline{x})+b(y_i-\overline{y})]^2 \tag{3-20}$$

设矩阵 $\boldsymbol{U}=\begin{bmatrix} x_1-\overline{x} & y_1-\overline{y} \\ \cdot & \cdot \\ \cdot & \cdot \\ \cdot & \cdot \\ x_n-\overline{x} & y_n-\overline{y} \end{bmatrix}$，总匹配误差 E 可以描述为矩阵形式，如下

$$E = (\boldsymbol{UN})^{\mathrm{T}}(\boldsymbol{UN}) \tag{3-21}$$

式（3-21）两边同时对参数向量 $\boldsymbol{N}$ 求导，并令导数为零，得到

$$(\boldsymbol{U}^{\mathrm{T}}\boldsymbol{U})\boldsymbol{N} = 0 \tag{3-22}$$

式（3-22）是齐次线性方程，当满足约束条件 $a^2 + b^2 = 1$ 时，可以推出最优参数向量 $\boldsymbol{N}^* = (a^*, b^*)^{\mathrm{T}}$，即矩阵 $\boldsymbol{U}^{\mathrm{T}}\boldsymbol{U}$ 的最小特征值对应的特征向量（具体请参见《计算机视觉：一种现代化方法》）。

求出参数向量 $\boldsymbol{N}$ 后，就可以得到相应的直线拟合模型。相对于使用残差作为匹配误差的情况，改进后的直线拟合模型效果更好。然而，最小二乘法拟合直线还存在对于异常值鲁棒性不佳的问题。

3.3.2 鲁棒拟合

如图 3-22 所示，如果数据集中的数据没有明显远离待拟合直线，最小二乘法能很好地进行直线拟合，但是一旦有异常值出现，直线模型会出现较大偏差。

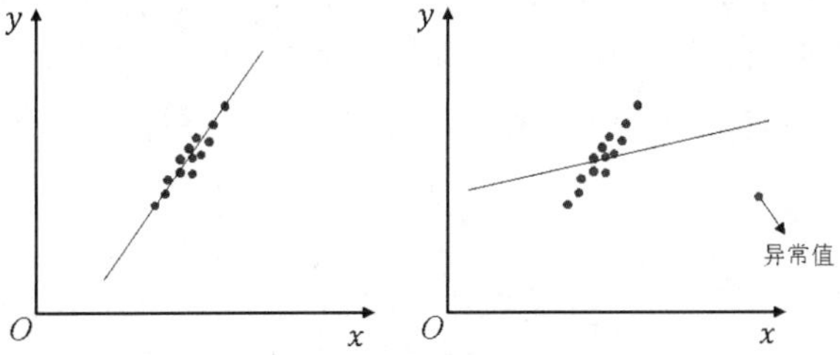

（a）　（b）

图 3-22　异常值对最小二乘法的影响

对于可以被假设模型描述的数据，称为内点（inliers）；对于偏离正常范围很远、无法适应数学模型的异常数据，称为外点（outliers）。外点可能是由于错误的测量、错误的假设、错误的计算等产生的。一般，样本集中既包含内点也包含外点。外点说明数据集中含有噪声。为了减小外点对模型拟合的影响，增加拟合的鲁棒性，引入鲁棒因子，将目标函数修改为

$$E = \sum_{i=1}^{n} \rho[r_i(x_i, \theta); \sigma] \tag{3-23}$$

其中，$r_i(x_i, \theta)$ 表示第 i 个数据点的匹配误差，θ是模型拟合的参数，σ是鲁棒因子。一般地，鲁棒函数 $\rho(r;\sigma)$ 采用如下形式

$$\rho(r;\sigma) = \frac{r^2}{r^2 + \sigma^2} \tag{3-24}$$

应用最小二乘法优化含鲁棒函数的目标量 E，如式（3-23），这就是鲁棒最小二乘法。

图 3-23 画出了 $\sigma^2 = 0.1, 1, 10$ 时，鲁棒函数 $\rho(r;\sigma)$ 的曲线形状。可以看出，当 r^2 很大时，说明数据点的匹配误差的绝对值很大，该数据可能是异常点，鲁棒函数的输出值接近 1。当 r^2 较小时，说明数据点的匹配误差的绝对值较小，鲁棒函数的输出与 r^2 成正比。这意味着，鲁棒函数对于误差 r^2 越大的数据点，惩罚越大。当 σ^2 比较小时，对于大残差有较大的

惩罚，相反，对于大残差的惩罚力度较为温和。

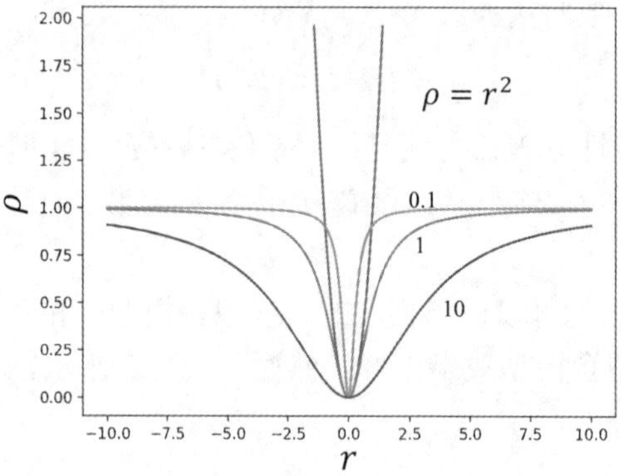

图 3-23 对不同的σ^2，鲁棒函数$\rho(r,\sigma)$的曲线，并与$\rho=r^2$的曲线做比较

鲁棒因子σ是鲁棒函数的一个重要参数。如图 3-24 所示，鲁棒因子设置合理时，外点的影响可以被忽略，模型可以很好地拟合数据点；鲁棒因子设置得过小时，拟合结果对所有数据点都不敏感，导致直线与数据点的关系变得模糊；鲁棒因子设置得过大时，拟合模型退化为未加鲁棒因子的状态，外点的影响仍然显著。因此，如果我们对于数据分布信息有较好的先验估计，可以据此确定合适的鲁棒因子，这可以让鲁棒最小二乘法更有效。

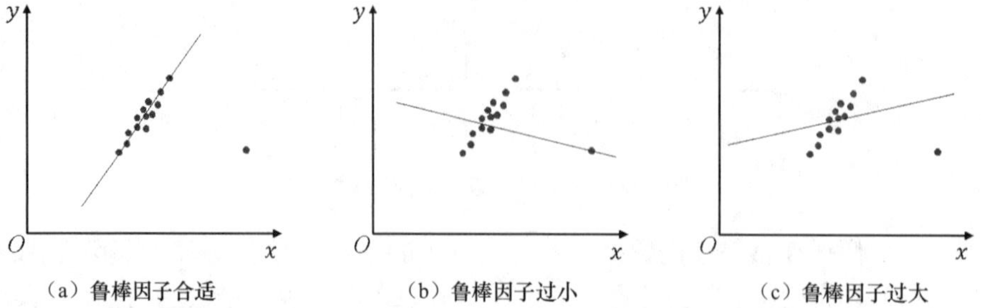

图 3-24 鲁棒最小二乘法拟合结果示例

需要指出的是，尽管鲁棒最小二乘法可以降低外点对模型的影响，但在大量外点存在的情况下，效果仍然不好。

3.3.3 RANSAC 算法

为了应对数据集中存在大量外点的情况，如图 3-25 所示，下面介绍一种新的模型拟合算法，称为随机采样一致（Random Sample Consensus）算法，简称 RANSAC 算法。

RANSAC 算法的核心思想是在整个数据集中随机采样一小部分数据点，拟合出一个模型，然后检查其他数据点是否能用该模型描述，通过多次重复此过程，选出一个最好的拟合模型。RANSAC 算法的输入是一组观测数据、一个用于解释观测数据的参数化模型以及一些可信的参数。其主要过程如下。

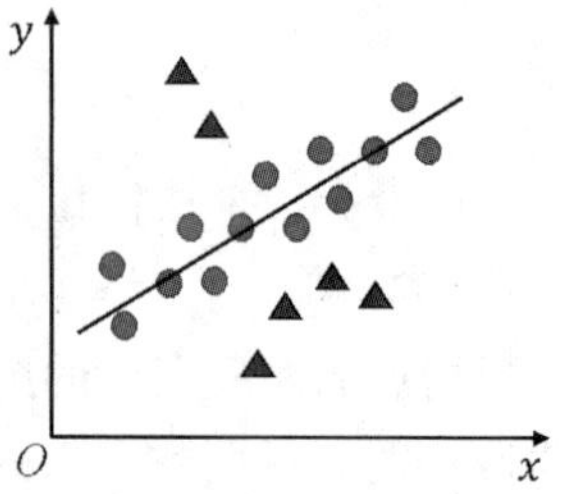

图 3-25 包含大量外点的样本数据分布示例

首先，从观测数据集中随机选择一部分数据，形成数据子集，被选取的数据称为内点。然后，假设一个数学模

型可以描述这些选取的内点，即所有的模型参数都能利用假设的内点计算得出。由此，得到一个基于假设内点的拟合模型。接着，用得到的模型去测试观测数据集中的所有其他数据，如果某个点适用于拟合模型，则认为它也是内点。如果有足够多的点被归类为内点，那么这个拟合模型就足够合理。用所有得到的内点去重新估计拟合模型的参数（譬如使用最小二乘法），因为之前只是用部分假设的内点对模型参数进行估计。最后，通过估计内点与模型的错误率来评估模型。

上述过程被重复执行固定的次数，每次产生的模型要么因为内点太少而被舍弃，要么因为比现有的模型更好而被选用。

以直线拟合问题为例，RANSAC 算法如表 3-2 所示。

表 3-2　RANSAC 算法

RANSAC 算法
输入：观测数据集，采样点数 n，迭代次数 k，判断一个点是不是内点的阈值 t，判断一个拟合模型足够合理所需要的内点数 d
输出：拟合模型
1：迭代 k 次：
从数据集中均匀地随机采样 n 个点；
对 n 个采样点进行直线拟合；
对于在未选择的每一个点：
使用阈值 t 比较点到直线的距离，如果距离小于 t，则判定该点是内点；
如果有大于或等于 d 个内点，则该拟合足够合理。重新用这些内点拟合直线。
2：使用拟合误差作为准则，确定最好的拟合模型。

对于 RANSAC 算法，选择合适的参数对于获得良好的拟合模型至关重要。下面将详细介绍如何选择 RANSAC 算法的参数。

- 采样点数 n

每次采样的数据点数 n 通常初始化为模型拟合需要的最少数据点数。例如，拟合直线时，设置 $n=2$，拟合圆时，设置 $n=3$，以此类推。

- 判断一个点是不是内点的阈值 t

应选择足够大的阈值 t，目的是将满足 $\delta \leqslant t$ 的数据点以不低于 q 的概率判断为内点。例如，设置 $q=0.95$，如果假设内点到直线的距离 δ 满足均值为零、标准差为 σ 的高斯分布（可以认为是噪声的分布），则由 $P(\delta \leqslant t)=0.95$ 可推出 $t^2=3.84\sigma^2$。

- 判断一个拟合模型足够合理所需要的内点数 d

参数 d 又称为一致集尺寸，应与数据集中的期望内点占比相匹配。假设整个数据集的外点概率为 e，则我们选择参数 d 应使 e^d 足够小（比如小于 0.05）。

- 迭代次数 k

可以通过以下方式估算迭代次数 k。假设 e 表示所有给定样本点中外点的比例。这样，一次采样得到的样本点都是内点的概率应不超过 $(1-e)^n$，至少有一个点是外点的概率应不低于 $1-(1-e)^n$，全部 k 次采样都会采到外点的概率应不低于 $[1-(1-e)^n]^k$。进一步，如果假设概率 p 表示 k 次采样中至少有一次采样抽取的样本点都是内点的概率，可得

$$1-p \geqslant [1-(1-e)^n]^k \tag{3-25}$$

通过式（3-25）可得

$$k \geqslant \frac{\log(1-p)}{\log[1-(1-e)^n]} \tag{3-26}$$

式（3-26）表明，迭代次数k由p、n和e三个参数确定，其中，n已选定。为了确保k次采样中至少有一次是成功的，应该选择足够大的p，例如，设置$p=0.99$。参数e是未知的先验信息，可以选择最差的情况是$e=0.5$。如果发现更多内点，则进行调整。例如，有次拟合尝试发现了80%的内点，则设置$e=0.2$。由此，可得一种自适应确定迭代次数k的算法，如表3-3所示。

表3-3　自适应确定迭代次数k的算法

自适应确定迭代次数 k 的算法
输入：$k=\infty$，$\text{count}=0$，count代表采样计数 输出：迭代次数k 1. 当$\text{count}<k$时： 进行一次采样和模型拟合，计算内点数。 计算外点率$e=1-\frac{\text{内点数}}{\text{数据集的样本数}}$。 根据式（3-26）更新$k$，即$k=\frac{\log(1-p)}{\log[1-(1-e)^n]}$。 $\text{count}=\text{count}+1$。 2. 输出迭代次数$k$。

表3-4展示了当设置$p = 0.99$时，随着外点比率e与采样点数n的变化，迭代次数k的变化情况。从表3-4可以看出，随着e的增大，k将增大；随着n的增大，k也将增大。

表3-4　迭代次数k随外点率e与采样点数n的变化情况（$p=0.99$）

n	k						
	$e=5\%$	$e=10\%$	$e=20\%$	$e=25\%$	$e=30\%$	$e=40\%$	$e=50\%$
2	2	3	5	6	7	11	17
3	3	4	7	9	11	19	35
4	3	5	9	13	17	34	72
5	4	6	12	17	26	57	146
6	4	7	16	24	37	97	293
7	4	8	20	33	54	163	588
8	5	9	26	44	78	272	1177

图3-26展示了当$p=0.99$、$n=2$时，迭代次数k随外点比率e的变化情况。从图3-26中可以看出，采样次数k随着e的增大而增大，当$e<0.8$时，增速比较缓慢，一旦$e>0.8$，则增速明显增加。

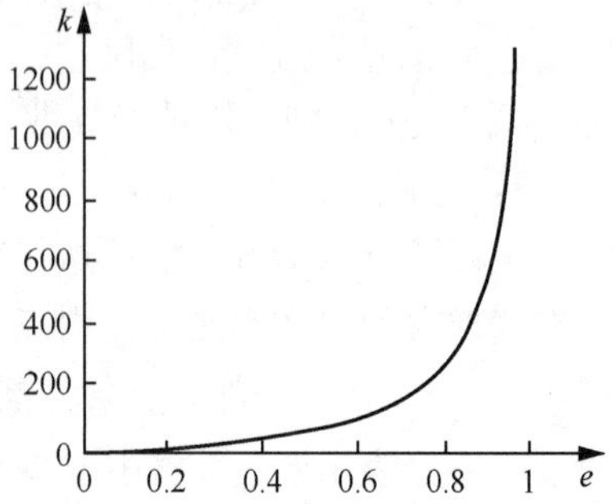

图3-26　迭代次数k随外点比率e的变化情况：$p=0.99$、$n=2$

最后总结一下RANSAC算法的优缺点。对于处理具有外点的模型拟合问题，RANSAC算法是一种既简单又一般的框架，在实际应用中，可以获得不错的性能，而且也适合处理许多不同的问题。但RANSAC算法有许多参数需要调整，当内点占比小时表现较差，且需要很多次迭代，甚至算法完全失效。此外，基于模型拟合

所需最少数据点数 n，RANSAC 算法总是不能获得一个好的初始化模型。

3.3.4 动手实践：RANSAC 直线拟合

1. 实践目标

RANSAC 是一种迭代的参数估计方法，它可以在噪声和异常值的干扰下从数据集中估计模型参数。RANSAC 算法的基本思想是通过随机选择数据的一个子集来拟合模型，然后评估这个模型与整个数据集的一致性。这个过程不断重复，直到找到一个最优的模型，该模型在所有尝试中具有最高的一致性。RANSAC 算法在计算机视觉领域有广泛应用，本实验具体实现了用 RANSAC 拟合直线的效果，实践目标如下。

（1）理解 RANSAC 拟合的原理。

（2）使用 Python 编程实现 RANSAC 拟合直线，提高编程能力与图像处理能力。

（3）了解 RANSAC 算法在多视图几何、运动估计等领域的应用。

2. 实践内容

实现基于 RANSAC 算法的直线拟合任务，需要在噪声点干扰的情况下拟合最佳直线并展示拟合结果。

实践内容包括以下三点。

（1）指定直线斜率和参数生成一定数量的点。

（2）加入随机噪声生成位置随机的干扰点。

（3）利用 RANSAC 算法拟合直线并绘制拟合结果。

3. 实践步骤

指定斜率和截距，并加入随机扰动生成在直线周围的一系列点，手动实现 RANSAC 算法并将生成的点使用 RANSAC 算法拟合还原成直线。使用 RANSAC 算法拟合直线的代码如下。

```
def fitLineRansac(points, iterations=1000, sigma=1.0, k_min=-7, k_max=7):
    """
    RANSAC 拟合 2D 直线
    输入：
    points：输入点集
    iterations：迭代次数
    sigma：数据和模型之间可接受的差值，车道线像素宽度一般为 10 左右
    k_min、k_max：表示拟合的直线斜率的取值范围。
    考虑到左右车道线在图像中的斜率位于一定范围内，
    添加此参数，同时可以避免检测垂线和水平线。
    输出：拟合的直线参数，是一个包含四个浮点数的列表，其中元素为 (vx, vy, x0, y0)，
    其中 vx、vy 表示与直线共线的归一化向量，x0、y0 表示直线上的某一点。
    """
    line = [0, 0, 0, 0]
    points_num = points.shape[0]

    if points_num < 2:
    return line
```

```
    bestScore = -1
    for k in range(iterations):
        i1, i2 = random.sample(range(points_num), 2)
        p1 = points[i1][0]
        p2 = points[i2][0]
        dp = p1 - p2  # 直线的方向向量
        dp *= 1. / np.linalg.norm(dp)  # 除以模长，进行归一化
        score = 0
        a = dp[1] / dp[0]
        if k_max >= a >= k_min:
            for i in range(points_num):
                v = points[i][0] - p1
                dis = v[1] * dp[0] - v[0] * dp[1]   # 计算点到直线的垂直距离

                if math.fabs(dis) < sigma:
                    score += 1

        if score > bestScore:
            line = [dp[0], dp[1], p1[0], p1[1]]
            bestScore = score
    return line
```

4．实验结果及分析

（1）指定斜率和截距生成一系列点

```
image = np.ones([720, 1280, 3], dtype=np.ubyte) * 125

# 以车道线参数为(0.7657, -0.6432, 534, 548)生成一系列点
k = -0.6432 / 0.7657
b = 548 - k * 534

points = []
for i in range(360, 720, 10):
    point = (int((i - b) / k), i)
    points.append(point)
```

（2）加入直线的随机噪声

```
for i in range(360, 720, 10):
    x = int((i - b) / k)
    x = random.sample(range(x - 10, x + 10), 1)
    y = i
    y = random.sample(range(y - 30, y + 30), 1)

    point = (x[0], y[0])
    points.append(point)
```

（3）加入噪声

```
for i in range(0, 720, 20):
    x = random.sample(range(1, 640), 1)
    y = random.sample(range(1, 360), 1)
    point = (x[0], y[0])
    points.append(point)

for point in points:
```

```
    cv2.circle(image, point, 5, (0, 0, 0), -1)

points = np.array(points).astype(np.float32)
points = points[:, np.newaxis, :]
```

（4）使用 RANSAC 拟合直线并绘制拟合结果

```
[vx, vy, x, y] = fitLineRansac(points, 1000, 10)
k = float(vy) / float(vx)  # 直线斜率
b = -k * x + y

p1_y = 720
p1_x = (p1_y - b) / k
p2_y = 360
p2_x = (p2_y - b) / k

p1 = (int(p1_x), int(p1_y))
p2 = (int(p2_x), int(p2_y))

cv2.line(image, p1, p2, (0, 255, 0), 2)

cv2.imshow('image', image)
cv2.waitKey(0)
```

RANSAC 拟合结果如图 3-27 所示。在噪声点干扰下 RANSAC 算法依然能较好地拟合直线，迭代次数会影响拟合精度，通常更多的迭代次数会有更大概率找到全局最优解，然而增加迭代次数也会显著提高计算成本且收益也会随着迭代次数增加趋向饱和。后续可以调整扰动程度、扰动点数量、迭代次数和参数 sigma 并观察拟合结果。

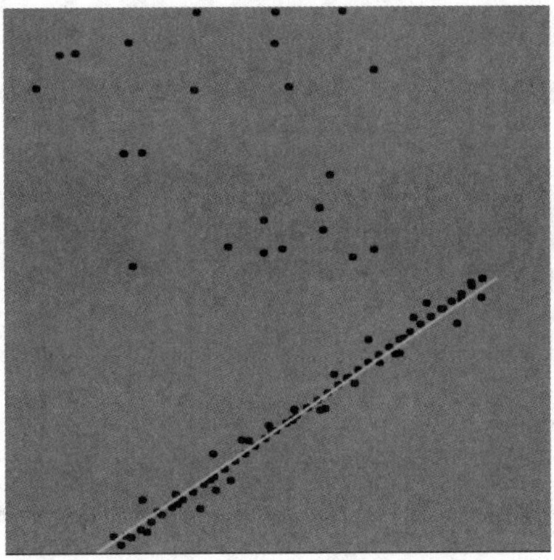

图 3-27　RANSAC 拟合结果

3.3.5　霍夫变换

如果在一幅图像中检测到一些边缘点，它们组成多条直线，采用最小二乘法进行直线拟合会遇到两个问题。第一，如何确定哪些点属于同一条直线？第二，如何确定有多少条直线？1962 年，保罗・霍夫（Paul Hough）提出了著名的霍夫变换，这是一种能够解决上述两个问题的直线拟合方法，而且该方法也能用于拟合任何参数方程已知的几何结构。

下面详细解释霍夫变换的直线拟合方法。对于 xy-坐标平面内的任意样本点 (x_i, y_i)，通过该点可以绘制无数条直线，如图 3-28 所示。

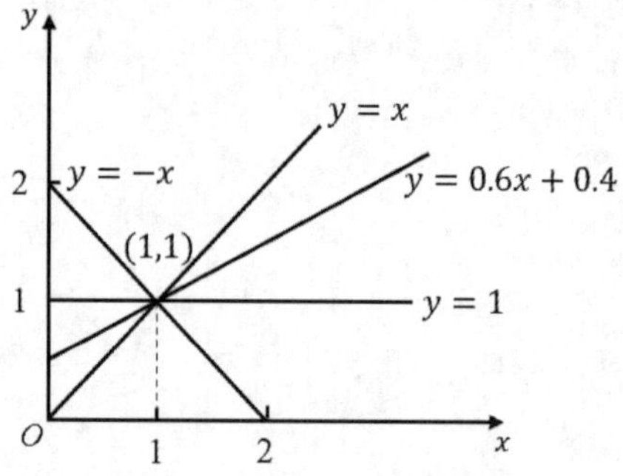

图 3-28　在 xy-坐标平面内多条直线通过一个点

根据解析几何知识，通过引用两个参量：直线的斜率 a 和截距 b，可以将通过点 (x_i, y_i) 的直线表示为

$$y_i = ax_i + b \tag{3-27}$$

显然，不同的直线对应不同的参数 a 和 b。如果给定点 (x_i, y_i)，并将 a 和 b 视为变量，式（3-27）可以变换为

$$b = -x_i a + y_i \tag{3-28}$$

式（3-28）描述了参数 (x_i, y_i) 在 ab-坐标平面内确定的一条直线，这条直线的特点是，其上的每个点 (a,b) 对应着一条通过点 (x_i, y_i) 的直线，如图 3-29 所示。

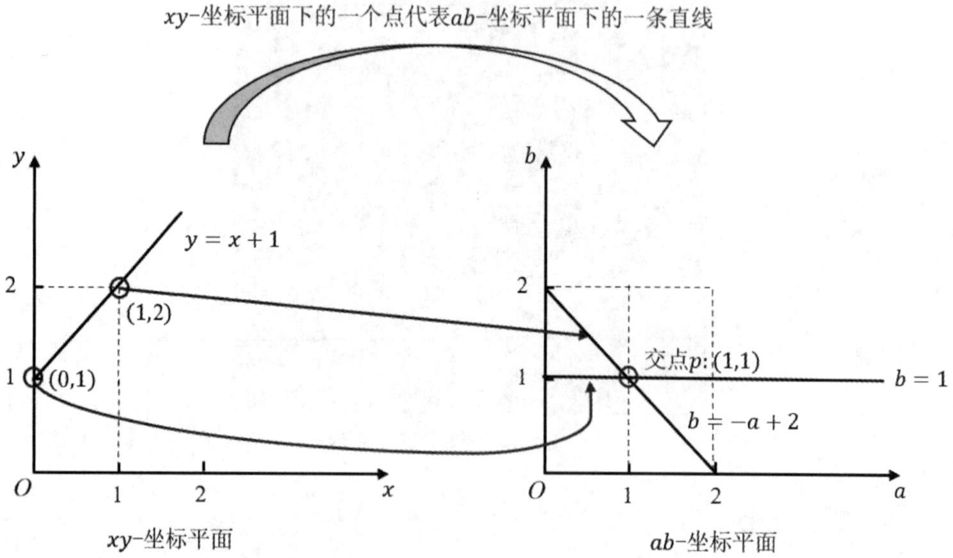

图 3-29　xy-坐标平面内的点与 ab-坐标平面（也称霍夫平面）内直线之间的转换

如果在 xy-坐标平面内检测到许多图像的边缘点，都可以依据 xy-坐标平面与 ab-坐标平面的霍夫变换原理将它们转换到 ab-坐标平面内，得到对应的直线。如果在 ab-坐标平面内

有 $m \geqslant 2$ 条直线的相交，说明这些直线交点处的坐标 (a,b) 对应的直线穿过了 xy-坐标平面内的 m 个数据点，如图 3-29 所示。由此，通过 ab-坐标平面内的交点可以确定在 xy-坐标平面内哪些点在一条直线上，并确定这条直线。m 值还可以反映检测到的直线质量，m 越大，说明直线穿过了 xy-坐标平面内越多的数据点，则检测到的直线质量越好。

根据上面的分析，为了在 xy-坐标平面内检测到“质量好”的直线和确定直线的个数，可以将 ab-坐标平面分割成小格，如图 3-29 所示。然后，在每个小格中统计直线交点数 m 的值，也被称为小格的投票数。在 ab-坐标平面内得票最高的格子所在的坐标位置 (a,b) 是 xy-坐标平面内最佳直线的参数。这种通过划分单元格并计算投票数的算法称为累加器单元算法，其具体流程如表 3-5 所示。

表 3-5　累加器单元算法

累加器单元算法
输入：xy-坐标平面内的数据点
输出：直线的个数和每条直线的参数
1：将 xy -坐标平面内给定的所有数据点映射为 ab-坐标平面内的直线。 在 ab-坐标平面内计算每两条直线的交点，并记录这些交点所在的坐标位置 (a_i,b_i) ，$i=1,2,\cdots,k$ ，k 表示交点的个数。
2：分别计算 a_i 和 b_i 的最小值和最大值，表示为 $a_{\min}$ 、$a_{\max}$ 、$b_{\min}$ 和 $b_{\max}$ 。 将 $a_{\min}$ 、$a_{\max}$ 、$b_{\min}$ 和 $b_{\max}$ 所确定的矩形区域划分成小格，并在每个小格中统计交点的个数，记为 m_i ，$i=1,2,\cdots,n$ ，n 表示格子的数目。
3：设置足够大的阈值 m_{T} ，当 $m_i \geqslant m_{\mathrm{T}}$ 时，可认为第 i 个的坐标位置对应 xy-坐标平面内的一条直线。
4：输出直线的个数和每条直线的参数。

上述方法的不足是，无法处理斜率 a 无穷大的情况，另外，斜率和截距的取值范围都没有边界。

为了解决上述问题，将通过点 (x_i,y_i) 的直线表示为极坐标方程

$$\rho = x_i \cos\theta + y_i \sin\theta \tag{3-29}$$

其中，ρ 表示坐标原点到直线的距离，θ 表示从坐标原点所引直线的垂线与横轴的夹角，如图 3-30 所示。

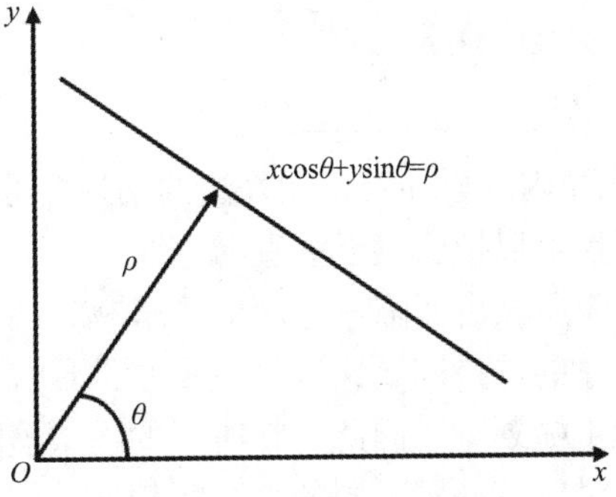

图 3-30　直线的极坐标表示

式（3-29）表明，如果将 ρ 和 θ 视为变量，通过点 (x_i,y_i) 的所有直线的参数 ρ 和 θ，会形成一条正弦函数曲线。多个这种正弦函数曲线的交点，可认为与 xy-坐标平面内的一条直线对应，如图 3-31 所示。

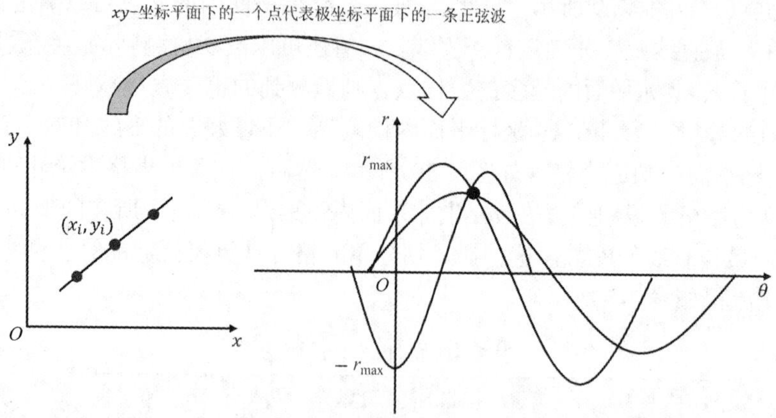

图 3-31　xy-坐标平面内的点与极坐标平面内正弦波之间的转换

根据以上分析，在极坐标平面内，同样可以利用与累加器单元类似的算法实现直线检测，具体流程如表 3-6 所示。

表 3-6　极坐标平面内的累加器单元算法

极坐标平面内的累加器单元算法
输入：xy-坐标平面内的数据点
输出：直线的个数以及直线的极坐标参数
1：在 xy-坐标平面内计算所有数据点到原点的距离，其最大值记为 ρ_{max} 。
将 $\theta \in [0,180^\circ]$ ， $\rho \in [0,\rho_{max}]$ 所确定的矩形区域按一定的步长划分成小格，
并将每个小格的累加器 $H(\rho,\theta)$ 初始化为零。
2：对于每个数据点 (x_i, y_i) ，进行以下循环操作：
在 $[0,180^\circ]$ 的范围内，遍历所有的 θ ，进行以下循环操作：
计算 $\rho = x_i\cos\theta + y_i\sin\theta$ 。
$H(\rho,\theta) = H(\rho,\theta)+1$ 。
结束内循环。
结束外循环。
3：找到 $H(\rho,\theta)$ 的局部极值点，每个极值点对应一条直线。
4：输出直线个数以及每条直线的参数。

图 3-32 展示了极坐标平面内的累加器单元算法的结果。可见，该算法可以有效地拟合图像中存在的多条直线，而且可以拟合接近垂直的直线。

然而，霍夫变换在实际应用中也面临一些棘手的问题。

首先，需要考虑网格尺寸的选择问题，这是一个非常具有挑战性的问题。太大的网格尺寸，会导致对霍夫平面的粗糙划分，因此，在所得的投票器阵列中容易确定一个局部的极大值点，但是，该点可能对应着许多不同的直线。相反，如果网格划分得太细，一些不完全共线的点可能会为不同的网格投票，于是，没有一个网格得票明显高。这将导致直线的漏检问题。

图 3-32 利用极坐标平面内的累加器单元算法进行直线拟合的示例

其次，数据中无可避免含有噪声。如图 3-33（a）所示，由于噪声的存在，数据点并不会整齐地排列在一条线上，导致对应的投票器阵列图上会生成多个局部极值点，因此，局部峰值点会变得模糊和难以定位。对于更严重的情况，如图 3-33（b）所示，数据点是根据均匀分布进行随机抽样得到的，在其相应的投票器阵列图上会生成一些杂散的峰值，这导致无法有效地检测到直线。

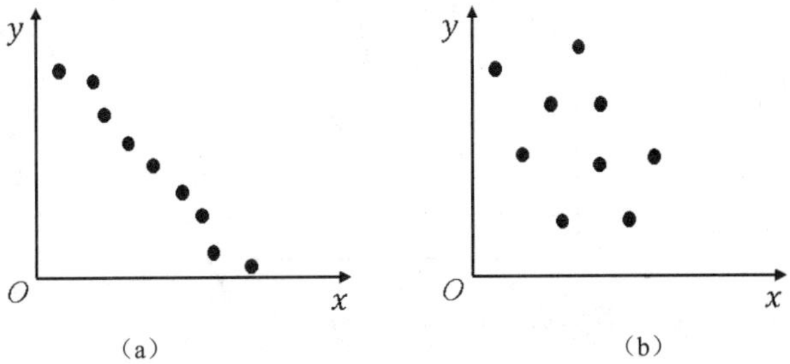

图 3-33 含噪声的数据点分布示例

为了应对噪声的影响，可以采取一些策略去除不显著的数据点。例如，只考虑那些具有显著梯度特征的边缘点。通过结合图像梯度，可以获得一种改进的霍夫变换算法。基本原理是当检测到一个图像边缘点后，也就确定了它的梯度方向，也就意味着要检测的线已经独一无二地确定了。改进的霍夫变换算法流程如表 3-7 所示。

表 3-7 改进的霍夫变换算法

改进的霍夫变换算法
输入：xy-坐标平面内的数据点
输出：直线的个数以及直线的极坐标参数
1：在 xy-坐标平面内计算所有数据点到原点的距离，其最大值记为 $\rho_{\max}$。
将 $\theta \in [0, 180^\circ]$，$\rho \in [0, \rho_{\max}]$ 所确定的矩形区域按一定的步长划分成小格，
并将每个小格的累加器 $H(\rho, \theta)$ 初始化为零。
2：对于每个数据点 (x_i, y_i)，进行以下循环操作：
计算数据点的梯度方向 θ。
计算 $\rho = x_i \cos\theta + y_i \sin\theta$。
$H(\rho, \theta) = H(\rho, \theta) + 1$。
结束循环。
3：找到 $H(\rho, \theta)$ 的局部极值点，每个极值点对应一条直线。
4：输出直线个数以及每条直线的参数。

除了直线，霍夫变换算法还可以对圆形进行拟合。这里，需要考虑两个问题：一是需要建立多少维的参数空间？二是给定一个边缘点及其梯度方向，如何在离散化的参数空间中进行投票？下面分别进行说明。

如图 3-34 所示，在笛卡儿坐标系中，以(x_0, y_0)为圆心、半径为r的圆的方程为

$$(x-x_0)^2+(y-y_0)^2=r^2 \tag{3-30}$$

引入夹角θ，式（3-30）可以变形为

$$x_0 = x - r\cos\theta \tag{3-31}$$

$$y_0 = y - r\sin\theta \tag{3-32}$$

这样，对于数据点(x,y)，可以将通过该点的所有圆统一定义为式（3-31）和式（3-32），这也意味着每一组(x_0, y_0, r)代表一个通过点(x,y)的圆。

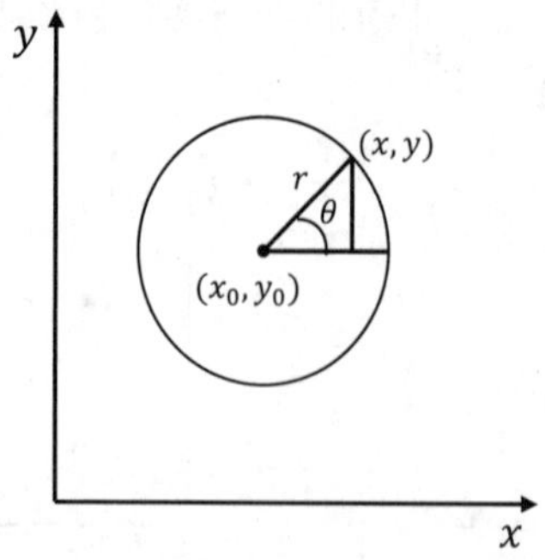

图 3-34　笛卡儿坐标系下圆的表示

在以x_1, y_1, r为轴的三维直角坐标系中，可以绘出所有通过点(x,y)的圆的参数曲线。当$r=0$时，这条参数曲线为点$(x,y,0)$；对于某个$r>0$，满足式（3-31）和式（3-32）的所有点形成一个以点(x,y)为圆心、半径为r的圆。因此，在参数空间，圆的参数形成一个倒立的圆锥面，当给定半径r时，可以确定该圆锥的底面半径及高都等于r，如图 3-35 所示。

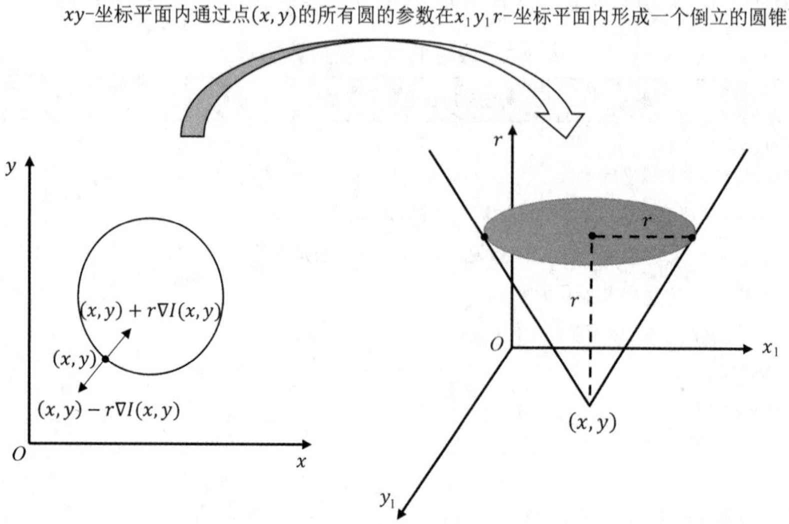

图 3-35　xy-坐标平面上通过点(x,y)的圆与x_1y_1r-坐标平面内的倒立圆锥面之间的变换

如果 xy-坐标平面的两个不同点进行上述操作后得到的曲线在 x_1y_1r -坐标平面相交，说明它们有一组公共的 (x_0, y_0, r) ，这意味着它们在同一个圆上。如果更多的曲线交于一个点，也就意味着这个交点表示的圆由更多的点组成。可以设置一个阈值 t ，当存在 t 条以上的曲线交于一点时，认为检测到了一个圆。

霍夫变换算法在进行圆形检测时，需要对所有数据点进行上述变换操作，计算量很大。考虑到检测图像边缘点时，可以得到边缘点位置的图像梯度 $\nabla I(x,y)$ 。如果该边缘点位于一个圆上，则圆心指向该点的径向方向应与图像梯度一致，如图 3-35 所示。如果在同一个梯度方向上有两个点位于同一个圆上，则这两个点必位于圆的直径的两端，圆的直径方向与这两个点的梯度方向一致。图 3-35 显示了在霍夫变换参数空间中这两个点的位置。显然，随着半径 r 的变化，这样的点会形成两条相交的直线。因此，在离散化的参数空间中进行投票时，只需要在图像梯度方向上计算式（3-31）和式（3-32），从而可以大大节省计算量。

3.4 动手实践：硬币定位

1. 实践目标

霍夫变换是一种特征提取技术，广泛应用于图像处理、计算机视觉和数字图像处理领域。它主要用于检测图像中的特定几何形状，如直线、圆、椭圆等。霍夫变换的基本原理是将图像空间中的曲线映射到参数空间中的点，通过在参数空间中寻找局部最大值来确定图像中的形状。

实践目标具体如下。

（1）掌握使用 Python 编程和 opencv 库实现霍夫变换圆检测。

（2）调整参数观察实验结果，了解参数设置的作用。

（3）了解霍夫变换检测几何形状在医疗、工业等实际生产场景中的应用。

2. 实践内容

本实验使用霍夫变换检测图像中的圆形硬币并调整霍夫变换检测参数和预处理参数，总结霍夫变换参数的含义以及预处理对于霍夫变换的意义。实践内容具体如下。

（1）读取图像并预处理以便后续用霍夫变换检测圆形区域。

（2）使用 cv2 内置边缘检测算子和霍夫圆检测工具检测图像中的圆形区域。

（3）绘制检测结果。

3. 实践步骤

首先使用 Canny 算子提取图像梯度，然后使用 cv2 内置的霍夫变换检测圆形区域并绘制检测结果。代码如下。

（1）读取图像数据并转为灰度图

```
import cv2
import numpy as np

img = cv2.imread('img.png')
```

```
# 将图像转换为灰度图像
gray_img = cv2.cvtColor(img, cv2.COLOR_BGR2GRAY)
```

（2）使用高斯滤波降噪

```
gaussian_img = cv2.GaussianBlur(gray_img, (7, 7), 0)
```

（3）使用 Canny 算子进行边缘检测

```
edges_img = cv2.Canny(gaussian_img, 80, 180, apertureSize=3)
```

（4）利用霍夫变换检测圆

```
circles1 = cv2.HoughCircles(edges_img, cv2.HOUGH_GRADIENT, 1, 100, param1=300,
param2=10, minRadius=5, maxRadius=95)

circles = circles1[0, :, :]
circles = np.uint16(np.around(circles))
for i in circles[:]:
    cv2.circle(img, (i[0], i[1]), i[2], (0, 0, 255), 2)
```

（5）绘制实验结果

```
cv2.imshow('edges', edges_img)
cv2.imshow("circle_detect", img)
cv2.waitKey(0)
cv2.destroyAllWindows()
```

4. 实验结果及分析

霍夫变换圆检测中的关键函数为 cv2.HoughCircles(img, method, dp, minDist, param1, param2, minRadius, maxRadius)。其中 img 表示输入的灰度图像；method 为霍夫变换的方法，对于圆形检测，通常使用 cv2.HOUGH_GRADIENT；dp 为霍夫空间的分辨率，即每像素在霍夫空间中的采样间隔，较小的值可以获得更精确的结果，但计算量更大；minDist 为霍夫空间中两个圆心之间的最小距离，调整该参数可以减少重复检测；param1 和 param2 表示霍夫变换的两个阈值参数；param1 控制了霍夫空间中圆的累积器阈值，而 param2 限制了检测到圆的最小半径；minRadius 和 maxRadius 分别代表了检测圆形的最小和最大半径范围。

待检测图片如图 3-36 所示。为达到最佳检测效果，应当广泛调整函数参数，此外图像的预处理操作也能显著影响检测结果。采用实践步骤中所给代码参数进行检测的结果如图 3-37 所示。

图 3-36　待检测图片

图 3-37　检测结果

本章小结

本章内容主要包含图像边缘检测和特征点拟合两个部分。在图像边缘检测方面，探讨了图像边缘的特性和分类，详细介绍了图像求导的方法，以及如何应用高斯一阶偏导核来检测图像的边缘。以此为基础，还深入介绍了经典的 Canny 边缘检测算法。在特征点拟合方面，本章介绍了四种拟合算法：最小二乘法拟合、鲁棒拟合、RANSAC 算法和霍夫变换，这些算法分别适合不同的应用场景，以便读者在实际应用中做出选择。

习　题

1. 引用两个参量：（1）坐标原点到直线的距离 ρ；（2）从坐标原点引直线的垂线，该垂线与横轴的夹角记为 θ。证明通过点 (x_i, y_i) 的直线可表示为

$$\rho = x_i \cos\theta + y_i \sin\theta$$

2. Canny 边缘检测中的非极大值抑制起什么作用？双阈值法在 Canny 边缘检测中的作用是什么？

3. 阐述鲁棒最小二乘拟合算法的应用场合，分析算法自身的优势与弊端。

4. 阐述 RANSAC 算法的适用场合以及局限性？

5. 阐述霍夫变换在处理图像噪声方面有哪些优点与局限性？

6. 程序设计：实现 Canny 边缘检测器，并在一组图像上进行测试。总结滤波核的尺寸以及阈值对边缘检测的影响。

7. 程序设计：设计一种鲁棒最小二乘直线拟合算法，构建测试数据验证算法性能。

8. 程序设计：设计一种基于 RANSAC 的直线拟合算法，构建测试数据验证算法性能。

9. 程序设计：利用霍夫变换实现图像上的直线检测，构建测试数据验证算法性能。

10. 程序设计：利用霍夫变换实现图像上的圆形检测，构建测试数据验证算法性能。

第4章 局部特征提取

【本章导读】

通过前面章节的学习，相信读者已经对计算机视觉有了一定的了解。本章将更深入地探讨从图像中提取的内容，不再局限于全局的图像信息或细节信息，而是重点关注如何根据图像的特定区域提取通用信息，即局部特征。在计算机视觉领域，局部特征提取是一项至关重要的技术，因为它是图像特征的局部表现形式，反映了图像中的局部特征，为完成许多计算机视觉任务奠定了基础。本章将详细介绍哪些局部特征是我们需要关注的，以及如何有效地提取这些特征。

【本章学习目标】

- 掌握图像拼接的基本概念与挑战，理解局部特征在解决图像拼接问题中的核心作用。
- 深入了解并掌握 Harris-Laplace 检测器和 SIFT 特征的提取方法，包括 Harris 角点检测器的工作原理、尺度不变理论、LoG 算子的应用，以及从 DoG 尺度空间构建到 SIFT 特征点检测与描述子生成的全过程。
- 实现图像拼接程序，运用所学知识完成从特征检测到图像匹配的整个流程，并对拼接效果进行评估。

4.1 图像拼接问题与局部特征

为应对计算机视觉的应用需求，局部特征必须具备一些典型性质。下面，我们先给出局部特征的一个具体应用场景，并以此说明局部特征的概念和性质，以便大家更好地理解角点特征。

人们有时期待得到一幅完整的全景图像，但由于摄像头的视角受限，难以直接拍摄到整个场景。一种解决方法是更换摄像机镜头为广角镜头，但广角镜头价格昂贵，操作复杂，并且引发图像边缘易出现变形等问题。另一种经济且广泛应用的方法是利用图像拼接技术，先让摄像机缓慢旋转，连续拍摄多幅图像，然后将这些图像拼接在一起，形成一幅超大尺寸的全景图。图像拼接是将具有空间上相邻且具有重叠区域的图像合并成全景图的过程。例如，在自动驾驶领域，车辆上可能配备多个摄像头，通过图像拼接技术将这些摄像头的画面组合在一起，综合各个摄像头的局部视野，从而获得更加全面的道路状态信息。这种方法使得车辆能够获取更广阔的视野，有助于提高驾驶决策的准确性。

图像拼接技术具有低成本、广泛适用的优势。图像拼接任务的解决思路如下。

- 图像预处理：包括数字图像处理的基本操作、建立图像的匹配模板以及进行图像变换。
- 图像配准：采用一定的匹配策略，找出待拼接图像中的模板或特征点在参考图像中对应的位置，进而得到两幅图像之间的变换关系。
- 建立变换模型：根据模板或者图像特征之间的对应关系，计算出数学模型中的各参数值，从而建立两幅图像的数学变换模型。
- 统一坐标变换：根据建立的数学转换模型，将待拼接图像转换到参考图像的坐标系中，完成坐标变换。
- 融合重构：将待拼接图像的重合区域进行融合，得到拼接重构的平滑无缝全景图像。

在图像拼接技术中，图像配准是至关重要的步骤。配准主要有两种方法：基于亮度差异的方法和基于特征的方法。

基于亮度差异的方法直接比较两幅待拼接图像中每个像素的亮度差异，显然重叠区域像素的亮度差异和最小。据此可以估计两幅图像之间的变换模型参数以便执行图像拼接。然而，这种方法因为需要比较每个像素，通常计算复杂度较高，并且对光照变化非常敏感，故而在实际应用中往往受到限制。相比而言，基于特征的方法是更为常用的一种图像配准方法。它通过匹配从图像中提取的稀疏局部特征来计算图像之间的变换参数。这些提取到的特征通常比较稳定，对于光照、平面运动和噪声具有较强的不变性，因此更加可靠，并拥有更低的计算复杂度。

以图 4-1 所示的两幅图为例，将这两幅有部分重叠的图像拼接在一起。

图 4-1　两幅原始图像的拼接示例

首先，需要确定两幅图像中的重叠区域。通过提取这两幅图像的局部特征点，并通过局部特征的匹配，可以找到多组匹配的特征点对，具体可参考图 4-2。

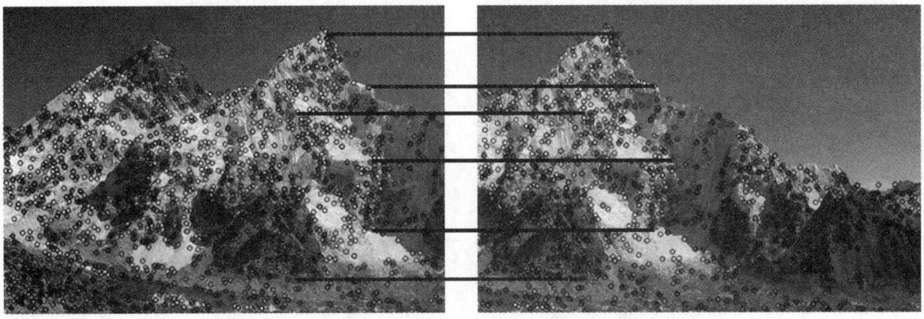

图 4-2　局部特征匹配示意图

匹配成功的特征点可用于确定两幅图像重叠区域的位置关系。然后使用第 3 章中的 RANSAC 方法计算两幅图像重叠部分的旋转和平移关系，使得已匹配的特征点尽可能地重合。最后，对第二幅图像按照得到的旋转和平移操作参数进行坐标变换，并将拼接图像的重合部分进行融合重构，得到平滑无缝全景图像，如图 4-3 所示。显然，对图像拼接问题，局部特征的提取和匹配是决定拼接效果的关键因素。为此，局部特征提取应针对一些比较稳定的点，它们不易被干扰，具备出色的可区分性，称之为特征点。利用特征点邻域的局部图像信息对这些特征点进行描述，可以得到特征点的区域描述子，称为局部特征。这具有双重优势：一方面，适当选取特征点的邻域图像信息描述图像特征点可以大幅减少计算的工作量；另一方面，即使物体受到噪声干扰或部分遮挡，关键信息仍然可以从未受影响的特征点上还原。

图 4-3　图像拼接结果示意图

然而，并非所有点都具备特征点的潜质，也不是所有点的局部信息都对视觉任务有所裨益。这里继续以上面的图像拼接示例为例。

首先，特征点是在两幅图像上分别独立检测的，由于两幅图像本身存在差异，所检测出的特征点在数量上或对应的局部图像内容上可能不一致。为了正确匹配这两幅图像，必须采用一个检测器，能高复率地检测出特征点。

其次，即使成功检测到了特征点，在匹配这些特征点时，仅仅简单地依靠坐标来找到对应点仍然是行不通的。这是因为特征点在图像上的坐标会随着拍摄角度的不同而发生变化。此外，还可能出现一个点可匹配多个点的情况。因此，特征点对应的区域描述子必须具备可靠性和明显的可区分性。

再次，图像拼接任务要求特征点对应的区域描述子必须具备几何不变性。几何变换包括基本的平移、缩放、旋转操作，以及仿射和投影变换，这些几何变换通常是由拍摄角度的变化引起的。在经历几何变换之前和之后，局部特征提取算法提取的内容应尽可能保持一致，也就是说特征点必须具备可重复性。

最后，特征点对应的区域描述子还应对光照变化具有较高的不敏感性。光照变化改变了图像的颜色，但并不会改变图像的实际内容。因此，可采用像素值的线性模型来对光照效果进行建模，即

$$f'(x,y) = af(x,y) + b \tag{4-1}$$

其中，$f(x,y)$ 表示图像 (x,y) 处的像素值，a 表示缩放因子，b 表示偏移量。相同图像目标在光照变化前后，其局部特征应尽可能保持一致。此外，区域描述子在面对噪声、模糊、量化、压缩等图像处理过程时也应该具有一定的不敏感性，因为当这些操作的强度不是很

大时，图像内容的变化通常是有限的。

综上所述，为了很好地完成图像匹配任务，我们对局部特征提出如下五项要求。

- 可重复性与精度。区域提取内容具有几何不变性，对光照变换、加噪声、模糊、量化等操作具有鲁棒性。
- 局部性。从局部就可以提取特征，因此，可以应对遮挡和杂波等局部干扰问题。
- 数量。提取的区域数量不能太少，因为需要足够多的区域才能完整地覆盖整个目标对象。
- 可区分性。提取的图像区域内必须包含感兴趣的图像结构，使其特征具有显著的可区分性，才能确保图像匹配步骤的正确性。
- 效率。希望提取算法不要太复杂，可以达到实时提取的性能。

满足上述局部特征要求的特征点检测器有很多，比如，Harris 角点检测器、Laplacian（拉普拉斯算子）检测器和 DoG（Difference of Gaussians，高斯差分）检测器。这些检测器广泛应用于各种计算机视觉任务，如三维重建、运动跟踪、目标检测等。

4.2 Harris-Laplace 检测器

局部特征提取的关键步骤之一是特征点的定位，这构成了整个局部特征提取的基础。本节首先讲解 Harris 角点检测算法，该算法具备平移不变性和旋转不变性，但对于尺度缩放不具备不变性；随后，讲解尺度不变理论，并探讨与图像尺度协变的响应曲线特性；通过斑点（Blob）检测任务引出 LoG 算子，最后将 Harris 检测器与 LoG 卷积核相结合，便能得到具有尺度不变性的特征点检测器——Harris-Laplace 检测器。

4.2.1 Harris 角点检测器

Harris 角点检测器

从可重复性和可区分性的角度来看，角点是特征点的理想选择。这是因为角点是两条边缘相交的位置，即存在两条不同方向的边缘，这通常会导致角点附近区域内梯度在两个或多个方向上显著变化，使得角点更容易被检测到。

如图 4-4 所示，当小窗口覆盖的图像区域是平坦区域时，无论沿哪个方向移动窗口，窗口内的强度都不会发生变化。如果覆盖区域是边缘区域，沿着边缘方向移动窗口时，像素强度同样不会发生变化，窗口内的内容也会保持不变。而对于角点，以直角为例，无论窗口沿哪个方向移动，窗口内的像素强度都会产生明显的变化。我们可以使用这种方法相对简单地区分角点和其他点。

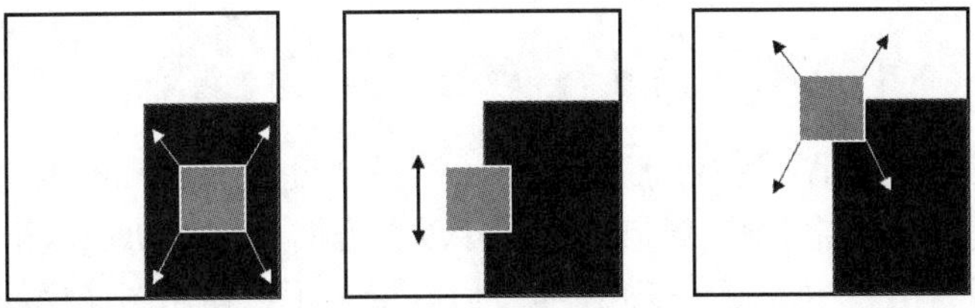

图 4-4 不同区域图像强度变化的差异

关于角点目前还没有严格的数学定义，通常将以下类型点视为角点的候选：第一，具有两条以上交汇边缘的点；第二，在图像上呈现出明显亮度变化的点，而且这种变化在多个方向上都很显著；第三，出现在边缘曲线上，且曲率达到极大值的点。如图 4-5 所示，图中展示了多种边缘交汇点，它们都可以被视为角点。此外，图像中物体的边角和锥状顶点也可以被视为角点。角点作为局部特征点，不仅有助于简化图像信息数据，还在一定程度上保留了图像中重要的结构特征信息，因此有助于更轻松地处理图像数据。

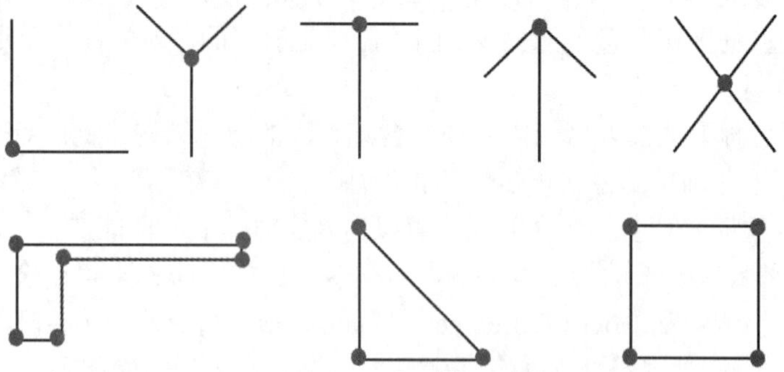

图 4-5　各种角点示意图

根据前面对角点的描述，角点的提取过程有两个设计要点。

- 可以通过一个小窗口检测到角点，保证角点具有局部性。
- 当小窗口覆盖角点时，沿任何方向移动这个窗口，都会引起窗口内像素强度的剧烈变化。

针对这两点，可以设计多种角点检测算法，其中包括 Kitchen-Rosenfeld 角点检测算法、Harris 角点检测算法、KLT 角点检测算法等。下面将详细介绍经典的 Harris 角点检测算法。

Harris 角点检测算法的核心思想是通过观察图像中像素值在不同方向上的变化来识别图像中的角点。如图 4-6 所示，左侧的图像是一幅灰度图，实线框表示检测窗口。

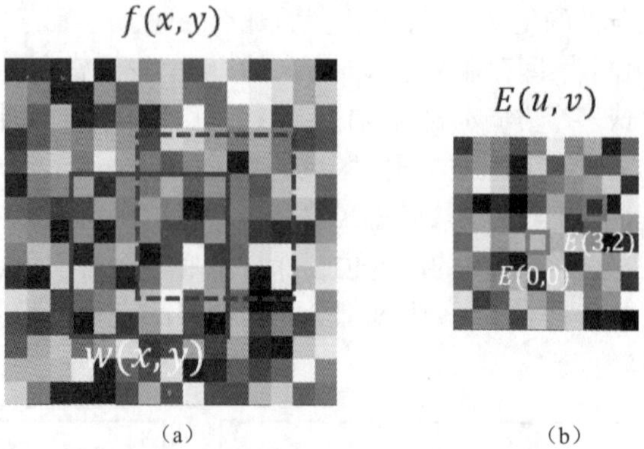

图 4-6　图像及窗口内像素强度变化的可视化表示

假设 $f(x,y)$ 表示目标图像在像素坐标 (x,y) 处的灰度值，$w(x,y)$ 表示检测窗口在像素坐标 (x,y) 处的权重，那么当检测窗口沿水平和垂直方向分别移动 u 和 v 个像素时，检测窗口内的像素强度通常会发生改变，变化量记为 $E(u,v)$，可以使用图像局部像素值的加权均方差来表示 $E(u,v)$，即

$$E(u,v)=\sum_{x,y}w(x,y)\left[f(x+u,y+v)-f(x,y)\right]^2 \tag{4-2}$$

目前，常用的检测窗口有两种，如图 4-7 所示。一种是将窗口内每个图像像素的权值赋为 1，位于窗口之外的图像像素的权值设为 0。这意味着在窗口覆盖区域内，每个图像像素都被视为具有相同的重要性。另一种是采用高斯模板，它分配更高的权重给靠近中心区域位置的像素。这表明中心区域附近的像素被认为具有更高的重要性。在实际使用中更倾向于选择采用高斯模板。

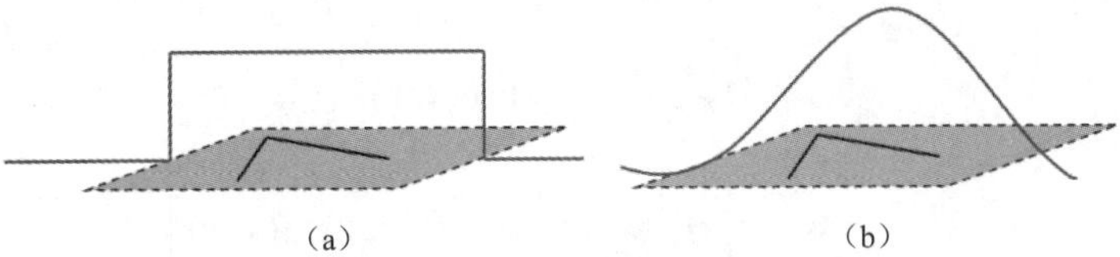

图 4-7　检测窗口的两种权重示意图

列举出所有可能的偏移量并计算相应的 $E(u,v)$，可以将所有这些窗口位移情况下的灰度变化量可视化，从而获得图 4-6（b）的灰度图。显然，图像 $E(u,v)$的中心点值为 0，即 $E(0,0)=0$，这表示检测窗口没有偏移时，图像像素强度不会发生改变。对于图 4-6（a）中虚线窗口的位置，它是通过将实线窗口向右移动三格，再向上移动两格得到的，图 4-6（b）中 $E(3,2)$值就是虚线窗口位置的图像强度与实线窗口位置的图像强度的加权均方差值。

与窗口平移多个像素时的图像强度变化比较，$E(u,v)$在微小偏移下的值，即加权后的梯度，更能够反映出当前区域的结构特性。为了观察这个值，首先对 $E(u,v)$在原点附近进行泰勒二次展开，得到以下表达式

$$E(u,v) \approx E(0,0) + [u\ v]\begin{bmatrix} E_u(0,0) \\ E_v(0,0) \end{bmatrix} + \frac{1}{2}[u\ v]\begin{bmatrix} E_{uu}(0,0) & E_{uv}(0,0) \\ E_{uv}(0,0) & E_{vv}(0,0) \end{bmatrix}\begin{bmatrix} u \\ v \end{bmatrix} \tag{4-3}$$

其中，

$$E_u(u,v) = \sum_{x,y} 2w(x,y)\Delta f(u,v) f_x(x+u, y+v) \tag{4-4}$$

$$E_v(u,v) = \sum_{x,y} 2w(x,y)\Delta f(u,v) f_y(x+u, y+v) \tag{4-5}$$

$$E_{uu}(u,v) = \sum_{x,y} 2w(x,y) f_x^2(x+u, y+v) + \sum_{x,y} 2w(x,y)\Delta f(u,v) f_{xx}(x+u, y+v) \tag{4-6}$$

$$E_{vv}(u,v) = \sum_{x,y} 2w(x,y) f_y^2(x+u, y+v) + \sum_{x,y} 2w(x,y)\Delta f(u,v) f_{yy}(x+u, y+v) \tag{4-7}$$

$$E_{uv}(u,v) = 2w(x,y)[\sum_{x,y} f_x(x+u, y+v) f_y(x+u, y+v) + \sum_{x,y}\Delta f(u,v) f_{xy}(x+u, y+v)] \tag{4-8}$$

并且

$$\Delta f(u,v) = f(x+u, y+v) - f(x,y) \tag{4-9}$$

由（4-9）可求得 $\Delta f(0,0)=0$，将该式代入式（4-4）至式（4-8）中得到

$$E_u(0,0) = 0 \tag{4-10}$$

$$E_v(0,0) = 0 \tag{4-11}$$

$$E_{uu}(0,0) = \sum_{x,y} 2w(x,y) f_x^2(x,y) \tag{4-12}$$

$$E_{vv}(0,0) = \sum_{x,y} 2w(x,y) f_y^2(x,y) \tag{4-13}$$

$$E_{uv}(0,0)=\sum_{x,y}2w(x,y)f_x(x,y)f_y(x,y) \tag{4-14}$$

将上述结果代入式（4-3），并考虑到$E(0,0)=0$，式（4-3）可化为

$$E(u,v)\approx[u\ v]\tilde{\boldsymbol{M}}\begin{bmatrix}u\\v\end{bmatrix} \tag{4-15}$$

其中，

$$\tilde{\boldsymbol{M}}=\sum_{x,y}w(x,y)\boldsymbol{M}(x,y) \tag{4-16}$$

$$\boldsymbol{M}(x,y)=\begin{bmatrix}f_x^2(x,y) & f_x(x,y)f_y(x,y)\\ f_x(x,y)f_y(x,y) & f_y^2(x,y)\end{bmatrix} \tag{4-17}$$

由式（4-16）和式（4-17）可见，$\tilde{\boldsymbol{M}}$是一个根据图像梯度计算的2×2矩阵。在这个矩阵中，坐标(x,y)在检测窗口内取值，$w(x,y)$表示检测窗口在位置(x,y)的权重，$\boldsymbol{M}(x,y)$由图像$f(x,y)$在坐标(x,y)处的一阶偏导数构成。若采用的窗口模板简单地将窗口内的各个位置的权重设置为 1，那么矩阵$\tilde{\boldsymbol{M}}$还可以进一步简化为$\sum_{x,y}\nabla f(x,y)\nabla f(x,y)^{\mathrm{T}}$的形式，其中$\nabla f(x,y)=[f_x(x,y)\quad f_y(x,y)]^{\mathrm{T}}$。需要指出的是，由于权重$w(x,y)$是事先给定的且与图像无关，因此根据式（4-16）可以认为$\boldsymbol{M}(x,y)$反映了角点的信息。

为了理解如何利用强度变化式（4-15）来检测角点，首先考虑一种特殊情况，$\tilde{\boldsymbol{M}}$为对角矩阵，非对角线元素的值为 0，即

$$\tilde{\boldsymbol{M}}=\begin{bmatrix}\sum_{x,y}w(x,y)f_x^2(x,y) & \sum_{x,y}w(x,y)f_x(x,y)f_y(x,y)\\ \sum_{x,y}w(x,y)f_x(x,y)f_y(x,y) & \sum_{x,y}w(x,y)f_y^2(x,y)\end{bmatrix}=\begin{bmatrix}\lambda_1 & 0\\ 0 & \lambda_2\end{bmatrix} \tag{4-18}$$

这说明当前点处的图像梯度方向与x轴或y轴对齐。如果λ_1和λ_2的值都很大，那么该点很可能是角点，这种角点也被称为轴对齐的角点。

进一步，考虑更一般的情况，即矩阵$\tilde{\boldsymbol{M}}$不是对角阵。由于矩阵$\tilde{\boldsymbol{M}}$是对称矩阵，因此可以通过构造一个单位正交矩阵$\boldsymbol{R}$来对矩阵$\tilde{\boldsymbol{M}}$进行正交分解，具体如下

$$\tilde{\boldsymbol{M}}=\boldsymbol{R}^{-1}\begin{bmatrix}\lambda_1 & 0\\ 0 & \lambda_2\end{bmatrix}\boldsymbol{R} \tag{4-19}$$

其中，λ_1和λ_2是$\tilde{\boldsymbol{M}}$的特征值。因此，根据式（4-15），$E(u,v)$的表达式可以可视化为一个椭圆方程，如图 4-8 所示。这个椭圆的轴长由特征值λ_1和λ_2决定，而轴的方向由正交矩阵$\boldsymbol{R}$确定。由于$\boldsymbol{R}$不是单位矩阵，因此椭圆的轴方向与坐标轴的方向不一致。

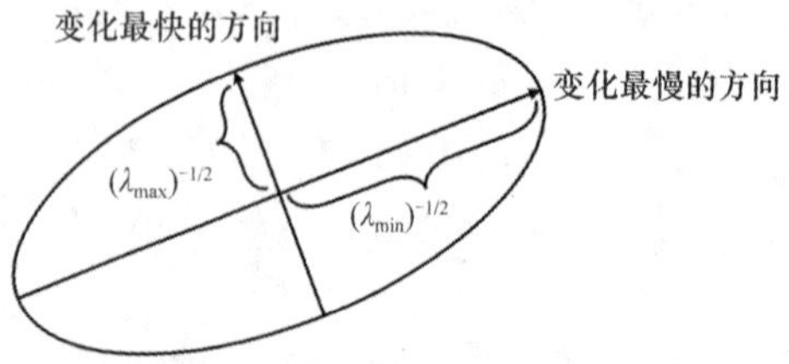

图 4-8　矩阵 $\tilde{\boldsymbol{M}}$ 描述的椭圆

本小节已讨论了平面、边缘和角点之间的不同之处，它们在各个方向上的梯度变化大小具有一定的规律，据此，我们可以将它们区分开。将其应用到式（4-15）至式（4-19）中，可以得到，比较特征值 λ_1 和 λ_2 可以有效区分这三种图像结构的规律。

图 4-9 清晰地展示了如何使用特征值来区分平面、边缘和角点。图中横坐标为 λ_1，纵坐标为 λ_2。当 λ_1 和 λ_2 的值都很小时，导致 $E(u,v)$ 在各个方向上几乎不变时，表明当前区域是一个平坦区域。若 λ_1 和 λ_2 的值相差较大，则当前区域很可能包含边缘。只有当 λ_1 和 λ_2 的值都很大且接近相等，使得 $E(u,v)$ 在各个方向上都有显著变化时，才表明当前区域检测到了角点。

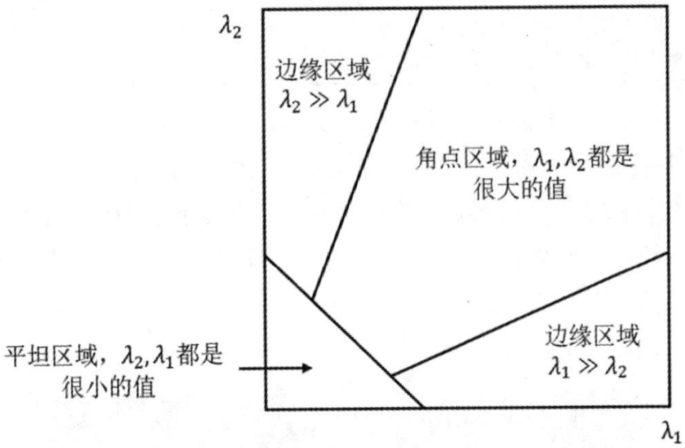

图 4-9　根据 λ_1 和 λ_2 的值来判别平面、边缘与角点

为了更准确地描述该比对方法，我们定义角点响应量 θ，表示为

$$\theta = \det(\tilde{\boldsymbol{M}}) - \alpha \operatorname{trace}(\tilde{\boldsymbol{M}})^2 \tag{4-20}$$

其中，角点响应阈值 α 是一个预先给定的较小正数，取值范围一般为 0.04~0.06，$\operatorname{trace}(\cdot)$ 表示矩阵的求迹运算。根据式（4-19），以及行列式与迹运算的定义，式（4-20）可以化为

$$\theta = \lambda_1\lambda_2 - \alpha(\lambda_1 + \lambda_2)^2 \tag{4-21}$$

进一步，响应量 θ 可写为

$$\theta = (\lambda_1 + \lambda_2)^2 \left(\frac{\dfrac{\lambda_1}{\lambda_2}}{\left(\dfrac{\lambda_1}{\lambda_2} + 1\right)^2} - \alpha \right) \tag{4-22}$$

当 $\lambda_2 \gg \lambda_1$ 时，$\lambda_1 / \lambda_2 \to 0$，结果 $\theta < 0$。类似的，当 $\lambda_2 \ll \lambda_1$ 时，$\lambda_2 / \lambda_1 \to 0$，结果 $\theta < 0$。这两种情况都说明 λ_1 和 λ_2 的值相差很大，检测到的是图像边缘。反之，当 $\theta > 0$ 时，说明 λ_1 和 λ_2 的值都很大且近似相等，检测到的是图像角点。此外，根据式（4-20）进行角点判断，可以避免计算矩阵 $\tilde{\boldsymbol{M}}$ 的特征值。

以上我们详细推导了 Harris 检测器，现在总结一下 Harris 检测器的检测流程，如表 4-1 所示。

表 4-1　Harris 角点检测算法

Harris 角点检测算法
输入：待检测图像
输出：图像中的角点
1. 设置检测窗口尺寸和角点响应阈值 α；
2. 计算图像 $f(x,y)$ 的一阶偏导数 $f_x(x,y)$ 和 $f_y(x,y)$；
3. 计算导数的平方项 $f_x^2(x,y)$、$x-x_i$ 与 $f_x(x,y)f_y(x,y)$；
4. 根据高斯函数生成检测窗口权重 $w(x,y)$；
5. 利用卷积核 $w(x,y)$ 分别对 $f_x^2(x,y)$、$f_y^2(x,y)$ 与 $f_x(x,y)f_y(x,y)$ 卷积得到矩阵 $\tilde{\boldsymbol{M}}$；
6. 根据式（4-20）计算角点响应量 θ；
7. 对响应量 θ 进行非最大化抑制后，可以检测到图像上的角点。

下面通过例子展示一下 Harris 检测器的效果。图 4-10 显示了在不同的拍摄角度和光照下，对同一个玩具拍摄的两张照片，用于测试 Harris 角点是否符合局部特征的一般要求。Harris 角点检测的结果如图 4-11 所示。首先，根据 4.2.2 小节中的公式计算角点响应量 θ，设置阈值过滤掉角点响应量较小的点。经过过滤，背景上的点基本被去除，特征点主要集中在物体上，但也可能出现很多点聚集在一起的情况。最后，进行非最大值抑制以找出角点聚集区域中响应值最大的点。

图 4-10　Harris 角点测试用例

图 4-11　Harris 角点检测结果可视化

从该结果可以看出，Harris 角点检测器能够有效地检测出大部分角点，尤其是在图中展示的玩具的嘴部与手部区域，这些区域具有明显的灰度变化和明暗交替。尽管这两幅图片是不同的，但可以看到它们在相同区域基本上都能检测出相同的角点。这表明 Harris 检测器获得的角点具有以下特性：局部性，受局部区域灰度变化的影响；角点数量足够多，能够覆盖大部分目标对象；角点定位精确，在不同光照条件和拍摄角度下，角点检测都具有可重复性。

Harris 角点检测在不同拍摄角度下的可重复性，主要取决于角点响应量 θ 的两个重要性质：平移不变性和旋转不变性。

- 平移不变性：平移变换不改变图像像素的相对位置和像素值，式（4-2）的计算不受影响，也就不影响 $E(u,v)$ 的值。角点响应量 θ 由矩阵 $\tilde{\boldsymbol{M}}$ 确定，矩阵 $\tilde{\boldsymbol{M}}$ 由 $E(u,v)$ 推导得出，如式（4-15）至式（4-17）所示，因此 θ 对平移变换具有不变性。
- 旋转不变性：无论角点区域如何发生旋转，都不影响高斯平滑卷积核 $w(x,y)$ 与图像的卷积结果，由矩阵 $\tilde{\boldsymbol{M}}$ 确定的椭圆形状也不会发生改变，只是轴向发生改变，而特征值始终保持不变。再根据式（4-21）可知角点响应量 θ 不随图像旋转而发生改变。

然而，Harris 检测器对于尺度缩放并不具备不变性。如图 4-12 所示，图 4-12（a）展示了一段曲线，Harris 检测器可以成功检测到该区域包含一个角点。但将图 4-12（a）放大到图 4-12（b）的尺寸后，由于图 4-12（b）的尺寸较大，导致曲线上每个局部的弧度变化非常小，因此图 4-12（b）上的所有点都被认为是边缘，而不是角点。这表明 Harris 检测器在尺度变化方面存在一定的局限性。

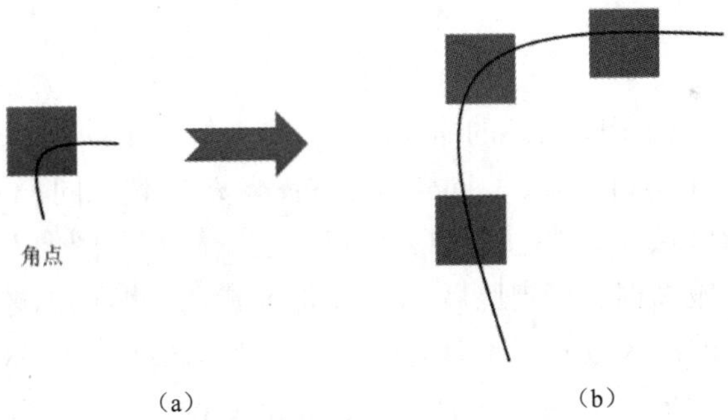

图 4-12　尺度对关键点检测影响示意图

4.2.2　尺度不变理论

Harris 检测器使用固定大小的窗口来检测特征点。如果 Harris 检测器能够根据图像的尺度适当调整窗口的大小，以确保窗口内的图像内容保持一致，那么就可以检测出相同的特征点。

如图 4-13 所示，左右两条曲线具有相同的形状但不同的尺度。图 4-13（b）的曲线上的圆形窗口能够捕获整个角部分，而同样大小的窗口在图 4-13（a）的曲线上只能获得一段弧线，因此只有选择一个更大的圆形窗口才能获取相同的图像信息。那么，如何独立地为每幅图像找到正确缩放的窗口，以便在不同尺度下的同一位置获得相同的图像内容呢？对于这个问题，我们以图 4-14 为例进行说明。

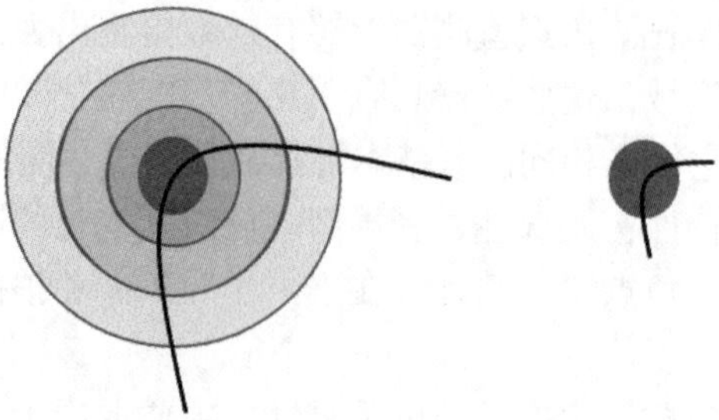

（a）　　　　　　　　　　（b）

图 4-13　检测特征点时尺度变化对窗口选择的影响示意图

（a）　　　　　　　　　　（b）

图 4-14　不同尺度下的同一幅图像

图 4-14（a）与图 4-14（b）为不同尺度下的同一幅图像，将这两幅图像分别记为 F_1 与 F_2。二者的关系可利用尺度变换函数 $T_s(\cdot)$ 表示为

$$F_2 = T_s(F_1, \gamma) \tag{4-23}$$

或

$$F_1 = T_s(F_2, 1/\gamma) \tag{4-24}$$

其中，γ 表示图像 F_2 相对于图像 F_1 的缩放倍数。在图像 F_1 上确定一个关键点 P_1，以 P_1 为圆心，选择半径为 r_1 的圆形区域 R_1。同样地，在图像 F_2 上选取同一关键点，以 P_2 为圆心，选择半径为 r_2 的圆形区域 R_2。需注意，关键点 P 在图像 F_1 和图像 F_2 中的位置不同。我们的目标是，当给定区域 R_1 时，确定区域 R_2，使得区域 R_2 包含的图像内容与区域 R_1 一致。

显然，如果两个圆形区域的半径满足 $r_2 = \gamma r_1$，那么区域尺寸（对于圆形区域可用其半径表达）与图像尺度是协变的。在这种情况下，R_1 和 R_2 两个区域包含的图像内容必然一致，因此称 R_1 和 R_2 为对应区域。然而，在确定对应区域时，图像间的尺度关系是未知的。选择区域 R_2 时，只依据图像 F_2 无法获取缩放倍数 γ、半径 r_1 和图像 F_1 的信息。因此，确定 R_1 和 R_2 只能根据它们所包含的内容进行，也就是说，R_1 和 R_2 是相互独立确定的。为了应对这个问题，一种简单的想法是构造一个函数 $C(\cdot)$，将图像内容映射为一个响应量，该响应量随着区域尺寸的变化而变化。通过分析响应量变化曲线来确定区域尺寸。对于区域 R_1，响应量 c_1 表示为

$$c_1 = C(F_1, P, r_1) \tag{4-25}$$

类似的，对于区域 R_2，响应量 c_2 表示为

$$c_2 = C(F_2, P, r_2) \tag{4-26}$$

然后，若已知c_1，比较c_1与c_2，当$c_2=c_1$时，说明R_2和R_1是对应区域。

现在的问题是如何构造函数$C(\cdot)$，为此，我们来讨论函数$C(\cdot)$应满足的属性。根据上面的方案描述，在不同尺度上具有相同图像内容的情况下，函数$C(\cdot)$的输出不受影响。由此，首先，函数$C(\cdot)$必须具有尺度不变性，也就是给定F_1、P和r_1，对于任意的$\gamma>0$，$C(T_s(F_1,\gamma),P,\gamma r_1)=C(F_1,P,r_1)$。这意味着，如果将图像$F_1$缩放$\gamma$倍得到$F_2$，那么$c_2$随着$r_2$的变化曲线应该是$c_1$随着$r_1$的变化曲线在横坐标方向上按比例压缩（或拉伸）的结果，缩放倍数也为γ。如图 4-15 所示，展示了当$\gamma=1/2$时所期望的两种内容响应曲线的情况。因此，内容响应量的曲线（随着区域尺寸的变化）应该与图像尺度是协变的。

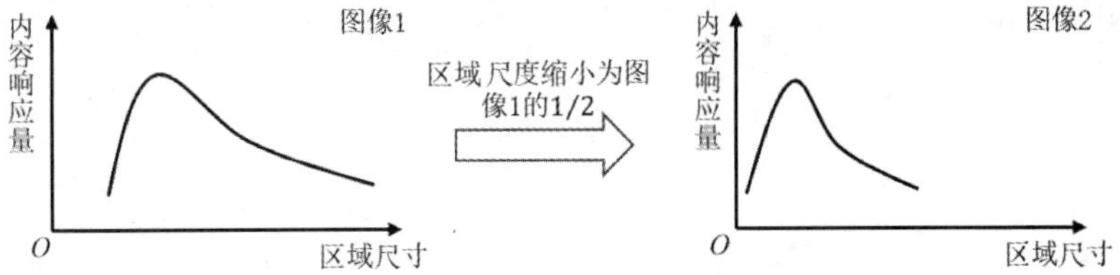

图 4-15　与图像尺度协变的内容响应曲线示例

为了确定r_2，需以c_1作为参考值，即满足方程$C(F_2,P,r_2)=c_1$。选择c_1，应使未知数r_2必须有唯一解。其次，c_1应具有可区分性。综合这两个因素，c_1的最佳选择c_1^*就是曲线$c_1\sim r_1$的极值点，即

$$c_1^*=\max_{r_1} C(F_1,P,r_1) \tag{4-27}$$

因此，这也要求函数$C(\cdot)$随着区域尺寸的变化只有一个明显的（尖锐的）峰值，而如果峰值不明显或存在多个相似峰值，响应函数$C(\cdot)$就不符合要求。如图 4-16 所示，其中第三个响应曲线只有一个极大值点，是比较符合要求的情况。

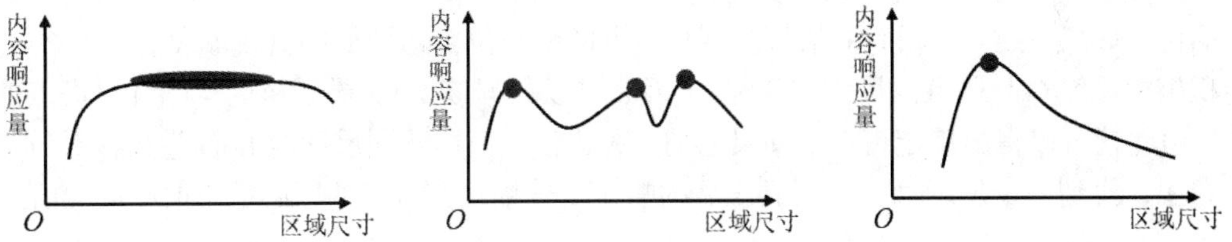

图 4-16　多种尺度不变区域的响应函数示例

4.2.3　LoG 算子

为了更进一步说明如何设计响应函数，我们考虑一个重要的计算机视觉任务：斑点检测。斑点是指近似圆形的区域，其内部像素值相对均匀，但与周围像素有明显的颜色和灰度差异。在图像中，斑点广泛存在，例如，一棵树可以看作一个斑点，一片草地也是，甚至一栋房子都可以被视为一个斑点。因此，斑点检测是许多图像处理和识别任务的重要预处理步骤，而一些斑点检测方法也可以应用于尺度不变特征检测中。

由于斑点区域边界的像素值会出现明显变化，因此这些边界也可以看作一种边缘。回顾第 3 章介绍的边缘检测方法，可以使用高斯一阶偏导核来检测边缘。图 4-17（a）展示了使用这种方法进行一维信号边缘检测的示例。在边缘区域，信号与高斯一阶偏导核进行卷

积后形成一个波峰，边缘位置对应于波峰的峰值点。继续求导后，波峰将变成一种类似于“涟漪”的形状，此时，边缘点可以通过寻找极大值和极小值之间的过零点来确定。这个结果可以直接通过图像与高斯二阶偏导核（也称为高斯拉普拉斯卷积核，简写为 LoG 卷积核）进行卷积来获得，如图 4-17（b）所示。

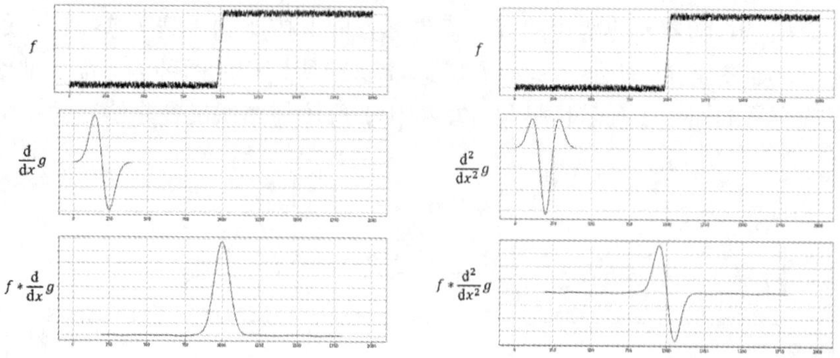

（a）　　　　　　　　　　（b）

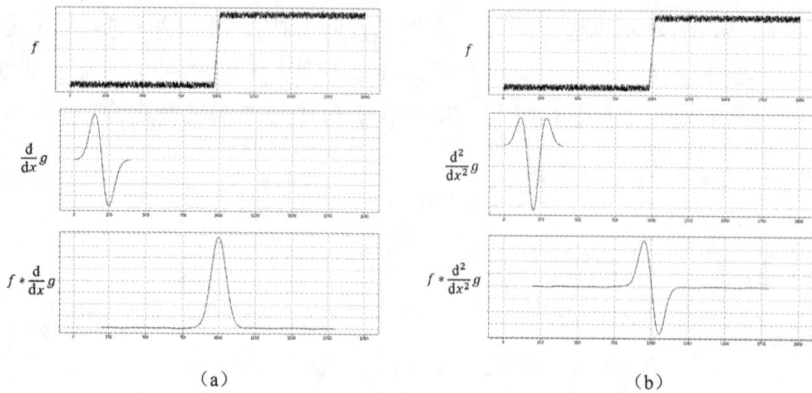

图 4-17　两种边缘检测方法

一维理想斑点可以用图 4-18 第一行所示的方波信号来表示，它有两个边缘。只要确定了边缘的位置和它们之间的距离，就可以确定斑点的位置和尺寸。因此，可以使用 LoG 卷积核来检测斑点，该卷积核的设置涉及两个参数：标准差和窗口大小。通常情况下，可以将窗口的一半宽度设置为标准差的三倍，因此通常只需提供标准差 σ 即可。图 4-18 第二行展示了对第一行中每个斑点信号应用尺度 $\sigma=1$ 的 LoG 卷积核进行卷积后得到的结果。可以观察到，当斑点的尺寸较大时，卷积后的信号具有两个近似对称的“涟漪”；随着斑点尺寸的减小，这两个“涟漪”逐渐靠近并最终融合在一起；最终，当斑点尺寸与 LoG 曲线上两个波峰之间的跨度趋近一致时，卷积后的信号在斑点的中心位置将形成一个极值点。换句话说，如果 LoG 卷积后的信号幅度在斑点的中心位置达到最小值或最大值，那么 LoG 卷积核的尺度 σ 与斑点的尺寸“匹配”，因此可以根据该 LoG 卷积核的 σ 估计出斑点的尺寸。由此就可以得出确定斑点空间尺寸的一种方法：使用不同尺度的 LoG 卷积核对斑点进行卷积，找到一个尺度 σ，使得卷积后的响应信号幅度在斑点的中心最小值或最大值。

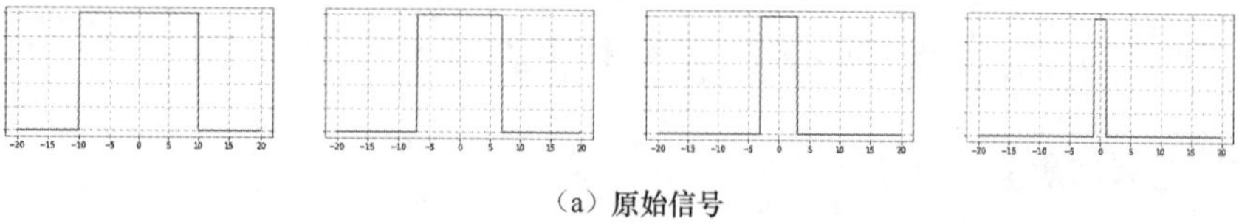

（a）原始信号

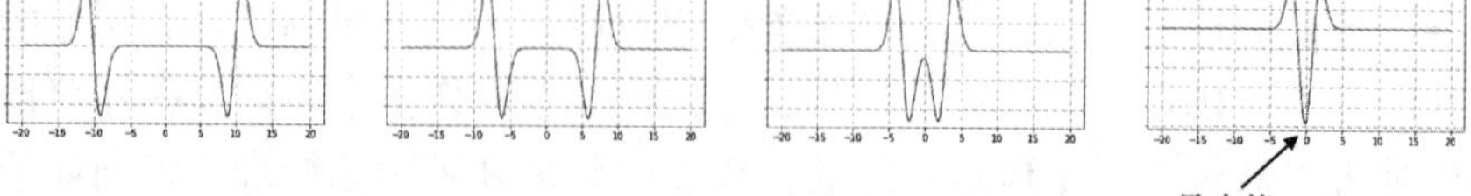

（b）使用方差为1的LoG卷积核的卷积结果

图 4-18　使用 LoG 算子检测一维斑点示意图

然而，直接应用这种思路仍然存在问题。如图 4-19 所示，对图中尺寸为 16 的一维斑点采用不同 σ 的 LoG 卷积核进行卷积时，随着 σ 的增大，输出信号的幅值出现了衰减，当

$\sigma=8$时，信号几乎变成了一条直线，没有出现预期的极值点。

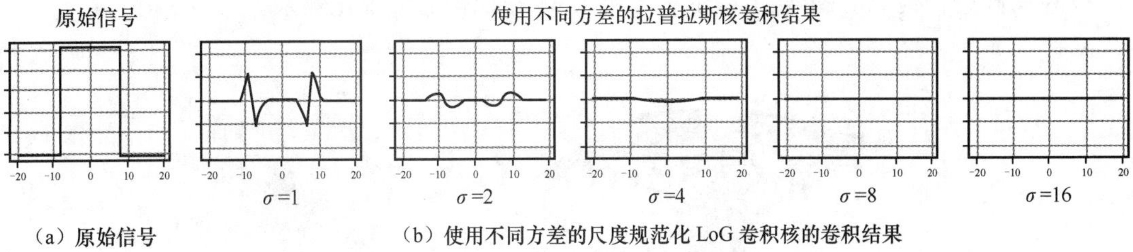

图 4-19 使用 LoG 算子检测斑点存在的问题

为什么会产生这样的现象呢？回顾第 3 章给出的 LoG 卷积核函数，重写为

$$\nabla^2 g = g(x_1,x_2,\sigma)\frac{x_1^2+x_2^2-2\sigma^2}{\sigma^4} \tag{4-28}$$

其中，$g(x_1,x_2,\sigma)$是二元高斯函数，可表示为

$$g(x_1,x_2,\sigma)=\frac{1}{2\pi\sigma^2}\mathrm{e}^{-\frac{x_1^2+x_2^2}{2\sigma^2}} \tag{4-29}$$

利用式（4-28）对图像信号$f_1(x_1,x_2)$进行卷积，可得信号$f_2(x_1,x_2)$为

$$f_2(x_1,x_2)=\int_{-\infty}^{\infty}\int_{-\infty}^{\infty}g(\tau_1,\tau_2,\sigma)\frac{\tau_1^2+\tau_2^2-2\sigma^2}{\sigma^4}f_1(x_1-\tau_1,x_2-\tau_2)\mathrm{d}\tau_1\mathrm{d}\tau_2 \tag{4-30}$$

假设$f_{1,\sigma}(x_1,x_2)=f_1(\sigma x_1,\sigma x_2)$，式（4-30）可化简为

$$f_2(\sigma x_1,\sigma x_2)=\frac{1}{\sigma^2}[g(x_1,x_2,1)(x_1^2+x_2^2-2)]*f_{1,\sigma}(x_1,x_2) \tag{4-31}$$

式（4-31）表明，随着卷积核尺度σ的增大，信号$f_2(x_1,x_2)$的幅值会衰减，衰减因子为$1/\sigma^2$。

为了解决不同σ的 LoG 卷积核可能引起的信号衰减问题，可以将式（4-28）的 LoG 卷积核函数乘以σ^2，以消去式（4-31）中的衰减因子，该操作也称为尺度规范化，于是 LoG 卷积核函数变为

$$\nabla_{\text{norm}}^2 g=\sigma^2\nabla^2 g=g(x_1,x_2,\sigma)\frac{x_1^2+x_2^2-2\sigma^2}{\sigma^2} \tag{4-32}$$

对 LoG 卷积核进行尺度规范化后，对图 4-19 中的一维斑点使用不同的σ值进行测试，结果如图 4-20 所示。响应信号的幅值不再出现衰减，并且在$\sigma=8$时出现一个明显的极大值。

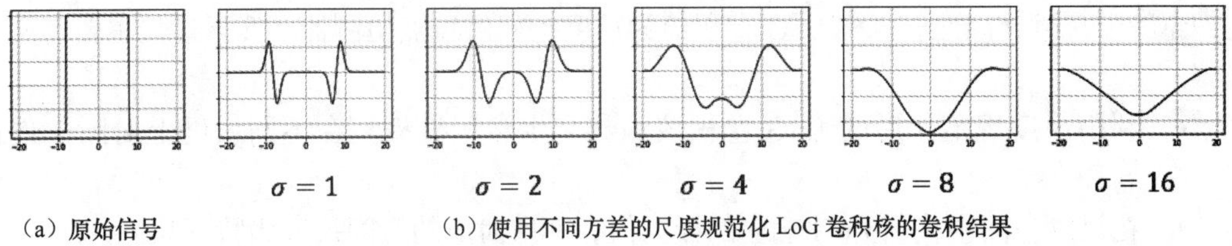

图 4-20 尺度规范化 LoG 算子的测试结果

对于二维图像中的斑点，与前述一维斑点的检测思路相似，使用尺度规范化后的二维 LoG 卷积核进行检测。图 4-21 展示了二维 LoG 卷积核的可视化效果。

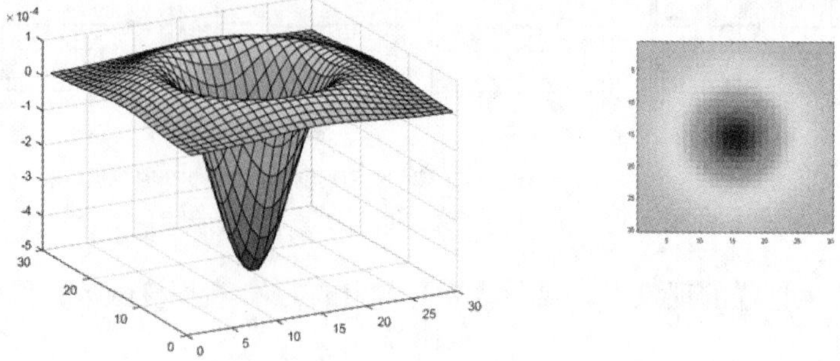

图 4-21　二维 LoG 卷积核的可视化效果

以图 4-22 为例，图 4-22（a）是一个理想的二维斑点图像，记为 $f_1(x_1,x_2)$。以图像中心为原点，斑点的半径为 r，斑点内的像素值为 0，斑点外的像素值为 255，即

$$f_1(x_1,x_2)=\begin{cases}0,\ x_1^2+x_2^2\leqslant r^2\\255,\ x_1^2+x_2^2>r^2\end{cases}\tag{4-33}$$

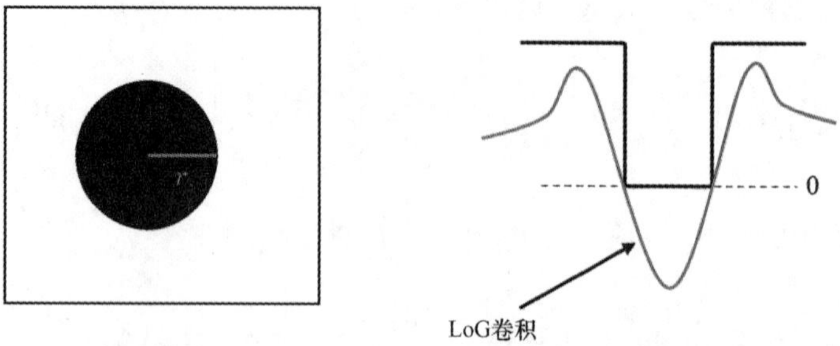

（a）图像　　（b）进行卷积所得响应取极大值

图 4-22　使用规范化后的 LoG 卷积核对该斑点图像进行卷积所得响应取极大值时的结果示意图

使用尺度规范化后的 LoG 卷积核对该斑点图像进行卷积，由式（4-32）可知当 $x_1^2+x_2^2\leqslant 2\sigma^2$ 时，LoG 卷积核函数 $\nabla_{\text{norm}}^2 g\leqslant 0$，否则 $\nabla_{\text{norm}}^2 g>0$。因此，只有当 σ 满足 $2\sigma^2=r^2$ 时，原点处卷积的响应值才会达到极大值，此时卷积核的尺度称为特征尺度，记为 σ^*，满足

$$\sigma^*=\frac{r}{\sqrt{2}}\tag{4-34}$$

使用 LoG 卷积核检测斑点时，需要在不同的尺度空间［式（4-31）中引入了一个被视为尺度的参数 σ。连续变化尺度参数 σ 可获得一个多尺度的图像序列，构成图像尺度空间］上搜索特征尺度，因此，也称 LoG 卷积核为尺度空间的斑点检测器，搜索过程主要有两个步骤。

- 利用尺度规范化后的 LoG 卷积核函数产生卷积模板，在不同尺度上对图像进行卷积。
- 在尺度空间中找到 LoG 响应的极大值，其所对应的空间尺度为特征尺度。

利用图像的 LoG 卷积结果探测出图 4-23 所示的葵花中心位置的暗色斑点。接着，在该位置上应用不同尺度的 LoG 卷积核，以搜索特征尺度，从而确定斑点的半径。在特征尺度下，当 LoG 卷积核的中心与斑点的中心重合时，LoG 卷积的响应值最高。基于这一特性，即使随后图像尺寸发生变化，也能独立确定斑点的位置和半径，保持检测区域的内容一致，实现尺度不变的斑点区域检测。

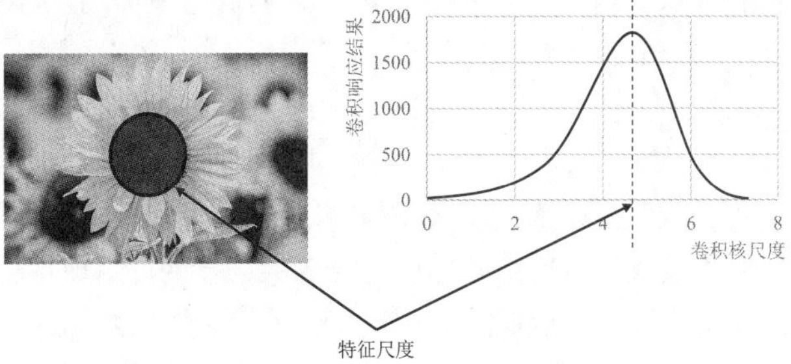

图 4-23　二维斑点检测示意图

根据上面的介绍，可以使用 LoG 卷积核提取具有尺度不变性的区域，而不仅仅局限于斑点的检测。只要某个尺度的 LoG 卷积核在图像的某个位置产生极大值，那么以这个点为圆心、半径为 $\sqrt{2}\sigma$ 的区域就被视为一个尺度不变区域。无论图像尺寸如何变化，LoG 卷积核都能够检测到相同的点和包含相同图像内容的区域。

LoG 卷积可以作为 4.2.2 小节中所需的内容响应函数，因为其满足我们在前面提出的内容响应函数属性。首先，LoG 卷积核满足内容响应函数的要求，具有尺度不变性。对图像 $f_1(x_1,x_2)$，使用尺度规范化后的 LoG 卷积核进行卷积得到

$$f_2(x_1,x_2)=\int_{-\infty}^{\infty}\int_{-\infty}^{\infty}g(\tau_1,\tau_2,\sigma)\frac{\tau_1^2+\tau_2^2-2\sigma^2}{\sigma^2}f_1(x_1-\tau_1,x_2-\tau_2)\mathrm{d}\tau_1\mathrm{d}\tau_2 \tag{4-35}$$

假设对信号 $f_1(x_1,x_2)$ 进行尺度拉伸，得到 $f_{1,1/\gamma}(x_1,x_2)=f_1(x_1/\gamma,x_2/\gamma)$，利用尺度为 σ/γ 的 LoG 卷积核对信号 $f_{1,1/\gamma}(x_1,x_2)$ 进行卷积，可得信号 $\tilde{f}_2(x_1,x_2)$，表示为

$$\tilde{f}_2(x_1,x_2)=\int_{-\infty}^{\infty}\int_{-\infty}^{\infty}g(\tau_1,\tau_2,\gamma\sigma)\frac{\tau_1^2+\tau_2^2-2\gamma^2\sigma^2}{\gamma^2\sigma^2}f_{1,1/\gamma}(x_1-\tau_1,x_2-\tau_2)\mathrm{d}\tau_1\mathrm{d}\tau_2 \tag{4-36}$$

对比式（4-35）与式（4-36），可以得到

$$\tilde{f}_2(x_1,x_2)=f_2\left(\frac{x_1}{\gamma},\frac{x_2}{\gamma}\right) \tag{4-37}$$

因此，LoG 卷积响应量的变化与图像尺度的变化是协变的。其次，当 LoG 卷积核的尺度与信号 $f_1(x_1,x_2)$ 的尺度匹配时，LoG 卷积核的响应会且仅会产生一个明显的极值。

将 Harris 检测器与 LoG 卷积核结合，便能得到具有尺度不变性的特征点检测器——Harris-Laplace 检测器。该检测器先采用各种尺度的规范化 LoG 卷积核对输入图像进行卷积，在尺度空间生成一组响应图像。然后，在每个响应图像上使用 Harris 角点检测器检测角点在空间的位置（指像素点坐标）。最后，搜索尺度空间找到 Harris 角点检测器的响应极值点，进而确定其是不是所选特征点。此时，检测到的角点区域是尺度不变的区域。通过这种方式，筛选的角点便具有了尺度不变性。

4.3 SIFT 特征

本节主要介绍尺度不变特征变换（Scale-Invariant Feature Transform，SIFT）的实现原理，包括构建 DoG 金字塔以提取多尺度特征、检测多尺度空间极值点以及创建特征描述子的步骤。

4.3.1 DoG 尺度空间

根据前面学习的内容，我们可以借助 LoG 卷积核函数确定尺度不变区域，并与特征点检测器结合，以获取具有尺度不变性的特征点。然而，LoG 卷积核的计算成本较高，在 SIFT 特征提取算法中，通常更多地使用一种与之近似的卷积核，即高斯差分（Difference of Gaussians，DoG）卷积核。DoG 卷积核函数是对两个不同尺度的高斯核函数进行差分运算而得的，定义为

$$\mathrm{DoG}(\sigma)=G(x,y,k\sigma)-G(x,y,\sigma) \tag{4-38}$$

其中，k 表示相邻尺度高斯核之间的比例因子。将 DoG 卷积核直接应用于原始图像，等同于使用尺度相差 k 倍的高斯核对原始图像进行卷积，然后计算它们之间的差值。1994 年，林德伯格（Linderberg）证明了 DoG 核函数近似等于 LoG 核函数，这种近似关系可以通过热扩散方程推导得到。图 4-24 展示了一维 LoG 算子与 DoG 算子的函数曲线图，可以看出它们的函数曲线非常相似，因此它们都可用于实现具有尺度不变性的特征点检测。

首先，在 SIFT 算法中，首要任务是构建 DoG 金字塔，在尺度空间中对图像进行多尺度表示。在此过程中，图像经过一系列不同尺度的高斯平滑操作，产生了一组平滑图像，可用于分析和处理不同尺度下的图像结构。在图像尺度空间中，随着高斯卷积核尺度的逐渐增大，图像的平滑效果逐渐加强，同时细节信息逐渐减少，可以模拟人眼从近到远观察目标时目标在视网膜上的呈现过程。因此，尺度空间有助于更好地捕捉图像的本质特征。

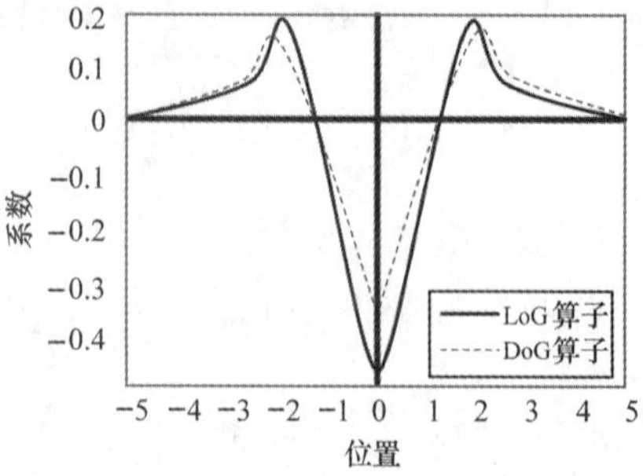

图 4-24　一维 LoG 算子与 DoG 算子的函数曲线图

其次，在图像尺度空间中进行特征提取具备灰度和对比度不变性。在拍摄目标时，光照条件的变化导致输出图像的亮度水平和对比度发生变化，但图像的内容是一致的。因此，提取的图像特征应确保不受图像灰度水平和对比度变化的影响，也就是要具备灰度不变性和对比度不变性，这对下游图像处理任务非常重要。

最后，在视觉感知中，当观察者和物体之间的相对位置发生变化时，视网膜感知到的图像的位置、大小、角度和形状也会发生变化。因此，在尺度空间中提取的图像特征需要具备不受图像的位置、大小、角度和仿射变换影响的性质，也就是具备几何不变性。

尺度空间一般用高斯金字塔的形式表示，如图 4-25 所示。

高斯金字塔是通过将图像与多个不同采样因子和尺度因子的高斯核函数进行卷积而构建的，可表示为

$$L(x,y,\sigma,p)=p*G(x,y,\sigma)*I(x,y) \tag{4-39}$$

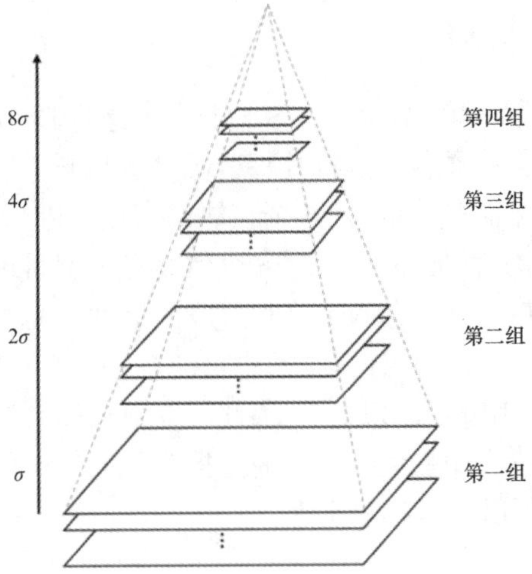

图 4-25　高斯金字塔示意图

其中，$I(x,y)$ 表示原始图像，p 表示采样因子，$G(x,y,\sigma)$ 是高斯核函数，σ 是尺度空间因子，即标准差，它决定了图像的模糊程度。在较大尺度（σ 值较大）下，高斯金字塔呈现出图像的概貌信息，而在较小尺度（σ 值较小）下，则呈现出图像的细节信息。构建尺度空间时，高斯金字塔被划分为多个图像组（Octave），每个组内包含多个图像层（Interval）。在同一组内，每一层的图像都是原始图像经过与尺度按 k 倍增加的高斯卷积核的卷积运算得到的结果。假设高斯金字塔总共有 O 个组，每个组内包含 S 层图像，那么每一组中的尺度因子 k 应为 $2^{\frac{1}{S-3}}$［在每组高斯金字塔图像中，对第一幅和最后一幅图像无法实行极值检测（用于找到尺度不变的关键点），此外，极值检测之前需要求相邻高斯金字塔图像之差，因此，实际上可实行极值检测的图像只有 $S-3$ 张］，而第 O_{i+1} 组的第 1 幅图像则由第 O_i 组的第 $S-3$ 幅图像（即倒数第 3 幅图像）进行 2 倍下采样得到（这样可保证尺度连续）。

通过对高斯金字塔中相邻尺度的图像进行相减操作，得到相应尺度的 DoG 卷积结果，从而创建了 DoG 金字塔，如图 4-26 所示。

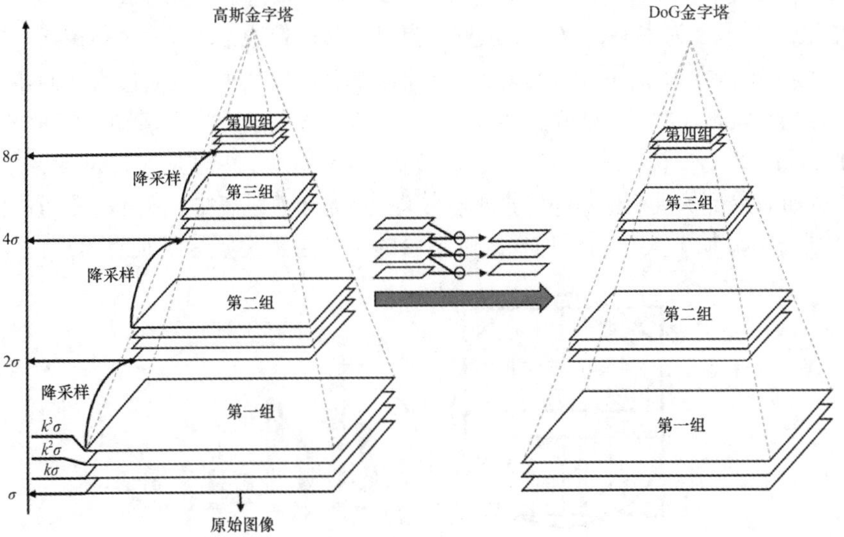

图 4-26　DoG 金字塔构建示意图

4.3.2 SIFT 特征点检测

为了获得尺度不变的特征点，需要在 4.3.1 小节构建的 DoG 金字塔中检测极值点。具体地，对于 DoG 金字塔的某一图像层，将其每个像素点与同一层的相邻 8 个像素点及其上一层和下一层的 9 个相邻像素点（总共 26 个相邻像素点）进行比较。如图 4-27 所示，如果标有叉号的像素点的 DoG 值在所有相邻 26 个像素点中都是最大或最小的，那么该点将被视为一个局部极值点，并记录下它的位置和对应的尺度。需要注意的是，这些检测到的极值点是在离散空间中的极值点，在连续空间中可能并不是真正的极值点，如图 4-28 所示。此外，由于 DoG 值对噪声和边缘比较敏感，因此需要对检测到的极值点进行进一步的筛选和验证。罗威（Lowe）的论文中提到，可以通过拟合三元二次函数来精确获取关键点的位置和所在尺度，具体细节可以参考相关文献。

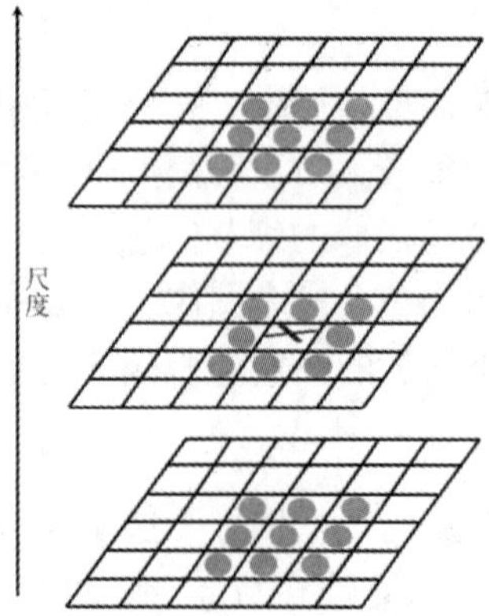

图 4-27　DoG 空间局部极值检测示意图

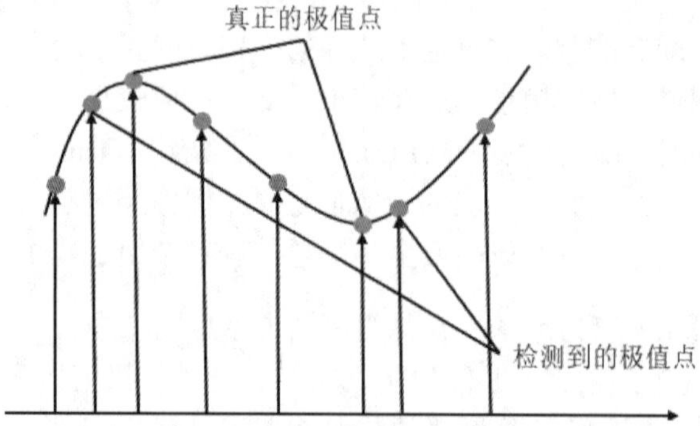

图 4-28　离散空间极值点与连续空间极值点

经过上述步骤获得尺度空间中的局部极值点，将其作为关键点。随后，通过使用图像的局部特性为每个关键点分配一个稳定的方向，这个方向被称为主方向。在具体的计算中，根据关键点 (x^*, y^*) 的尺度 σ^*，找到最接近尺度 σ^* 的高斯金字塔图像 $L^*(x, y)$。在图像 $L^*(x, y)$ 上，以关键点 (x^*, y^*) 为中心，取一个正方形窗口（其边长通常取 $3 \times 1.5\sigma^*$ 像素，当然需要四舍五入）。接下来，在窗口内的每个像素点上计算梯度方向，这可以通过第 3 章中介绍的图像梯度计算方法来实现。然后，建立这些局部梯度方向的统计直方图，横轴是梯度方向，范围是 0°～360°，每 10° 为一格，总共 36 个方向，如图 4-29 所示。纵轴是加权的梯度，对属于某个梯度方向的所有局部梯度模值进行高斯加权处理，这意味着距离中心关键点更近的像素的梯度方向对直方图的贡献更大。高斯加权的圆形窗的尺寸通常设置为特征点尺度的 1.5 倍。

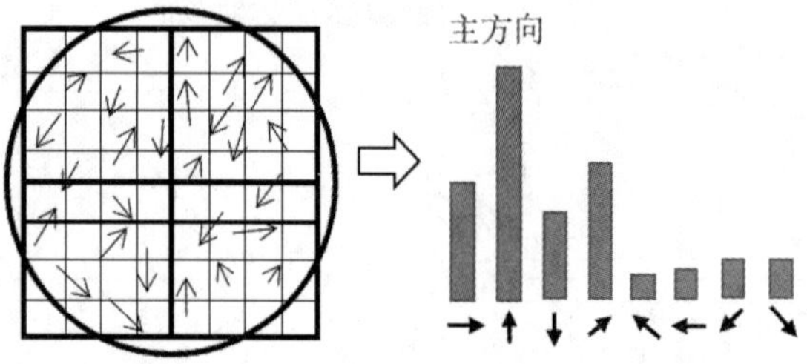

图 4-29　图像梯度与统计直方图（为了简化，只画出了 8 个方向）

关键点的主方向 θ_m^* 被确定为梯度直方图的峰值所在的方向，这样可以确保主方向的稳定性。如果存在其他局部梯度峰值，其峰值高度大于最高峰值的80%，那么这些方向也被认为是该特征点的辅方向。一个特征点可能会具有多个方向，包括一个主方向和多个辅方向。为了更精确地定位峰值位置，通常会使用抛物线插值来拟合 HOG 中的多个峰值。

后续生成的局部特征表达都是相对于主方向的，因此即使目标在另一个图像中发生旋转，局部特征表达也能够保持不变，这使得提取的关键点具有旋转不变性。

至此，图像的关键点 (x^*,y^*) 既具有尺度 σ^*，也具有方向 θ_m^*，可以表示为 $(x^*,y^*,\sigma^*,\theta_m^*)$，关键点也具备平移、缩放、和旋转不变性。

4.3.3 SIFT 特征描述子

关键点确定后，下一步就是为每个关键点创建特征描述子。用一个向量来表示关键点的局部特征信息，称为特征描述子。通常，利用关键点及关键点周围对其有贡献的像素点来构建特征描述子，获得对多种图像处理过程的不变性，比如光照变化、视角变化等，并且具有较高的独特性，以便于提高特征点正确匹配的概率。

SIFT 特征描述子是关键点邻域高斯模糊图像梯度统计结果的一种表示。其构建思路是，首先将关键点邻域的高斯模糊图像划分为若干块，然后计算每个块内的 HOG，最后将获得的多个直方图组合成一个具有独特性的向量。该向量是关键点邻域图像信息的一种抽象，具有唯一性，因此称为特征向量。

SIFT 特征描述子的生成流程主要有三步。

- 确定计算描述子所需的图像区域。
- 建立各个子区域的梯度统计直方图。
- 特征向量生成与后处理。

首先，进行关键点邻域图像的提取。对于关键点 $(x^*,y^*,\sigma^*,\theta_m^*)$，根据尺度参数 σ^*，在与之对应的 DoG 图像 $L^*(x,y)$ 上取关键点的邻域图像 Z^*。由于需要将邻域图像 Z^* 划分成 $d\times d$ 个子区域，每个子区域的面积为 $3\sigma^*\times 3\sigma^*$，所以 Z^* 的边长至少应设置为 $3\sigma^* d$。在实际计算时，需采用双线性插值，因此设置所需关键点的邻域范围边长为 $3\sigma^*(d+1)$。考虑到后续需要进行旋转操作（将坐标轴旋转到关键点的主方向），实际计算所需的邻域图像的边长应设置为 $3\sigma^*(d+1)\times\sqrt{2}$。

其次，针对每个子区域建立梯度统计直方图。在计算直方图之前，首先以关键点为中心，逆时针旋转邻域图像 Z^* 的横坐标轴，将其旋转到与关键点的主方向一致，如图 4-30 所示。这种处理确保了特征的计算是相对于主方向进行的，从而保持了旋转不变性。

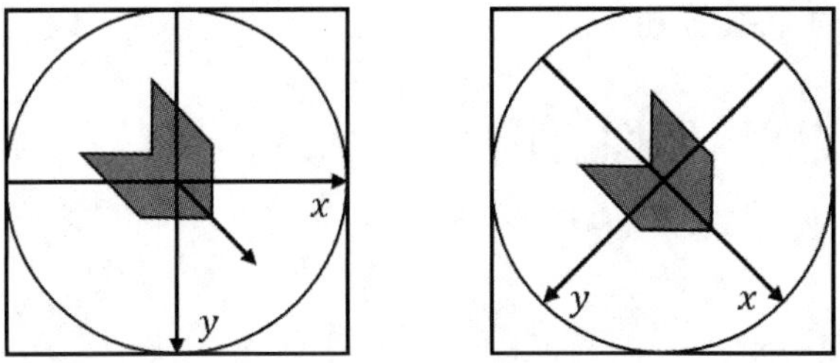

图 4-30　坐标轴旋转

再次，在新的坐标系下，以关键点为中心，选择边长为$3\sigma^{*}d$的正方形区域，并将该区域划分为$d \times d$个子区域，然后统计每个子区域内的梯度直方图。每个直方图包含B个柱（对应B个梯度方向），其中，横轴表示梯度方向，纵轴表示对应梯度方向上所有梯度幅值的加权和。需要注意的是，像素点(x,y)的梯度可能会对多个相邻子区域的直方图都有一定贡献，因此可根据像素点与子区域中心点的距离来对梯度进行加权。在 SIFT 算法中，通常选取$d=4$和$B=8$，即将关键点邻域分成4×4个子区域，每个子区域统计 8 个方向上的加权梯度幅值，这样可生成 4×4×8=128 维的特征向量。如图 4-31 所示，每个子区域内绘制了梯度方向的累计值，箭头的方向表示梯度方向，箭头的长度表示累计梯度的大小。我们将这种统计结果称为“种子点”，每个子区域生成一个种子点，总共生成 16 个种子点。

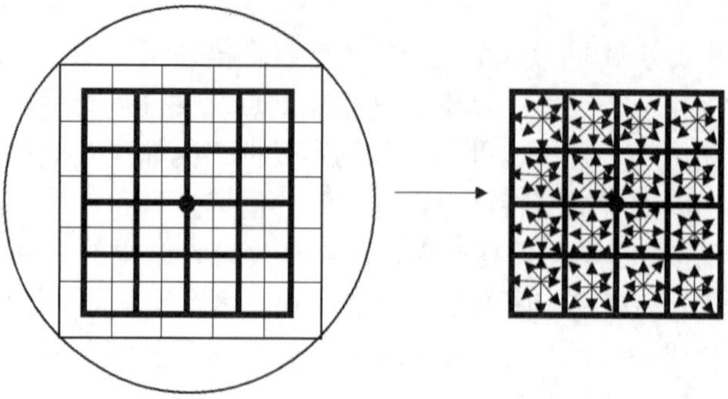

图 4-31　子区域的直方图统计示意图

最后，生成特征向量并进行后处理。将 16 个种子点统计得到的梯度累计值拼接成一个 128 维的特征向量，记为$\boldsymbol{h}$。为了应对图像中光照的变化，需要进一步处理特征向量。在光照线性变化的情况下，图像亮度变化相当于对每个像素点加上一个常数，此时特征向量应保持不变；如果光照变化的效果是导致每个图像像素的亮度都以相同比例缩放，那么图像梯度的幅值也按比例缩放。因此，为了减小上述两种光照影响，需要对特征向量$\boldsymbol{h}$进行归一化处理，得到归一化特征向量$\boldsymbol{h}_{\mathrm{n}}$。

另外，由于相机饱和度或者沿着三维曲面的不同方向物体的亮度变化存在差异，可能会导致非线性的光照变化，这些变化可能会导致某些方向上的梯度值发生较大变化，但对梯度方向的影响很小。因此，为减少大梯度的影响，可以设置一个阈值$h_{\max}$来截断归一化特征向量$\boldsymbol{h}_{\mathrm{n}}$中较大的分量，通常$h_{\max}$设置为 0.2。将特征向量$\boldsymbol{h}_{\mathrm{n}}$经阈值截断操作后得到的特征向量记为$\boldsymbol{h}_{\mathrm{c}}$。阈值截断操作意味着特征匹配梯度幅值的重要性会下降，而梯度方向的分布会得到更大的重视。

接下来，为提高特征的鉴别性，重新对特征向量$\boldsymbol{h}_{\mathrm{c}}$进行归一化操作，得到最终的特征向量$\tilde{\boldsymbol{h}}$，以此作为SIFT 特征描述子。

4.4 动手实践：图像拼接

1．实践目标

SIFT 是一种用于提取图像特征的算法，SIFT 特征具有尺度不变性、旋转不变性、光照不变性以及对仿射变换的鲁棒性，这使得 SIFT 特征在图像匹配、目标识别、图像检索等领域得到了广泛应用。本实践目标如下。

（1）理解 SIFT 特征的原理和优势。

（2）编程实现 SIFT 算子并提取图像特征。

（3）基于 SIFT 特征实现图像拼接。

（4）了解 SIFT 特征在计算机视觉领域的多种应用。

2．实践内容

本实验使用 Python 编程和 cv2 提取图像的 SIFT 特征并进行特征匹配，之后使用匹配的特征点进行图像拼接。实践内容具体如下。

（1）使用 cv2 内置的 SIFT 特征提取函数提取两幅图像的 SIFT 特征描述子和对应的关键点；

（2）对 A、B 两幅图像中的特征进行匹配；

（3）根据匹配的特征点拼接图像。

3．实践步骤

对待拼接图像 A、B，使用 cv2 内置的 SIFT 特征提取器提取特征点集和其对应的描述特征，使用 cv2 内置的 BFMatcher 进行匹配，进而完成图像拼接。代码如下。

（1）使用 SIFT 算法提取特征点集和其对应的描述特征

```
def detectAndDescribe(image):
    # 将彩色图片转换成灰度图
    # gray = cv2.cvtColor(image, cv2.COLOR_BGR2GRAY)

    # 建立 SIFT 生成器
    descriptor = cv2.xfeatures2d.SIFT_create()
    # 检测 SIFT 特征点，并计算描述子
    (kps, features) = descriptor.detectAndCompute(image, None)

    # 将结果转换成 NumPy 数组
    kps = np.float32([kp.pt for kp in kps])

    # 返回特征点集及对应的描述特征
    return kps, features
```

（2）对图像 A、B 中的特征进行匹配

```
def matchKeypoints(kpsA, kpsB, featuresA, featuresB, ratio, reprojThresh):
    """
    输入：
    kpsA：图像 A 中关键点的集合
    kpsB：图像 B 中关键点的集合
    featuresA：图像 A 的 SIFT 特征描述符
    featuresB：图像 B 的 SIFT 特征描述符
    ratio：用于筛选匹配对的比率阈值
    reprojThresh：用于计算透视变换矩阵时的重投影误差阈值
    输出：
    """
    # 建立暴力匹配器
```

```
    matcher = cv2.BFMatcher()

    # 使用 KNN 检测来自图像 A、B 的 SIFT 特征匹配对，K=2
    rawMatches = matcher.knnMatch(featuresA, featuresB, 2)

    matches = []
    for m in rawMatches:
        # 当最近距离跟次近距离的比值小于 ratio 值时，保留此匹配对
        if len(m) == 2 and m[0].distance < m[1].distance * ratio:
            # 存储两个点在 featuresA、featuresB 中的索引值
            matches.append((m[0].trainIdx, m[0].queryIdx))

    # 当筛选后的匹配对大于 4 时，计算视角变换矩阵
    if len(matches) > 4:
        # 获取匹配对的点坐标
        ptsA = np.float32([kpsA[i] for (_, i) in matches])
        ptsB = np.float32([kpsB[i] for (i, _) in matches])

        # 计算视角变换矩阵
        (H, status) = cv2.findHomography(ptsA, ptsB, cv2.RANSAC, reprojThresh)

        # 返回结果
        return matches, H, status

        # 如果匹配对小于 4 时，返回 None
    return None
```

（3）图像拼接

```
def stitch(images, ratio=0.75, reprojThresh=4.0, showMatches=False):
    """
    输入：
    images：输入是一个元组，包含 imageA 和 imageB
    ratio：在匹配特征点时用于过滤较差匹配结果的比率参数
    reprojThresh：在单应矩阵估计中使用的重投影阈值
    showMatches：布尔类型参数，决定是否显示图像特征匹配结果
    输出：拼接后的图像
    """
    # 获取输入图片
    (imageB, imageA) = images
    # 检测图片 A、B 的 SIFT 关键特征点，并计算特征描述子
    (kpsA, featuresA) = detectAndDescribe(imageA)
    (kpsB, featuresB) = detectAndDescribe(imageB)

    # 匹配两幅图片的所有特征点，返回匹配结果
    M = matchKeypoints(kpsA, kpsB, featuresA, featuresB, ratio, reprojThresh)

    # 如果返回结果为空，则没有匹配成功的特征点，退出算法
    if M is None:
        return None

    # 否则，提取匹配结果
    #  H 是 3×3 视角变换矩阵
    (matches, H, status) = M
    # 将图片 A 进行视角变换，result 是变换后的图片
```

```
        result=cv2.warpPerspective(imageA,H,(imageA.shape[1]+imageB.shape[1],
imageA.shape[0]))
        cv2.imshow('result', result)
        cv2.imwrite('result1.jpg', result)
        # 将图片 B 传入 result 图片最左端
        result[0:imageB.shape[0], 0:imageB.shape[1]] = imageB
        cv2.imshow('result', result)
        cv2.imwrite('result2.jpg', result)
        # 检测是否需要显示图片匹配
        if showMatches:
            # 生成匹配图片
            vis = drawMatches(imageA, imageB, kpsA, kpsB, matches, status)
            # 返回结果
            return result, vis

        # 返回匹配结果
        return result
```

4．实验结果及分析

观察待输入的两幅图片，如图 4-32 和图 4-33 所示，不难发现两幅图片处于同一场景下但是拍摄视角不同，使用 SIFT 特征拼接后的效果如图 4-34 所示，两幅图片可以实现较好的拼接效果，但在更复杂的场景中拼接效果会受光照、遮挡等因素的影响。读者可以尝试自行实现 SIFT 算法，并与利用 opencv 内置的算法实现比较差异。

图 4-32　左侧待拼接图片

图 4-33　右侧待拼接图片

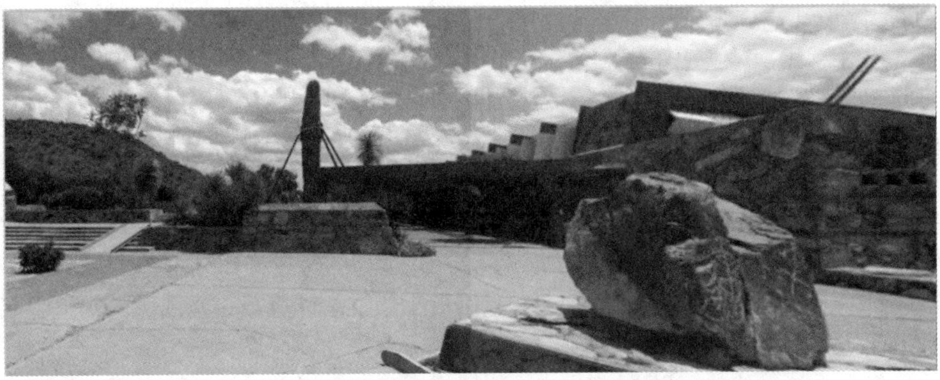

图 4-34　使用 SIFT 特征拼接后的效果

本章小结

本章通过介绍图像拼接任务引出了计算机视觉中的一个重要概念——局部特征，并详细阐述了在解决这类视觉任务时，局部特征应该具备的关键特性。以角点检测为例，介绍了 Harris 角点检测算法，通过分析其检测过程和结果，指出了 Harris 角点具备平移和旋转不变性，但在尺度不变性方面存在局限。针对 Harris 角点不具备尺度不变性的问题，以斑点检测任务为例阐述了尺度不变区域的检测方法，将其中的 LoG 算子与 Harris 检测器结合可得到具有尺度不变性的角点检测器。在此基础上，本章介绍了 SIFT 特征提取方法，并基于梯度直方图给出关键点的局部特征描述子。SIFT 特征不仅具备几何不变性、尺度不变性，而且其对噪声也有一定程度的鲁棒性，在计算机视觉领域得到了广泛的应用。

习　题

1. 一个 2×2 的矩阵 $\boldsymbol{H}$，特征值为 μ_1 和 μ_2，证明以下结论：（a）$\mathrm{trace}(\boldsymbol{H}) = \mu_1\mu_2$；（b）$\det(\boldsymbol{H}) = \mu_1 + \mu_2$。

2. 程序设计：实现一个 Harris 角点检测器，并在一幅给定图像上测试角点检测效果。

3. 对一幅给定图像进行旋转、缩放和平移操作，生成一组图像。然后，利用习题 2 实现的 Harris 角点检测器在获得的图像上进行测试。根据测试结果，说明旋转、缩放和平移操作对 Harris 角点检测的影响。

4. 程序设计：结合第 4 章的内容，实现一个基于纹理相似性的角点匹配方案。

5. 程序设计：从各个角度和距离拍摄某个建筑物的一组照片，利用习题 4 的程序在第一幅图像与其余各幅图像之间进行角点匹配，并进行图像拼接，展示拼接效果。

6. 程序设计：在习题 5 的基础上，利用最小二乘法计算第一幅图像与其他各幅图像之间最佳的仿射变换参数。

7. 程序设计：从各个角度和距离拍摄人脸的一组照片，利用获得多个 SIFT 特征中的一个实现提取每幅图像的特征，再使用最小二乘法计算第一幅图像与其他各幅图像之间的最佳仿射变换参数。

8. 程序设计：实现一个 Harris-Laplacian 检测器，并在一幅给定图像上测试关键点检测效果。

9. 程序设计：实现一个 Harris-DoG 检测器，并在一幅给定图像上测试关键点检测效果。

10. 程序设计：实现一个 SIFT 特征检测器，并在一幅给定图像上测试关键点检测效果。

11. 程序设计：对一幅给定图像进行旋转、缩放和平移操作，生成一组图像。然后，利用习题 8、习题 9 和习题 10 的关键点检测器在获得的图像上进行测试。对这三种检测器，画出关键点检测的可重复性与尺度的关系曲线，说明旋转、缩放和平移操作对关键点检测的可重复性的影响。

12. 程序设计：从各个角度和距离拍摄某个建筑物的一组照片，利用习题 10 的程序在第一幅图像与其余各幅图像之间进行角点匹配，并进行图像拼接，展示拼接效果。

13. 程序设计：在习题 12 的基础上，利用最小二乘法计算第一幅图像与其他各幅图像之间的最佳仿射变换参数。

14. 程序设计：修改习题 10 的 SIFT 特征实现程序中局部区域特征向量的维度参数，再将其用于解决习题 12 的图像拼接问题，分析拼接效果会受到怎样的影响。

第5章 图像分割

【本章导读】

在图像处理的研究和应用中，人们往往关注图像中的特定区域，这些区域通常被称为目标或前景，而图像的其余部分则构成背景。前景区域往往对应着图像中特定的、具有独特性质的部分。为了识别和分析这些目标，需要将它们从背景中分离出来。而图像分割就是将图像分成具有独立特性的互不重叠的区域，并提取出感兴趣的目标的技术和过程。这种分割技术是图像分析和理解的关键步骤，广泛应用于各种领域，如医学成像、机器人视觉、安全监控等。

【本章学习目标】

- 理解图像分割的基本概念与重要性，包括人类视觉系统的分组机制与格式塔心理学原理在图像分割中的应用。
- 掌握两种基于像素聚类的图像分割技术，即基于K-means（K均值）的图像分割和基于均值漂移（Mean shift）的图像分割，并了解它们的工作原理与应用场景。
- 动手实践图像分割，通过具体的编程练习来实现这两种图像分割方法，并评估其在真实图像上的性能表现。

5.1 图像分割概述

图像分割算法的最终目标是准确地划分图像，使得主体与背景能够有效地被区分。根据是否需要有标签数据进行训练，图像分割算法可分为有监督与无监督两类。不同于一张训练图像仅有一个语义标签的有监督图像分类任务，有监督图像分割算法所使用的训练图像的每个像素都会被赋予一个语义类别标签。因此，有监督图像分割算法的损失函数设计必须考虑图像中每个像素的预测类别准确性。正是因为如此，有时我们会将图像分割视为像素级的分类任务，将目标检测与图像分类分别视作区域级与整图级的分类任务。有监督图像分割算法通过学习如何精确地标注每个像素，从而在测试时能够对未知图像进行准确的分割。相比之下，无监督图像分割算法不依赖于有标签数据，而是根据像素间的“相似性”对图像进行分组。这些算法通常基于某些预定义的原则，如像素的颜色、亮度或纹理特征，来划分图像区域，而不涉及语义标签的学习。无监督算法的优势在于它们的灵活性和对未标记数据的适用性，但它们通常无法提供与有监督算法相同的分割精度。本书将重点介绍无监督图像分割算法，因为它们能够帮助我们更深入地理解分割任务的本质，以及如何在缺乏标签信息的情况下对图像进行有效的解析。通过研究无监督分割，我们可以探索图像内在的结构和模式，为进一步的图像分析和理解奠定基础。

与图像分类与目标检测任务相比，图像分割任务更具挑战性。我们不仅要将前景与背景划分成不同的区域，还要避免出现过分割与欠分割现象。

- 过分割：过分割指的是将本应属于同一目标的部分错误地划分为不同的区域，导致目标被分割成多个不连续的部分。
- 欠分割：欠分割指的是将本应分开的不同目标错误地划分为同一区域，导致多个目标被合并成一个。

为了解决这些问题，研究人员开发了多种图像分割算法，如基于边缘的分割、基于区域的分割、基于图的分割以及基于深度学习的分割方法等。这些算法通过不同的策略和技术来提高分割的准确性和鲁棒性，从而更好地满足实际应用的需求。

本质上来说，图像分割就是对图像像素进行分组的过程。为了设计出高效的图像分割算法，我们可以学习并借鉴心理学家的研究成果，特别是他们关于人类感知分组的研究。这些研究成果提供了对人类视觉系统如何组织和理解视觉信息的洞见，对于开发能够模拟人类视觉分组机制的图像分割算法至关重要。

5.2 人类视觉分组与格式塔理论

图像分割的过程也是对图像像素进行分组的过程，那么一个自然的问题就是哪些像素应该被分成一组？更进一步，这样分组的依据是什么？为了回答这个问题，我们先了解一下格式塔心理学家对于人类视觉系统是如何进行分组研究的。

人类对于事物的感知方式通常会受到“上下文”信息的影响，这是人类视觉系统的一个重要特征。这一现象很容易通过实验来证明，比如图 5-1 所示的缪勒莱耶（Müller-Lyer）错觉实验。人类视觉系统会将水平线段与两个箭头组合在一起进行感知，而非单独感知。这使得长度相同的水平线段，在两个图像中看起来长度不同，即产生了错觉。正是因为类似现象在生活中经常出现，因此，格式塔心理学家认为，人类视觉系统的研究应该更多地聚焦于视觉系统的分组机制，而非对外界刺激的反馈。从格式塔心理学家的角度看，分组意味着视觉系统将图像的一些组成部分组合在一起作为整体进行感知（这是“上下文”一词的粗略含义）；同时，分组效应通常不受主观意愿影响，例如，人们难以控制视觉系统将线段与箭头分开感知，从而使图 5-1 中的水平线段看起来长度相等。

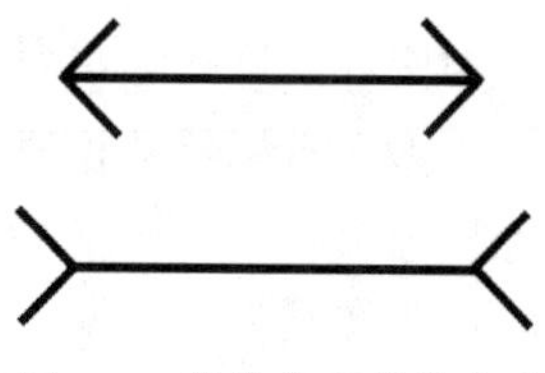

图 5-1　缪勒莱耶错觉实验

通过对分组问题的深入研究，格式塔学派提出了一系列规则来解释哪些图像元素倾向于被分成一组，其主要包括如下规则。

- 邻近规则：物理空间中位置邻近的元素倾向于被分为一组。
- 相似规则：相似的元素倾向于被分为一组。
- 共同命运规则：具有相同运动趋势的元素倾向于被分为一组。
- 同一区域规则：位于同一封闭区域内的元素倾向于被分为一组。
- 平行性规则：平行的曲线或者元素倾向于被分为一组。

- 封闭性规则：能形成封闭曲线的曲线段或者元素倾向于被分为一组。
- 对称性规则：对称的元素倾向于被分为一组。
- 连续性规则：连接在一起产生“连续”感觉的元素倾向于被分为一组。
- 熟悉的形状：组合在一起能产生熟悉的形状的元素倾向于被分为一组。

这些性质如图 5-2 所示。

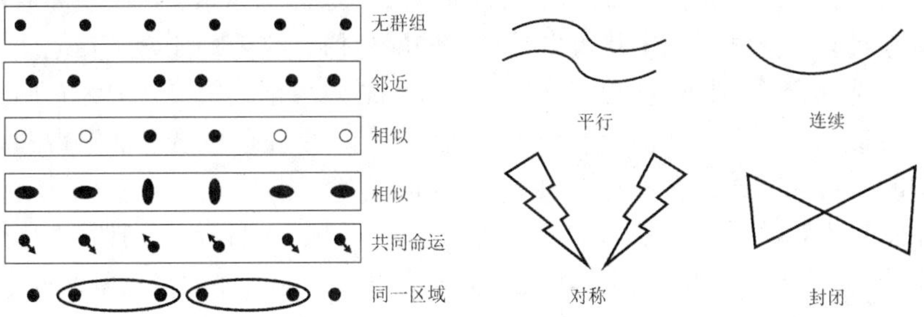

图 5-2　格式塔规则

前述这些格式塔规则能够为我们解释生活情境中发生的很多现象，因此，给我们带来了一些关于视觉感知的见解。以连续性规则为例，它可以作为一种解决遮挡问题的方法，即通过连续性，被遮挡物体的轮廓部分可以被连接起来。再如，共同命运规则可以被视为物体的组成部分倾向于一起移动的结果。同样，对称性也是一个有用的分组线索，因为许多真实的物体具有对称或接近对称的轮廓。从本质上讲，图像元素之所以被分组，是因为通过群组能帮助我们高效地感知视觉世界。

虽然格式塔规则能够帮助我们理解图像元素分组的原因，但将这些规则直接应用到真实的分割任务中依然存在很多困难，例如，对于一张给定的图像，难以确定使用哪条或哪几条规则更合适。因此，格式塔规则并不能直接转换成具体的分割算法。但是，格式塔理论提供的规则与人类的感知方式具有较高的一致性，为此，我们更多的时候是将格式塔规则视作图像分割算法设计的指导思想，而不是分割算法的全部。在接下来的 5.3 节中，将具体地介绍两类经典的图像分割算法。

5.3 基于像素聚类的图像分割

聚类是将数据集中的样本根据某种“相似性”原则进行划分，从而形成多个不相交的子集，每个子集被称为一个簇。从这个角度来看，图像分割任务可以被建模为图像像素聚类问题。在这种视角下，图像分割的目标是将图像中的像素划分为若干个互不重叠的区域，每个区域内的像素在某种特征空间中彼此相似，而与其他区域的像素相异。通过聚类，我们可以揭示图像中的结构化信息，从而实现有效的图像分割和理解。

5.3.1 基于 K-means 的图像分割

在图像聚类的过程中，我们首先需要考虑如何定义图像像素之间的“相似性”。这涉及选择何种特征来表示图像像素点，以及选择何种距离来度量像素点之间的差异。

图像像素点的表示方法有很多种，其中常见的方法如下。

- 像素值表示：直接使用像素的原始颜色值（如 RGB 值）来表示每个像素。

- 像素值与位置组合表示：结合像素的颜色值和其在图像中的位置坐标（如 x, y 坐标）来表示像素。
- 基于纹理滤波器响应值的表示：使用纹理滤波器（如 LBP、GLCM 等）对图像进行处理，得到每个像素点的纹理特征作为其表示。

在聚类算法中，我们通常使用欧几里得距离（也称欧氏距离）来衡量像素间的“相似性”，它测量的是多维空间中两点之间的直线距离。对于图像像素，欧氏距离通常基于像素的特征向量来计算，这些特征向量可以是像素的颜色值、纹理特征或是其他任何用于描述像素的特征。选择合适的特征和距离度量对于聚类的效果至关重要，因为它们直接影响到算法对像素相似性的判断，从而影响到最终的分割结果。正确的选择能够帮助算法更好地识别图像中的结构和模式，实现有效的图像分割。

K-means 聚类算法是一种基于距离的聚类方法，如表 5-1 所示，其基本思想是将数据集中的样本分为 K 个簇，每个簇由其中心点（即均值）表示。在图像分割任务中，K-means 算法可以通过将像素点分为 K 个簇来实现图像分割。假设 $\boldsymbol{x}_j$ 为图像第 j 个像素点的特征向量，集合 $\boldsymbol{D}=\{\boldsymbol{x}_j, j=1,2,\cdots,N\}$ 为所有像素点的特征向量构成的集合，N 为图像像素点个数。假设已知分割后的子集个数为 K。基于 K-means 图像分割算法通过下述步骤实现对集合 $\boldsymbol{D}$ 中像素点集合的划分。

表 5-1　K-means 聚类算法

基于 K-means 的图像分割算法
输入：像素点表示向量集合 $\boldsymbol{D}$ 以及子集个数 K
输出：K 个簇 $\{\boldsymbol{S}_i, 1\leqslant i\leqslant K\}$，每个簇记录了所有属于该簇的像素点的索引值
1. 从集合 $\boldsymbol{D}$ 中随机选择 K 个表示向量作为初始簇中心 $\{\boldsymbol{u}_1,\boldsymbol{u}_2,\cdots,\boldsymbol{u}_K\}$。
2. 循环执行，直到所有簇中心向量均不再更新：
令 $\boldsymbol{C}_i=\varnothing(1\leqslant i\leqslant K)$
令 $\boldsymbol{S}_i=\varnothing(1\leqslant i\leqslant K)$
对于所有 $j=1,2,\cdots,N$：
计算第 j 个像素点特征向量 $\boldsymbol{x}_j$ 与各个簇中心向量 $\boldsymbol{u}_i(1\leqslant i\leqslant K)$ 的距离，即 $d_{ji}=\Vert\boldsymbol{x}_j-\boldsymbol{u}_i\Vert_2$；
根据距离最近的簇中心向量确定 $\boldsymbol{x}_j$ 的簇标记，即 $\alpha_i=\arg\min_{i\in\{1,2,\cdots,K\}} d_{ji}$
将第 j 个像素点特征向量 $\boldsymbol{x}_j$ 划分到相应的簇的特征集合，即 $\boldsymbol{C}_{\alpha_i}=\boldsymbol{C}_{\alpha_i}\cup\{\boldsymbol{x}_j\}$
将第 j 个像素点加入相应的簇，即 $\boldsymbol{S}_{\alpha_i}=\boldsymbol{S}_{\alpha_i}\cup\{j\}$。
对于所有 $i=1,2,\cdots,K$：
计算新的簇中心向量，即 $\boldsymbol{u}_i'=\frac{1}{\lvert\boldsymbol{C}_i\rvert}\sum_{\boldsymbol{x}\in\boldsymbol{C}_i}\boldsymbol{x}$；
如果 $\boldsymbol{u}_i'\neq\boldsymbol{u}_i$，则将当前簇中心向量替换为 $\boldsymbol{u}_i'$；否则保持不变。
3. 输出 K 个簇集合 $\{\boldsymbol{S}_i, i=1,\cdots,K\}$。

图 5-3 展示了基于 K-means 算法的图像分割结果。在图 5-3（b）中，像素点以其像素值表示，即 $\boldsymbol{x}_i=[r_i,g_i,b_i]^{\mathrm{T}}$。从图中可观察到，主体像素点和背景像素点被有效地分开，证明了 K-means 算法在图像分割中的有效性。若将像素值与位置坐标结合表示，即 $\boldsymbol{x}_i=[r_i,g_i,b_i,x_i,y_i]^{\mathrm{T}}$，所得分割结果如图 5-3（c）所示。在这种情况下，分割算法不仅成功

地区分了主体和背景，还能够区分不同主体的实例，实现了实例分割。比如图 5-3（a）中两个切开的半个橙子，在图 5-3（b）中被标记为相同的灰度值，即分成了一类；而在图 5-3（c）处被赋予了不同的灰度值，表明它们分属不同的类别。为何加入位置坐标能够实现实例分割呢？其根本原因在于聚类算法在求解过程中不仅考虑了像素值的色彩相似性，还关注了它们在物理空间的邻近关系。虽然不同实例上的像素点在色彩上一致，但它们在空间上的距离较远。从这里我们也可以看出，格式塔规则通过对像素点特征的定义实现了应用。

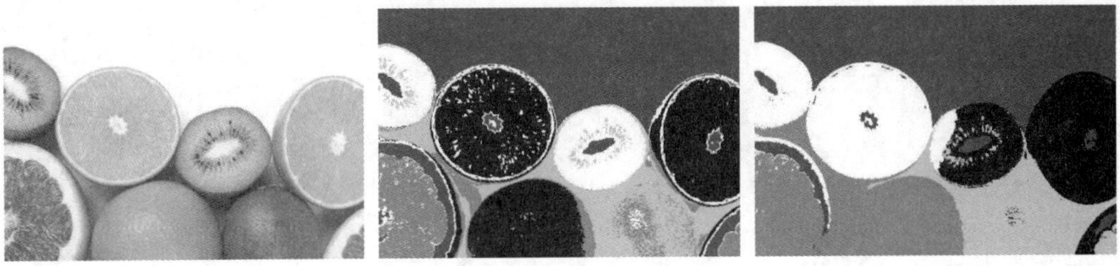

（a）原图　（b）使用灰度值表示像素　（c）使用灰度值与位置联合表示像素

图 5-3　基于 K-means 聚类的图像分割结果展示，这里 K=5

总体而言，基于 K-means 的图像分割算法简单易用，并在实际应用中表现良好。然而，该算法需要事先确定 K 值，即聚类中心的数量。此外，由于 K-means 假设数据呈球形分布，若实际簇的形状不符合该假设，则 K-means 的聚类结果可能不尽如人意。因此，接下来我们将介绍一种不需要预先指定簇个数，也不需要假设数据呈现特定分布形状的聚类算法。

5.3.2　基于均值漂移的图像分割

均值漂移算法

聚类问题可以被抽象为概率密度估计问题，而均值漂移算法是解决这类问题的一种常见方法。均值漂移（Mean shift）算法是一种基于梯度上升的迭代优化方法，它通过计算样本点梯度上升的方向来寻找概率密度函数的峰值，从而实现聚类。它与 K-means 等算法不同，均值漂移算法不需要用户预先指定要划分的簇的数量，它能够自动发现数据中的自然分组。均值漂移算法不依赖于数据呈球形分布的假设，这使得它在处理非高斯分布、不规则形状的数据时具有优势。由于其对数据分布的不敏感性和自动发现聚类的能力，均值漂移算法在图像分割、模式识别、时间序列分析等多个领域都有应用。

基于均值漂移的图像分割算法首先利用核密度估计方法来近似求解特征空间中数据分布的概率密度函数；然后，将密度函数的局部极大值视为簇中心，并将属于同一簇的像素归为一类。

均值漂移算法是一种基于核密度估计的非参数化聚类方法。核密度估计，又称 Parzen 窗估计，是一种常用的概率密度估计方法。

给定 d 维欧氏空间 $\mathcal{R}^d$ 中的 n 个数据点 $\boldsymbol{x}_i (i=1,2,\cdots,n)$，同时给定核函数 $K(\boldsymbol{x})$和 $d\times d$ 维的对称的正定带宽矩阵 $\boldsymbol{H}$，$\boldsymbol{x}$ 处的多元核密度估计为

$$\hat{f}(\boldsymbol{x})=\frac{1}{n}\sum_{i=1}^{n}K_{\boldsymbol{H}}(\boldsymbol{x}-\boldsymbol{x}_i) \tag{5-1}$$

其中，$K_{\boldsymbol{H}}(\boldsymbol{x})=|\boldsymbol{H}|^{-1/2}K(\boldsymbol{H}^{-1/2}\boldsymbol{x})$。

为了保证 $\hat{f}(\boldsymbol{x})$ 是一个合理的概率密度函数，核函数 $K(\boldsymbol{x})$ 需满足以下条件。

（1）归一化：在积分域 $\mathcal{R}^d$ 上，$\int K(\boldsymbol{x})\mathrm{d}\boldsymbol{x}=1$；

（2）对称性：在积分域 $\mathcal{R}^d$ 上，$\int \boldsymbol{x}K(\boldsymbol{x})\mathrm{d}\boldsymbol{x}=0$；

（3）权重的指数衰减：$\lim\limits_{\|\boldsymbol{x}\|\to\infty}\|\boldsymbol{x}\|^d K(\boldsymbol{x})=0$；

（4）满足在 $\mathcal{R}^d$ 积分域上，$\int \boldsymbol{x}\boldsymbol{x}^{\mathrm{T}}K(\boldsymbol{x})\mathrm{d}\boldsymbol{x}=c_k\boldsymbol{I}$，其中 c_k 为常数，$\boldsymbol{I}$ 为单位矩阵。

在实际应用中，$\boldsymbol{H}$ 通常采用对角阵 $\boldsymbol{H}=\mathrm{diag}[h_1^2,\cdots,h_d^2]$ 或者乘以某个系数的单位阵 $\boldsymbol{H}=h^2\boldsymbol{I}$，$\boldsymbol{I}$ 为 $d\times d$ 维单位矩阵。相对而言，后者更为常见。此时，只须确定一个大于零的带宽参数 h，即可获得 $\boldsymbol{x}$ 处的概率密度估计

$$\hat{f}(\boldsymbol{x})=\frac{1}{nh^d}\sum_{i=1}^{n}K\left(\left\|\frac{\boldsymbol{x}-\boldsymbol{x}_i}{h}^2\right\|\right) \quad (5\text{-}2)$$

式中，n 表示样本点数量，h 为带宽，$\boldsymbol{x}_i$ 表示由带宽确定的窗口内的第 i 个样本点，d 为样本点向量的维度。

为简化处理，我们通常采用形如 $K(\boldsymbol{x})=c_{k,d}k(\|\boldsymbol{x}\|^2)$ 的径向对称核函数。这里的 $k(\boldsymbol{x})$（在均值漂移算法中取单调递减的凸函数）称为 $K(\boldsymbol{x})$ 的轮廓函数。$k(\boldsymbol{x})$ 的定义区间为 $[0,+\infty)$，$c_{k,d}$ 为常系数，保证 $K(\boldsymbol{x})$ 的积分为 1。

使用轮廓函数，式（5-2）还可写为

$$\hat{f}_{h,K}(\boldsymbol{x})=\frac{c_{k,d}}{nh^d}\sum_{i=1}^{n}k\left(\left\|\frac{\boldsymbol{x}-\boldsymbol{x}_i}{h}\right\|^2\right) \quad (5\text{-}3)$$

对于核密度估计方法来说，核函数的选择是非常重要的。依潘涅契科夫（Epanechnikov）核函数与高斯核函数是使用最为广泛的两种核函数。

依潘涅契科夫核函数的轮廓函数 k_E 为

$$k_E(x)=\begin{cases}1-x, 0\leqslant x\leqslant 1\\ 0, \qquad x>1\end{cases} \quad (5\text{-}4)$$

其产生的径向对称的依潘涅契科夫核函数为

$$K_E(\boldsymbol{x})=\begin{cases}\dfrac{d+2}{2V_d}(1-\|\boldsymbol{x}\|^2), \|\boldsymbol{x}\|\leqslant 1\\ 0, \qquad \text{其他}\end{cases} \quad (5\text{-}5)$$

式中，V_d 为 $\mathcal{R}^d$ 中单位球的体积。式（5-4）中的 $k_E(x)$ 在边界 $x=1$ 处连续但不可微。

高斯核函数的轮廓函数 k_N 为

$$k_N(x)=\exp\left(-\frac{1}{2}x\right), x\geqslant 0 \quad (5\text{-}6)$$

根据 $k_N(x)$，可构造出式（5-7）的径向对称的多元高斯核函数

$$K_N(\boldsymbol{x})=2\pi^{-d/2}\exp\left(-\frac{1}{2}\|\boldsymbol{x}\|^2\right) \quad (5\text{-}7)$$

一般说来，概率密度函数难以直接估计。但是我们的目标是求取特征空间中局部密度最大点，即 $\nabla f(\boldsymbol{x})=0$ 时的 $\boldsymbol{x}$ 值。虽然，直接求解 $\nabla f(\boldsymbol{x})=0$ 依然很困难，但是，可以使用梯度上升算法获得 $\nabla f(\boldsymbol{x})=0$ 的解。

为此，我们求式（5-3）的导数函数

$$\nabla \hat{f}_{h,K}(\boldsymbol{x})=\frac{c_{k,d}}{nh^d}\sum_{i=1}^{n}\nabla k\left(\left\|\frac{\boldsymbol{x}-\boldsymbol{x}_i}{h}\right\|^2\right) \tag{5-8}$$

$$=\frac{2c_{k,d}}{nh^{d+2}}\sum_{i=1}^{n}(\boldsymbol{x}-\boldsymbol{x}_i)k'\left(\left\|\frac{\boldsymbol{x}-\boldsymbol{x}_i}{h}\right\|^2\right) \tag{5-9}$$

令 $g(\boldsymbol{x})=-k'(\boldsymbol{x})$，假设定义区间在 $[0,+\infty)$ 的轮廓函数 $k(\boldsymbol{x})$ 存在。此时，以 $g(\boldsymbol{x})$ 为轮廓函数，可以定义新的核函数

$$G(\boldsymbol{x})=c_{g,d}\,g(\|\boldsymbol{x}^2\|) \tag{5-10}$$

式中，$c_{g,d}$ 为归一化常数。

将 $g(\boldsymbol{x})$ 代入（5-9）得

$$\nabla \hat{f}_{h,K}(\boldsymbol{x})=\frac{2c_{k,d}}{nh^{d+2}}\sum_{i=1}^{n}(\boldsymbol{x}_i-\boldsymbol{x})g\left(\left\|\frac{\boldsymbol{x}-\boldsymbol{x}_i}{h}\right\|^2\right) \tag{5-11}$$

$$=\frac{2c_{k,d}}{nh^{d+2}}\left[\sum_{i=1}^{n}g\left(\left\|\frac{\boldsymbol{x}-\boldsymbol{x}_i}{h}\right\|^2\right)\right]\left[\frac{\sum_{i=1}^{n}x_i g\left(\left\|\frac{\boldsymbol{x}-\boldsymbol{x}_i}{h}\right\|^2\right)}{\sum_{i=1}^{n}g\left(\left\|\frac{\boldsymbol{x}-\boldsymbol{x}_i}{h}\right\|^2\right)}-\boldsymbol{x}\right] \tag{5-12}$$

式中，$\sum_{i=1}^{n}g\left(\left\|\frac{\boldsymbol{x}-\boldsymbol{x}_i}{h}\right\|^2\right)$ 通常为一正实数。

令

$$\hat{f}_{h,G}(\boldsymbol{x})=\frac{c_{g,d}}{nh^d}\sum_{i=1}^{n}g\left(\left\|\frac{\boldsymbol{x}-\boldsymbol{x}_i}{h}\right\|^2\right) \tag{5-13}$$

令均值漂移向量 $\boldsymbol{m}_{h,G}(\boldsymbol{x})$ 为

$$\boldsymbol{m}_{h,G}(\boldsymbol{x})=\frac{\sum_{i=1}^{n}\boldsymbol{x}_i g\left(\left\|\frac{\boldsymbol{x}-\boldsymbol{x}_i}{h}\right\|^2\right)}{\sum_{i=1}^{n}g\left(\left\|\frac{\boldsymbol{x}-\boldsymbol{x}_i}{h}\right\|^2\right)}-\boldsymbol{x} \tag{5-14}$$

可得

$$\nabla \hat{f}_{h,K}(\boldsymbol{x})=\hat{f}_{h,G}(\boldsymbol{x})\frac{2c_{k,d}}{h^2 c_{g,d}}\boldsymbol{m}_{h,G}(\boldsymbol{x}) \tag{5-15}$$

$$\boldsymbol{m}_{h,G}(\boldsymbol{x})=\frac{1}{2}\frac{h^2 c_{g,d}\nabla \hat{f}_{h,K}(\boldsymbol{x})}{c_{k,d}\hat{f}_{h,G}(\boldsymbol{x})} \tag{5-16}$$

式（5-16）表明在点 $\boldsymbol{x}$ 均值漂移向量 $\boldsymbol{m}_{h,G}(\boldsymbol{x})$ 与基于核函数 $K(\boldsymbol{x})$ 的密度函数的梯度

$\nabla\hat{f}_{h,K}(\boldsymbol{x})$ 成正比关系。因此，使用均值漂移向量即可完成特征空间中的局部极大值搜索。

为此，在实际应用中，我们通常直接使用式（5-16）的均值漂移向量来寻找“簇”中心。此时，可以得到表 5-2 所列出的均值漂移算法。

表 5-2　均值漂移算法

均值漂移算法
输入：图像数据点及窗宽（棱长）参数 h
输出：聚类结果
1. 对于每个数据点 x_i:
2. 令 t=0，将 x_i 设置为当前位置 $z^t = x_i$ ；
3. 计算以当前位置 z^t 为中心、超立方体（或超球体）区域 $\boldsymbol{S}(\boldsymbol{h})$内所有数据点的质心（加权均值）作为新的位置； $$m^t = \sum_{x_j \in S(h)} w_j (z^t - x_j)$$
其中，m^t 表示均值偏移向量，w_j 表示归一化后的权重，x_j 为区域内的数据点， $x - x_i$ 是数据点 x_i 相对于中心点 x 的偏移向量。
4. 移动当前位置到质心处，即 $$z^{t+1} = m^t + z^t$$ $$t = t+1$$
5. 重复步骤 4，直到满足停止条件，将当前位置存为聚类中心。停止条件可以是达到最大迭代次数、中心点的移动小于某个阈值或者密度估计收敛。
6. 将所有数据点将根据最终所属的聚类中心进行标记，形成最终的聚类结果。
7. 对于图像分割等任务，可以进行一些后处理操作，如合并相似的聚类、去除噪声点等。

均值漂移算法在图像分割任务中的应用十分直接和有效。在特征空间中，对图像中的每个像素，都使用均值漂移算法进行处理，记录其最终停留的位置，当所有像素都完成漂移后，统计簇中心的数量，并将像素依据其最终漂移到的簇中心进行划分，从而实现图像分割。均值漂移算法的优势在于它不需要预先指定密度中心的个数，它会根据数据自动计算出最终的密度中心。这种自适应性使得均值漂移算法在处理复杂和非均匀分布的数据时具有很高的灵活性和准确性。图 5-4 展示了一组使用均值漂移算法进行图像分割后的结果，可以看到算法能够有效地将图像中的不同区域划分为不同的簇，从而实现图像分割（每个像素的值使用其所属的“簇”的中心值代替）。

（a）待分割图像　　　　（b）分割结果

图 5-4　基于均值漂移的图像分割结果

（a）待分割图像　　　　（b）分割结果

图 5-4　基于均值漂移的图像分割结果（续）

均值漂移算法仅涉及一个手动设置的参数，即区域半径。半径设置过大，簇的数量会减少，易出现欠分割；反之，若半径设置过小，则可能出现过分割。因此，建议在实际任务中进行多次尝试并根据效果调整参数。

5.3.3　动手实践：图像分割

1．实践目标

计算机视觉在图像识别领域已经取得了巨大的进步，图像分割是图像识别领域的重要任务，其旨在将图像中的每个像素分配到预定的语义类别中，实现像素级的精确分类，是实现场景理解、自动驾驶、医学图像分析等领域的关键技术之一。过去几年，随着深度神经网络的迅速发展，图像分割精度显著提升，在各种实际应用中更加高效可行。

本实验使用经典图像分割算法对图像进行分割，使读者掌握以下内容。

（1）了解图像分割的含义和发展过程，认识到图像分割在计算机视觉领域的重要性。

（2）理解并掌握使用 K-means 和 Mean shift 算法进行图像分割的原理。

（3）应用 K-means 和 Mean shift 算法处理图像分割任务。

2．实践内容

本实验通过实现 K-means 算法和 Mean shift 算法，分别对图像进行黑白二值分割和彩色分割，实现像素级分类的目标，通过具体的实验直观地感受两种方法的不同，还可以通过扩大数据进行效果对比，分析两者的优缺点。此外，应探究不同参数的取值对算法性能的影响，通过调研了解性能更加强大的图像分割的深度学习算法。

3．实践步骤

本实验分别应用 K-means 和 Mean shift 两种算法进行图像分割。

（1）基于 K-means 的图像分割

图像处理任务首先根据图像路径读取图像，保存图像像素值和大小，将图像转化为灰度图。

```
def loadData(filePath):
    f = open(filePath,'rb')          # 以二进制读取文件
    data = []
    img = image.open(f)              # 返回图片的像素值
    m,n = img.size                   # 返回图片的大小
    for i in range(m):
        for j in range(n):
            x,y,z = img.getpixel((i,j))
            data.append([x/256.0,y/256.0,z/256.0])  #将图像的像素值归一化到[0,1]
    f.close()
return np.mat(data),m,n
```

- image：PIL 的 Image 类，调用 open 方法打开对应的路径文件，返回一个 image 对象。
- getpixel((x,y))：获取图像在(x,y)坐标处的像素值，对于 RGB 图像则返回(R,G,B)三元组。

在对图像预处理之后，使用 K-means 算法进行聚类。

sklearn.cluster 模块提供了 K-means 算法和其他常用的非监督聚类算法，调用 K-means 算法的代码如下。

```
label = KMeans(n_clusters=2).fit_predict(imgData)
```

- n_clusters：聚类从簇数。
- imgData：图像数据路径。

该函数计算每个簇的中心并预测每个点是属于哪个簇的，返回与输入数组相同大小的 labels 数组，标记每一个数据所属的簇。

（2）基于 Mean shift 的图像分割

OpenCV 提供了均值漂移 Mean shift 彩色图像分割算法。

```
dst=cv2.pyrMeanShiftFiltering(src=img,sp=20,sr=30)
```

- src：输入的彩色三通道图像。
- sp 和 sr：分别是空间窗口和颜色窗口的参数，分别控制在 Mean shift 的空间范围和颜色范围。

Canny 边缘检测是一种使用多级边缘检测算法检测边缘的方法，可直接调用 OpenCV 中的函数进行边缘检测。

```
canny=cv2.Canny(image=dst,threshold1=30,threshold2=100)
```

- threshold1 和 threshold2：Canny 算法中的两个阈值，用于控制边缘检测的敏感度。

在边缘检测之后，通过 findContours 函数找到边缘检测后图像中的轮廓。

```
conturs,hierarchy=cv2.findContours(image=canny,mode=cv2.RETR_EXTERNAL,
                                   method=cv2.CHAIN_APPROX_SIMPLE)
```

- mode：指定轮廓的检索模式，cv2.RETR_EXTERNAL 表示仅检测最外层轮廓。
- method：指定轮廓的逼近方法，cv2.CHAIN_APPROX_SIMPLE 表示使用简化的逼近方法。

检测到轮廓后，使用 drawContours 函数在原始图像（img）上绘制检测到的轮廓。

```
cv2.drawContours(image=img,contours=conturs,contourIdx=-1,color=(0,255,0),thickness=3)
```

- contours：轮廓的列表。
- contourIdx=−1：绘制所有轮廓。
- color=(0,255,0)：轮廓的颜色为绿色。
- thickness=3：轮廓线的宽度为 3。

4．实验结果及分析

（1）K-means 算法图像分割

下面是使用 K-means 算法对彩色图像进行黑白二值分割的实验代码示例，图像原图和分割结果如图 5-5 所示。

```
import numpy as np                          #插入 numpy 库
import PIL.Image as image                   #加载 pil 的图像包
from sklearn.cluster import KMeans          #调用 KMeans 聚类模块

imgData,row,col = loadData('./data/4-3-plane1.jpg') #loadData 函数
#K-means 聚类
label = KMeans(n_clusters=2).fit_predict(imgData)#聚类簇数为 2，返回像素点的类别标签

label = label.reshape([row,col])            #创建一个新的灰度图像，大小与原图像相同
pic_new = image.new("L", (row, col))
for i in range(row):                        #根据所属类别给图片添加灰度
    for j in range(col):
        if label[i][j] == 0:
            pic_new.putpixel((i,j), 0)          #将类别为 0 的像素点设置为黑色(0)
        else:
            pic_new.putpixel((i,j), 255)        #将类别为 1 的像素点设置为白色(255)
pic_new.save("./result/4-3-plane1-result.jpg", "JPEG")
```

图 5-5　K-means 算法图像原图和分割结果

（2）Mean shift 算法图像分割

下面是使用 Mean shift 算法对图像进行分割的实验代码示例，并通过边缘检测方法画出了分割轮廓图。图像原图和分割结果如图 5-6 所示，边缘检测结果如图 5-7 所示，轮廓图如图 5-8 所示。

```
import os
import cv2
import numpy as np

img=cv2.imread('./data/4-3-bird1.jpg')
img=cv2.resize(src=img,dsize=(450,450))
#图像分割
dst=cv2.pyrMeanShiftFiltering(src=img,sp=20,sr=30)
#图像分割（边缘的处理）
canny=cv2.Canny(image=dst,threshold1=30,threshold2=100)
```

```
#查找轮廓
conturs,hierarchy=cv2.findContours(image=canny,mode=cv2.RETR_EXTERNAL,
                                    method=cv2.CHAIN_APPROX_SIMPLE)
#画出轮廓
cv2.drawContours(image=img,contours=conturs,contourIdx=-1,color=(0,255,0),thickness=3)
cv2.imshow('dst',dst)                         #显示均值漂移后的图像
cv2.imshow('canny',canny)                     #显示边缘检测结果
cv2.imshow('img',img)                         #显示轮廓图
cv2.imwrite('./result/4-3-bird1.jpg',dst)     #保存分割结果图
```

图 5-6　Mean shift 算法图像原图和分割结果

图 5-7　边缘检测结果

图 5-8　轮廓图

本章小结

本章聚焦于计算机视觉领域的图像分割任务。首先，我们深入探讨了格式塔理论，为图像分割算法的设计提供了指导；接着，详细讨论了两种经典的图像分割方法：基于聚类和基于图的方法，这两种方法将分割任务视为不同的机器学习问题，并在不同的场景中展现出各自的适用性。通过本章的学习，读者不仅能够理解图像分割任务的基本概念和理论，还能够熟悉上述两种重要方法的原理和应用。这些知识将为读者在解决实际应用中的图像分割问题提供重要的指导和参考。读者将能够根据具体任务的需求，选择合适的图像分割方法，并设计出高效的分割算法。

习　题

1. 在使用 K-means 算法进行图像聚类时，初始的 K 个质心怎么选择？K-means 算法每个点到质心的距离如何计算？

2. 在使用 K-means 算法进行图像聚类时，将像素的位置信息加入特征向量之中，是否需要更改 K-means 算法中每个点到质心距离的计算公式？对结果有什么影响？

3. 在均值漂移算法的过程中，为什么要引入核函数？

4. 程序设计：基于 K-means 聚类算法，实现对图像的聚类分割，要求尝试不同的初始 K 值和不同的距离计算公式，并对比结果的不同。

5. 程序设计：尝试使用均值漂移算法实现对图像的聚类分割，并且尝试在得到的结果的基础上进行优化。

6. 程序设计：在第 5 题完成图像分割的基础上，如何对图像中的轮廓进行提取？尝试实现这一过程。

7. 在使用 K-means 算法进行图像聚类时，讨论不同的初始质心选择策略（如随机选择、K-means++等），并分析它们对聚类结果的影响。

8. K-means 算法中，每个点到质心的距离通常使用欧几里得距离计算。请给出欧几里得距离的计算公式，并讨论在图像聚类中可能使用的其他距离度量（如曼哈顿距离、余弦相似度等）。

9. 探讨将像素的位置信息加入特征向量后，对 K-means 算法中每个点到质心距离计算公式的影响，以及这种变化如何影响聚类结果。

10. 程序设计：在完成第 5 题图像分割的基础上，实现图像轮廓提取的功能。程序应能够识别并绘制出图像中不同聚类区域的边界。

11. 程序设计：使用不同的图像分割算法（如 K-means、均值漂移、层次聚类等），对同一组图像进行分割，并比较各算法的性能，包括分割质量、计算时间和对噪声的鲁棒性。

第6章 图像检索与分类

【本章导读】

图像分类是计算机视觉领域的一个核心任务，旨在自动地将输入图像分配到预定义的类别中。本章将首先对图像分类任务进行介绍，并探讨该领域所面临的挑战；其次，将介绍数据驱动的图像分类范式；再次，将详细讲解基于词袋模型的图像表示技术；最后，将深入讨论如何构建基于线性多类支撑向量机的图像分类模型。通过学习这些内容，读者将获得对图像分类任务从理论到实践的全面理解。

【本章学习目标】

- 了解图像分类任务的难点、评价指标，以及数据驱动的图像分类系统基本范式。
- 熟悉文本词袋模型的基础步骤，理解引入词频-逆文档频率加权算法的意义。
- 熟悉基于词袋模型的图像表示方法，学习构建视觉词典，并会采用词袋模型实现图像检索。
- 掌握基于词袋模型的图像分类方法，并会利用词袋模型、SIFT 特征点检测和 SVM 分类器设计场景分类系统。

6.1 图像分类任务概述

图像分类

图像分类任务是计算机视觉领域的基础任务之一，它的目标是将给定的图像分配到一个或多个类别中。具体来说，图像分类任务就是给定一个输入图像，通过模型来识别和预测该图像所属的类别。图像分类系统通过自动地识别和分类图像中的内容，能够提高工作效率，降低人力成本，还在某些情况下提高了分类准确性。

人类的视觉系统在面对日常生活中的常见物体时，能够迅速进行识别。然而，当遇到如图 6-1 所示的绿玉藤和贝灵顿梗犬这类不常见的物种时，往往难以准确辨认。解决这类问题的有效途径之一就是建立图像分类系统，这样的系统能够自动地分析输入图像的内容，完成图像类别的预测。更具体地说，图像分类通常指计算机程序依据图像内容从一个给定的类别标签集合（如狗、猫、卡车、飞机等）中为当前输入图像选择一个类别标签的过程。

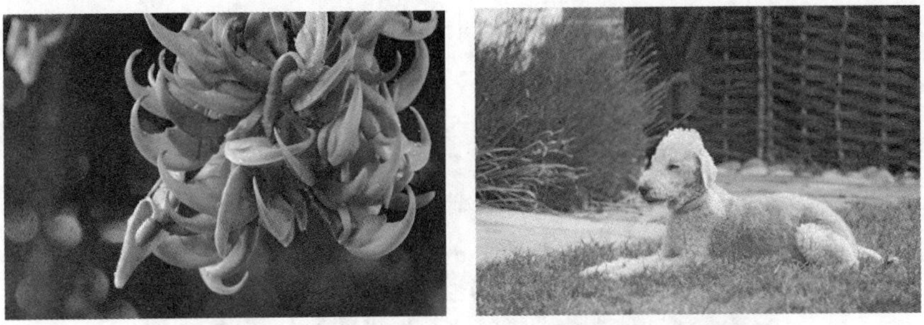

（a）绿玉藤　　　　（b）贝灵顿梗犬

图 6-1　少见的花和宠物图片

6.1.1　图像分类任务的难点

图像分类系统的核心在于采用的分类方法，而设计这些方法的最大挑战来自“语义鸿沟”。这指的是人类和计算机程序在解读图像内容时存在的显著差异。以图 6-2（a）中的图像为例，人类能够迅速且毫不费力地识别出图中的猫。然而，在计算机系统中，同一幅图像被转化为图 6-2（b）中的数字矩阵，而对计算机而言，这些数字并不自带“猫”这一概念。因此，图像分类方法的研究目标就是跨越这一语义鸿沟，使得计算机能够有效地从数字矩阵中提取出语义信息，实现从原始数据到高层语义概念的准确映射。

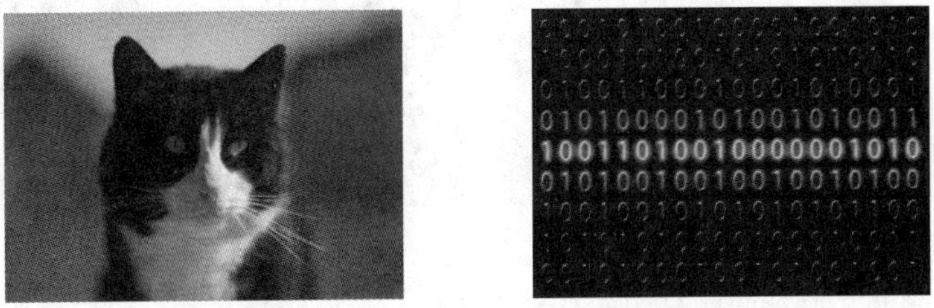

（a）人类看到的图像　　　　（b）计算机见到的图像（灰度图像）

图 6-2　语义鸿沟

为了跨越语义鸿沟，图像分类系统必须克服一系列挑战，具体如下。

（1）视角变化。同一物体，从不同的角度观察会呈现不同的视觉外观。如图 6-3 所示，同一座雕塑在两个不同的视角下外观差异明显。这种视角变化对图像分类算法提出了更高的要求，即能够在不同的视角下准确识别出同一物体。

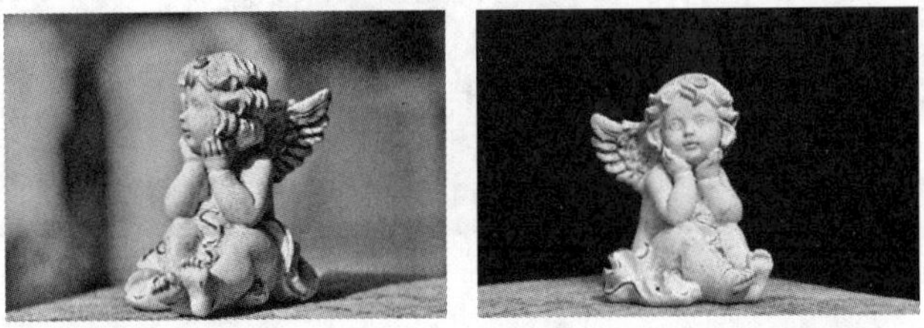

（a）视角一　　　　（b）视角二

图 6-3　视角差异

（2）光照变化。在不同的光照条件下，同一物体的外观可能会呈现出显著的明暗变化。如图 6-4 所示，同一组石膏企鹅模型在不同的光照环境下，其亮度和阴影效果有着明显的差异。这种由光照条件引起的外观变化，要求图像分类算法能够适应各种光照情况，从而能够准确识别出物体。

图 6-4　光照因素

（3）尺度变化。图像中物体的大小（尺度）是相对的，并且会随着拍摄情况的变化而变化。如图 6-5 所示，同一座城堡在不同的拍摄距离下，在图像中呈现出不同的大小。这种尺度变化要求图像分类算法能够识别并适应物体在不同尺度下的特征，确保无论物体在图像中呈现何种大小，都能被准确识别。

图 6-5　尺度差异

（4）遮挡问题。遮挡问题是图像分类中的一个常见挑战，其中目标对象可能因为遮挡而只有部分出现在图像中。如图 6-6 所示，这三幅图像中都包含猫，但它们的大部分身体被其他物体所遮挡，未完整地出现在图像中。遮挡情况下的分类任务要求算法能够有效地处理局部语义信息，即使在物体的大部分特征不可见的情况下，也能准确识别出目标对象。

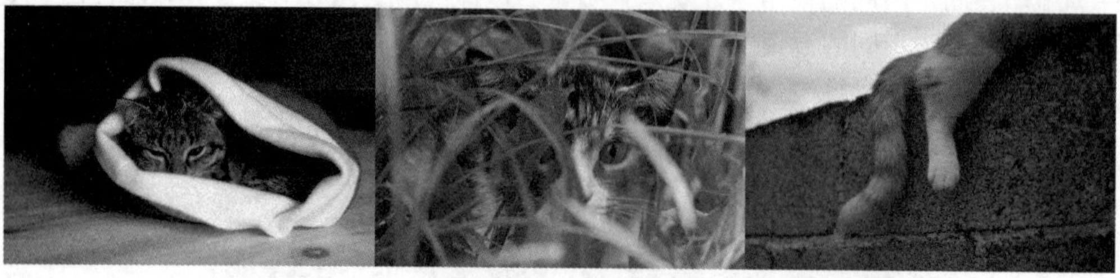

图 6-6　遮挡

（5）形变问题。目标对象可能由于自身的形变而在图像中呈现出不同的形态。如图 6-7 所示，不同姿势的猫展现出显著的外形差异。这种形变要求图像分类算法能够适应物体形状和姿态的变化，从而准确识别出形变后的物体。

图 6-7　形变

（6）背景杂波。当目标对象的视觉外观与背景过于相似时，会大大增加图像分类系统识别的难度。如图 6-8 所示，雪白的背景可能会使计算机在识别雪狐时遇到困难，因为雪狐的白色皮毛与周围的雪地环境融为一体，降低了物体的视觉区分度。为了克服这一挑战，图像分类算法需要能够精细区分对象与背景，提取出关键的特征以实现准确识别。

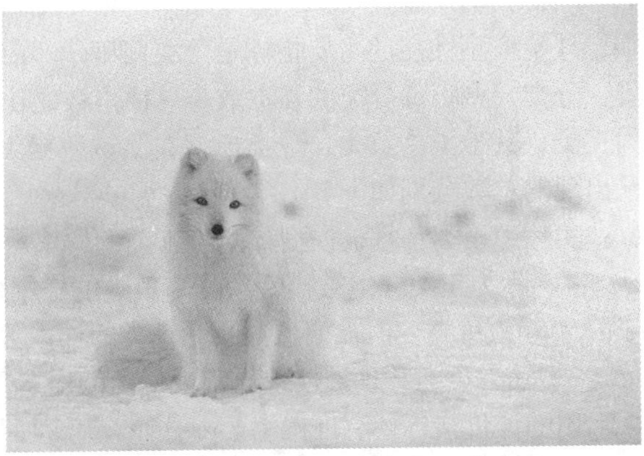

图 6-8　背景杂波

（7）类内形变。同一类物体可能存在多种外观差异显著的不同形态。如图 6-9 所示，不同设计的椅子展现出千差万别的视觉特征。这种多样性要求图像分类算法能够捕捉到物体类别的内在变化，并从中抽象出共通的特征，以确保即使面对同一类物体的不同变体，也能准确地进行识别和分类。

（8）运动模糊。当拍摄移动中的物体时，若曝光时间过长或物体移动速度过快，就会导致图像出现模糊现象。如图 6-10 所示，电风扇的快速旋转使得拍摄到的图像模糊不清。这种运动模糊会降低图像的清晰度，增加物体识别的难度。因此，图像分类算法需要具备处理模糊图像的能力，能够在运动模糊的条件下依然提取出有效的特征，以实现准确的物体识别。

图 6-9　类内形变

图 6-10　运动模糊

除了上述提到的挑战之外，待识别的类别数量庞大也是一个不容忽视的难题。人类通常能够识别的物体种类数以万计，这要求图像分类系统必须具备处理大量类别的能力。随着类别的增多，算法的复杂性和计算成本也随之增加，这对图像分类算法的设计和优化提出了更高的要求。因此，开发能够高效处理大规模类别识别的图像分类系统，是计算机视觉领域的一个重要研究方向。

综上所述，图像分类是计算机视觉领域的基础任务之一，旨在自动地将输入图像分配到预定义的类别中。然而，这个任务面临着许多挑战，包括视角变化、光照变化、尺度变化、遮挡问题、形变问题、背景杂波、类内形变、运动模糊以及待识别的类别数量多等。这些挑战使得图像分类成为一个难度极高的任务。为了应对这些挑战，研究者们提出了各种图像分类算法，本章接下来将对其中的一些基础算法进行介绍。

6.1.2 图像分类任务的评价指标

在图像分类任务中，评价模型性能的主要指标是分类精确率（accuracy），其定义是：对于给定的测试数据集，分类模型正确分类的样本数与总样本数之比。

假设被关注的类为正类，其他类为负类，分类模型在测试数据集上的预测或正确或不正确，对应的四种情况出现的总数分别如下。

TP（True Positive）：实际为正类，且被模型预测为正类的样本数。

FN（False Negative）：实际为正类，但被模型预测为负类的样本数。

FP（False Positive）：实际为负类，但被模型预测为正类的样本数。

TN（True Negative）：实际为负类，且被模型预测为负类的样本数。

对于二分类问题，常用的评价指标还有准确率（precision）、召回率（recall）、F_1 值、ROC 曲线以及 AUC 等，下面分别进行介绍。

1．准确率

准确率是指在所有被模型预测为正类的样本中，实际为正类的比例。准确率定义为

$$P=\frac{\mathrm{TP}}{\mathrm{TP}+\mathrm{FP}} \tag{6-1}$$

2．召回率

召回率是指在所有实际为正类的样本中，被模型正确预测为正类的比例。召回率定义为

$$R=\frac{\mathrm{TP}}{\mathrm{TP}+\mathrm{FN}} \tag{6-2}$$

3．F_1 值

F_1 值是准确率和召回率的调和平均数，用于综合反映模型的精确性和鲁棒性。F_1 值是准确率和召回率的调和均值，即

$$\frac{2}{F_1}=\frac{1}{P}+\frac{1}{R} \tag{6-3}$$

$$F_1=\frac{2\mathrm{TP}}{2\mathrm{TP}+\mathrm{FP}+\mathrm{FN}} \tag{6-4}$$

准确率和召回率都高时，F_1 值也会高。

4. ROC 曲线

ROC 曲线的全称是 Receiver Operating Characteristic（接收者操作特征）曲线，它是由第二次世界大战中的电子工程师和雷达工程师发明的，用来侦测战场上的敌军载具（飞机、船舰），也就是信号检测理论。后其被引入机器学习领域，用来评判分类、检测结果的好坏。

ROC 曲线图以假阳性率 FPR（ $FPR=\frac{FP}{FP+TN}$ ）为横轴、真阳性率（ $TPR=\frac{TP}{TP+FN}$ ）为纵轴，如图 6-11（a）所示。ROC 曲线给出的是当阈值变化时假阳率和真阳率的变化情况，左下角的点对应的是将所有样本判为负类的情况，而右上角的点对应的是将所有样本判断为正类的情况。图 6-11（a）中的虚线指的是随机猜测的结果曲线。

在理想情况下，最佳的分类模型应该尽可能地处于左上角，此时分类模型在假阳率很低的同时获得了很高的真阳率。例如，在图 6-11（a）中，在相同假阳率的前提下，模型 1 相对于模型 2 具有更高的真阳率。

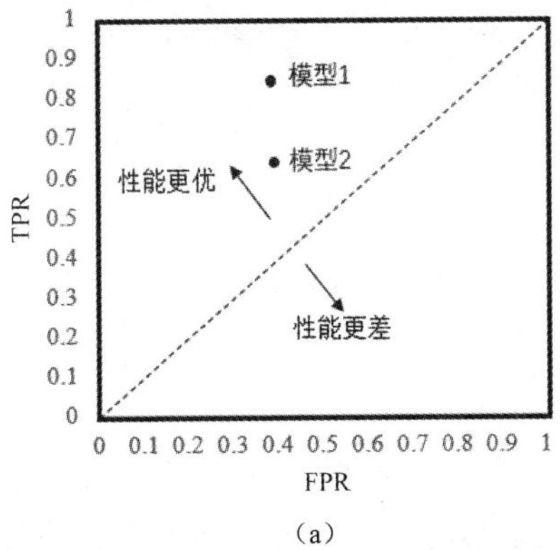

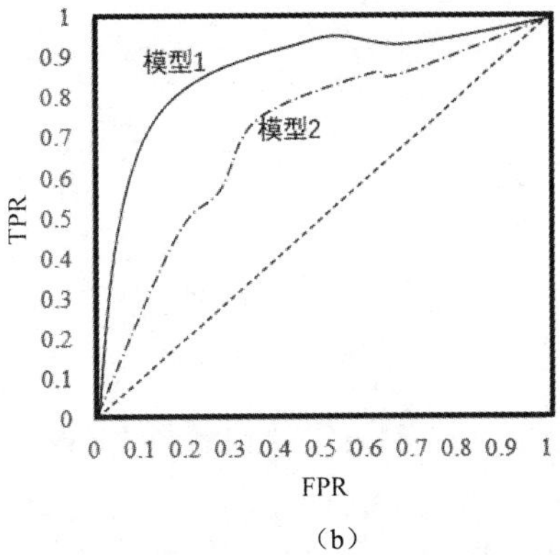

图 6-11　ROC 曲线示意图

5. AUC 值

AUC（Area Under the ROC Curve，ROC 曲线下的面积）值给出的是分类模型的平均性能值。AUC 值越大，模型性能越好。如图 6-11（b）所示，模型 1 的 AUC 值大于模型 2 的，表明模型 1 的性能优于模型 2 的。一个完美的分类模型的 AUC 值为 1.0，而随机猜测的模型的 AUC 值则为 0.5。

上述这些指标和概念对于理解和评估图像分类模型的性能至关重要，尤其是在需要对不同类别的错误类型进行细致分析时。

6.1.3 数据驱动的图像分类系统的基本范式

在计算机视觉领域，大多数图像分类方法都属于有监督学习范畴。这类方法包含两个过程：训练和决策。

训练过程的目标是在选定分类模型的前提下，利用有标签训练样本找到最优的分类模型参数，流程图如图 6-12（a）所示。首先，我们对输入图像进行特征提取，以形成图像的特征表示，这一步的作用是降低数据维度、减少冗余信息，同时保留关键的特征，进而帮助模型后续更好地理解和处理数据；然后，将图像表示输入分类模型，获得预测结果；接着，使用损失函数衡量预测类别与实际图像类别之间的差异，并计算分类模型的经验/结构风险值；最后，在经验/结构风险值的引导下，通过优化算法更新分类模型的参数。需要特别指出的是，图像表示的有效性对分类模型的性能影响重大，因此，图像特征提取一直以来都是计算机视觉领域的重点问题。

决策过程的流程如图 6-12（b）所示。对于给定的输入图像，首先使用与训练阶段相同的特征提取方法获得其图像表示，然后将其输入已训练好的图像分类模型，获取最终的分类预测结果。

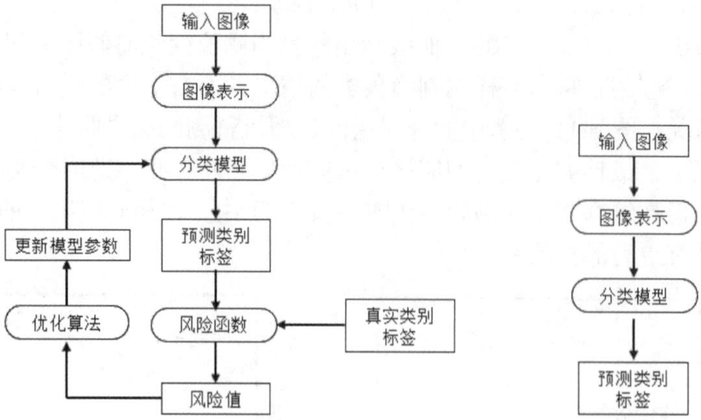

（a）训练过程　　（b）决策过程

图 6-12　图像分类模型的训练过程和决策过程

6.2 词袋模型与图像检索

图像表示的目标是将图像转换为计算机能够理解的数学或向量形式，并捕捉图像中的关键特征。在图像分类任务中，图像表示至关重要，直接影响着分类模型的性能。本节介绍一种常用的图像表示方法——基于词袋模型的图像表示方法。

词袋模型最早应用于文本分析任务，由于其简单高效，后被引入计算机视觉领域，成为一种经典的图像表示方法。为此，我们首先描述基于词袋模型的文本表示方法，然后介绍词袋模型在图像表示中的应用。

6.2.1 文本词袋模型

词袋模型是自然语言处理中常用的文本表示方法之一，其基本概念是将文本看作无序的词汇集合，忽略了各个词出现的顺序，只关注文本中各个词出现的频率。具体而言，词袋模型将文本表示为一个包含所有词的向量，每个维度对应一个词，而向量的值是相应词在文本中出现的次数。

构建词袋模型的基本步骤如下。

（1）构建词汇表：提取文档集合出现的所有词构建词汇表。

（2）表示文本：对每个文本进行表示，生成一个与词汇表长度相同的向量。向量的每个元素对应词汇表中的一个词，其值表示该词在文本中的出现次数。

接下来，我们通过一个简单的例子来展示词袋模型的使用方法。

假设某个文档集合由以下两个文档组成。

文档 1：“计算机视觉是机器学习的重要应用领域。”

文档 2："词袋模型是一种常用的文本表示方法。"

首先，我们构建一个包含文档集中所有出现的词的词汇表。

词汇表：["计算机视觉"，"是"，"机器学习"，"的"，"重要"，"应用"，"领域"，"词袋模型"，"一种"，"常用"，"文本"，"表示"，"方法"]。

然后，使用词袋模型表示这两个文档。

对于文档 1，词袋表示为[1,1,1,1,1,1,1,0,0,0,0,0,0]，其中，词汇表中的第一个词"计算机视觉"在文档 1 中出现了 1 次，于是向量的第一个位置的值为 1；词汇表中的第二个词"是"在文档 1 中出现了 1 次，于是向量第二个位置的值为 1，以此类推。

对于文档 2，词袋表示为[0,1,0,1,0,0,0,1,1,1,1,1,1]。同样，向量的每个位置表示了词汇表中该位置的词在文档 2 中的出现次数。

通过这个例子可以看到，利用词袋模型，可以容易地将给定的文档转换为计算机方便处理的数学形式。

6.2.2 TF-IDF 加权

在真实应用中，直接使用上述词袋模型进行文档表示常面临如下困境：某些通用词在不同类型的文档中频繁出现，但它们并不具备很强的区分能力，比如"的""地""得"等。如果将这些对文档分类贡献较小的词视为关键词，会严重影响文档表示的有效性。

解决这一问题的有效途径之一，就是引入 TF-IDF（Term Frequency-Inverse Document Frequency，词频-逆文档频率）。它是机器学习领域常用的一种加权算法，用于评估词汇对于文档的重要程度。TF-IDF 算法的核心思想是：如果某一词在某篇文档中频繁出现，但在其他文档中鲜有出现，则认为该词具有非常好的类别区分性，能够反映该文档的特点。更具体来说，一个词对于一篇文档的重要程度与其在文档中出现的次数成正比，与整个文档集合中包含该词的文档个数成反比。

TF-IDF 的具体计算分为三步：词频 TF 的计算、逆文档频率 IDF 的计算以及 TF-IDF 的计算。

步骤一：对于给定文档，计算每个词在该文档中的词频项 TF。

$$\mathrm{TF}(t,d) = w_{\mathrm{td}} / w_d \tag{6-5}$$

其中，w_{td} 表示词 t 在文档 d 中出现的次数，w_d 表示文档 d 的总词数。一般说来，在文档中出现次数越多的词，它的 TF 值越大，重要性也就越高。

步骤二：计算每个词汇的逆文档频率项 IDF。

$$\mathrm{IDF}(t,D) = \log(D+1)/(d_{\mathrm{tn}}+1)+1 \tag{6-6}$$

其中，log 表示取自然对数，D 表示文档集的文档数量，d_{tn} 表示文档集中包含词 t 的文档数量。右式第一项的分母加 1 是为了避免分母为 0；第二项加 1，是为了避免所有样本中都含有某个词时，IDF 值为负数的情况。可以看出，词 t 的 d_{tn} 越大，IDF 值就越小，重要性就越低。

步骤三：计算每个词汇在该文档中的 TF-IDF 权重。

$$\mathrm{TF-IDF}(t,d,D) = \mathrm{TF}(t,d) \times \mathrm{IDF}(t,D) \tag{6-7}$$

从式（6-7）可以看出，TF-IDF 值同时考虑了单词的词频与逆文档频率，因此，计算出来的权重能够更准确地反映单词对于文档的重要性。

接下来，我们以文档 1 中的"计算机视觉"和"的"这两个词为例讲解 TF-IDF 的计算步骤以及作用。

首先，计算 TF 值。

对于文档 1，TF（“计算机视觉”，文档 1）$=\frac{1}{7}\approx 0.143$；

对于文档 1，TF（“的”，文档 1）$=\frac{1}{7}\approx 0.143$。

然后，计算 IDF 值。

IDF（“计算机视觉”，文档集）$=\log\left(\frac{2+1}{1+1}\right)+1\approx 1.4$；

IDF（“的”，文档集）$=\log\left(\frac{2+1}{2+1}\right)+1=1$。

最后，计算 TF-IDF 值。

对于文档 1，TF-IDF（“计算机视觉”，文档 1，文档集合）$=0.143\times 1.4=0.2$；

对于文档 1，TF-IDF（“的”，文档 1，文档集合）$=0.143\times 1=0.143$。

从结果可以看出，对于文档 1，词“计算机视觉”的重要性要高于词“的”。

总体上来说，词袋模型简化了文档的表示，使得计算机能够更轻松地处理和分析文档信息。但词袋模型也存在明显的缺陷，即忽略了文档中词的出现顺序以及上下文信息。但是，这并不妨碍词袋模型成为文本分类、情感分析等自然语言处理任务中最经典的文本表示方法。

6.2.3 视觉词袋模型

将词袋模型应用于图像表示时，一幅图像对应一篇文档。如果将图像看成若干具有代表性的局部区块的集合，如图 6-13（b）所示，那么每一块可以被看作是一个视觉词汇，与文档中的词汇概念对应。通过统计图像中视觉词汇出现的次数可以构建出视觉词汇的频率直方图，而该直方图的向量形式即为图像的词袋表示。

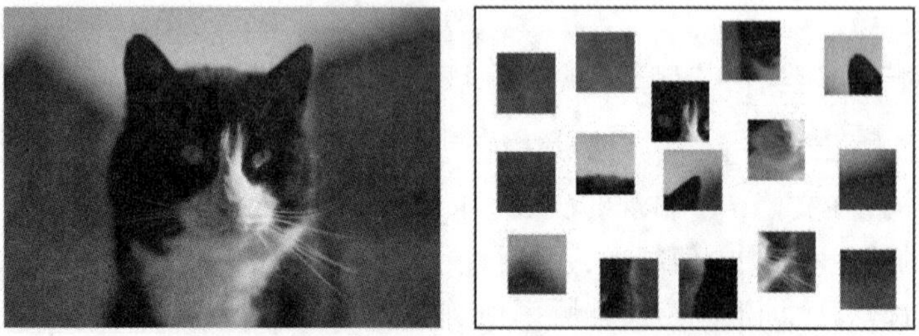

（a）图像　　（b）图像对应词袋表示

图 6-13 一张猫的图像及其对应的词袋

不同于文本领域，视觉领域没有词典的概念。因此，构建视觉词典是将词袋模型应用于图像表示的关键。

一般说来视觉词典的构建过程分为三步。图 6-14 展示了视觉词典的整体构建流程。

步骤一：提取若干具有代表性的局部区域图像块来表示图像。一种典型的做法是使用 SIFT、SURF 或者 ORB 特征检测器提取图像中所有的尺度不变区域，由这些局部区域图像块来表示图像内容。当然，也可以将图像进行均匀切分，然后用切分后的块来表示图像。

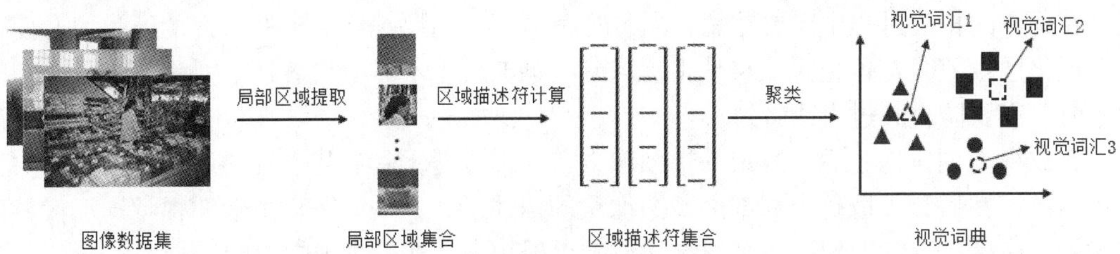

图 6-14　视觉词典的构建流程示意图

步骤二：提取局部区域图像块的描述子。计算每个区域图像块的特征描述子，完成局部区域图像块到固定维度特征向量的转变。在实际应用中，SIFT 特征描述子是常用的一种局部区域描述子。

步骤三：构建视觉词典。对数据集中所有局部区域图像块的特征描述子进行聚类，每个簇中心对应一个视觉词汇。这样每个视觉词汇可以表达一类内容相似的图像区块。

在经典的聚类方法中，K-means 是最基础、最常用的一种聚类算法。其基本思想是通过迭代来寻找 K 个簇的一种最优划分方案，使得簇内样本相似度高，簇间样本差异度大。在具体计算时，K-means 算法需要定义如下代价函数，即

$$E(\boldsymbol{u})=\sum_{i=1}^{K}\sum_{\boldsymbol{x}\in\boldsymbol{C}_i}\|\boldsymbol{x}-\boldsymbol{u}_i\|^2 \tag{6-8}$$

其中，E 为代价函数，表示各个样本距离所属簇中心的误差平方和，$\boldsymbol{C}_i$ 表示第 i 个簇的样本集合，$\boldsymbol{u}_i$ 表示第 i 个簇的中心，K 表示簇的个数，$\boldsymbol{x}$ 表示集合 $\boldsymbol{C}_i$ 中的一个样本。

将 K-means 算法应用到图像视觉词典的构建过程中，即使用 K-means 算法对图像块的特征描述子进行聚类。对于大小为 K 的视觉词典，使用 K-means 算法对图像特征向量进行聚类的一般流程如表 6-1 所示。

表 6-1　K-means 聚类算法

K-means 聚类算法
输入：所有图像中提取到的特征描述子向量集合 $\boldsymbol{D}$，词典大小 K
输出：包含 K 个词汇的视觉词典
1. 从集合 $\boldsymbol{D}$ 中随机选择 K 个特征描述子向量作为初始中心 $\{\boldsymbol{u}_1,\boldsymbol{u}_2,\ldots,\boldsymbol{u}_K\}$。
2. 循环执行，直到所有中心向量均不再更新：
令 $\boldsymbol{C}_i=\varnothing(i\leqslant i\leqslant K)$。
对于所有 $j=1,2,\ldots,m$：
计算样本 $\boldsymbol{x}_j$ 与各个中心向量 $\boldsymbol{u}_i(1\leqslant i\leqslant K)$ 的距离：
$d_{ji}=\|\boldsymbol{x}_j-\boldsymbol{u}_i\|_2$
根据距离最近的中心向量确定 $\boldsymbol{x}_j$ 的簇标记：$\alpha_i=\arg\min_{i\in\{1,2,\ldots,K\}} d_{ji}$。
将样本 $\boldsymbol{x}_j$ 划分到相应的簇：$\boldsymbol{C}_{\alpha_i}=\boldsymbol{C}_{\alpha_i}\cup\{\boldsymbol{x}_j\}$。
对于所有 $i=1,2,\ldots,K$：
计算新的中心向量：$\boldsymbol{u}_i'=\frac{1}{\lvert\boldsymbol{C}_i\rvert}\sum_{\boldsymbol{x}\in\boldsymbol{C}_i}\boldsymbol{x}$。
如果 $\boldsymbol{u}_i'\neq\boldsymbol{u}_i$，则将当前中心向量替换为 $\boldsymbol{u}_i'$；否则保持不变。
3. 输出 K 个中心向量，即视觉词典。

在词典的构建过程中需要注意，词典的大小 K 是需要提前指定的。K 的值过大会使得模型泛化性较差，K 的值过小会使得提取到的词典词汇不具有代表性。因此，在设置 K 的大小时，需要防止其过大或者过小。

完成视觉词典构建后，给定一幅图像，首先提取若干具有代表性的局部区域图像块来表示图像；然后，提取每个局部区域图像块的描述子，并用其距离最近的视觉词汇代替该描述子；最后，统计图像中每个视觉词汇的出现频率，即可实现图像的词袋表示。

6.2.4 动手实践：基于词袋模型的图像检索

1．实践目标

图像检索是计算机视觉中的一个重要研究方向，旨在从一个大型图像数据库中找到与给定查询图像相似的图像。在当今数字化时代，图像数据的快速增长使得图像检索技术变得日益重要。图像检索系统可以帮助用户在海量图像数据中快速定位和获取感兴趣的图像，有助于图像管理、检索、分析等应用领域的发展。传统的基于文本的图像检索依赖于图像的元数据，如标签、标题和描述等。然而，这种方法受限于人工标注的准确性和完整性，无法充分利用图像的视觉信息。

基于内容的图像检索通过提取和利用图像的视觉特征，如颜色、纹理和形状，来实现图像检索。词袋模型是一种常用于文本检索的模型，已经被成功应用于图像检索领域。词袋模型通过将图像的局部特征量化为“视觉单词”，并用这些视觉单词的频率直方图来表示图像。

本实验将通过具体实验代码，在理解词袋模型的原理和方法的基础上，结合 SIFT 局部特征检测方法从图像中提取特征，验证词袋模型在图像特征表示方面的有效性。通过本实验，可以加深对词袋模型在图像检索领域应用的理解，为实际应用中的图像检索系统提供理论和实践依据。

2．实践内容

本实验将利用词袋模型创建基于内容的图像检索系统，创建合适的数据库，选取一个小型公开数据集，选取不同的类别，每个类别可以选择多个图像。本实验从 Inria Holidays 数据集选取了 26 个类别，每个类别 2～5 幅图，共 67 幅图像。系统通过识别输入图像特征，能够快速检索数据库，最终返回相似的图像作为检索结果。为了提高图像检索的精度，我们可以使用 TF-IDF 加权方法对视觉单词进行加权，从而更好地表示图像特征。TF-IDF 是一种衡量单词在文档中重要性的方法，在图像检索中可以用于衡量视觉单词在图像中的重要性。

3．实践步骤

（1）特征提取

使用 SIFT 算法提取图像的局部特征，对每幅图像使用 SIFT 算法提取局部特征，形成特征描述子。

```
# 读取图像并提取特征（SIFT 特征）
def extract_features(image_paths):
    sift = cv2.SIFT_create()
```

```python
    descriptors_list = []
    for image_path in tqdm(image_paths, desc="提取特征"):
        image = cv2.imread(image_path, cv2.IMREAD_GRAYSCALE)
        keypoints, descriptors = sift.detectAndCompute(image, None)
        if descriptors is not None:
            descriptors_list.append(descriptors)
    return descriptors_list
```

（2）构建词袋模型

将所有图像的特征描述子汇总，使用 K-Means 聚类算法进行聚类，将所有图像的 SIFT 特征量化为视觉单词，形成视觉词汇表。

```python
# 生成词袋模型（词汇表）
def create_vocabulary(descriptors_list, num_clusters):
    all_descriptors = np.vstack(descriptors_list)

    kmeans = KMeans(n_clusters=num_clusters, random_state=42)
    with tqdm(total=num_clusters, desc="建立词袋模型") as pbar:
        kmeans.fit(all_descriptors)
        pbar.update(num_clusters)
    vocabulary = kmeans.cluster_centers_
    return vocabulary, kmeans
```

（3）构建词袋直方图

对每幅图像构建词袋直方图，对图像特征进行特征表示。

```python
# 生成图像的 BoW 直方图
def compute_bow_histogram(descriptors, vocabulary, kmeans):
    histogram = np.zeros(len(vocabulary))
    cluster_assignments = kmeans.predict(descriptors)
    for cluster_index in cluster_assignments:
        histogram[cluster_index] += 1
    return histogram
```

（4）图像检索

实现图像检索功能，通过计算查询图像与数据库图像的余弦相似度进行图像检索，返回相似度最高的 3 幅图像。

```python
def retrieve_image(query_image_path, image_paths, bow_histograms_tfidf, vocabulary,
        kmeans, scaler, tfidf_transformer,top_k=3):
    # 提取查询图像的特征
    sift = cv2.SIFT_create()
    query_image = cv2.imread(query_image_path, cv2.IMREAD_GRAYSCALE)
    keypoints, descriptors = sift.detectAndCompute(query_image, None)

    if descriptors is not None:
        query_histogram = compute_bow_histogram(descriptors, vocabulary, kmeans)
        query_histogram = tfidf_transformer.transform([query_histogram]).toarray()
        query_histogram = scaler.transform(query_histogram)

        # 计算查询图像与库中图像的余弦相似度
        similarities = cosine_similarity(query_histogram, bow_histograms_tfidf)
        sorted_indices = np.argsort(similarities[0])[::-1][:top_k]
```

```
        # 返回最相似的图像路径
        similar_images = [(image_paths[idx], similarities[0][idx]) for idx in
            sorted_indices]
        return similar_images
    else:
        return []
```

4．实验结果及分析

输入图像路径和数据集路径，运行下列代码实现在数据集中检索与输入图像的同类特征相似的图像，实现图像检索的功能。

```
import os
import cv2
import numpy as np
from sklearn.cluster import KMeans
from sklearn.preprocessing import StandardScaler
from sklearn.feature_extraction.text import TfidfTransformer
from sklearn.metrics.pairwise import cosine_similarity
from tqdm import  tqdm
# 配置参数
num_clusters = 20  # 词汇表大小（簇的数量）
image_dir = r'G:\inria'  # 图像目录
# 读取图像路径
image_paths = [os.path.join(image_dir, fname) for fname in os.listdir(image_dir)
              if fname.endswith('.jpg')]
# 提取特征
descriptors_list = extract_features(image_paths)
# 创建词袋模型
vocabulary, kmeans = create_vocabulary(descriptors_list, num_clusters)

# 为每个图像生成 BoW 直方图
bow_histograms = []
for descriptors in tqdm(descriptors_list, desc="生成 BoW 直方图"):
    if descriptors is not None:
        histogram = compute_bow_histogram(descriptors, vocabulary, kmeans)
        bow_histograms.append(histogram)

# 转换为 TF-IDF 表示
tfidf_transformer = TfidfTransformer()
bow_histograms_tfidf = tfidf_transformer.fit_transform(bow_histograms).toarray()

# 标准化直方图
scaler = StandardScaler().fit(bow_histograms_tfidf)
bow_histograms_tfidf = scaler.transform(bow_histograms_tfidf)

# 测试图像检索
query_image_path = r'G:\query\101000.jpg'  # 查询图像路径
similar_images = retrieve_image(query_image_path, image_paths, bow_histograms_tfidf,
                vocabulary, kmeans, scaler, tfidf_transformer)
print("相似的图像及相似度:", similar_images)
```

输入系统中要检索的文件名为“101000”的图像如图 6-15 所示，系统的输出结果即被检索到的 3 幅图像，如图 6-16 所示，图 6-16（a）是同一个场景下的相同酒瓶，其相似度最高，为 0.9128；图 6-16（b）是同一张桌子的不同物品，其相似度为 0.8319；图 6-16（c）为其他完全不同的场景，其相似度最低，为 0.7209。

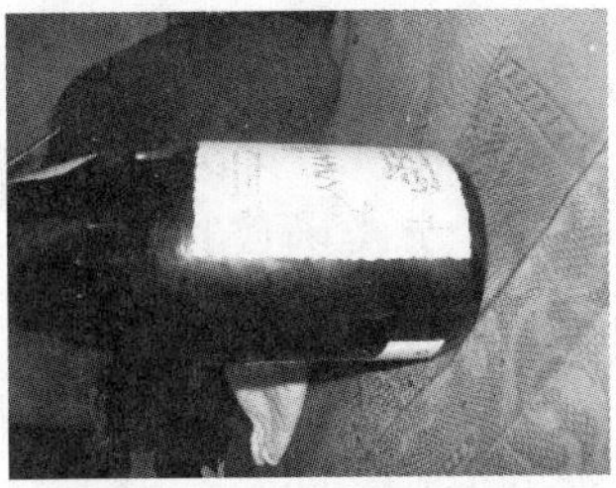

图 6-15　输入被检索的图像

（a）相似度 0.9128　（b）相似度 0.8319　（c）相似度 0.7209

图 6-16　被检索到的 3 幅图像，在 Inria Holidays 数据集中最相似的图像文件名为“101001”，和系统检索的相似度最高的图像一致，成功被检索

6.3 基于词袋模型的图像分类

除了图像表示，构建一个图像分类系统还需要确定分类模型、学习策略与优化算法。接下来我们从模型的三要素出发，详细阐述基于线性多类支撑向量机的图像分类模型的各个组成部分。

6.3.1 线性分类模型

线性分类模型

线性分类模型是一种线性模型。假定样本数据 $\boldsymbol{x}=(x_1,x_2,\cdots,x_d)$ 包含 d 个属性，x_i 表示数据 $\boldsymbol{x}$ 的第 i 个属性的值。线性模型通过线性方式聚合数据的各个属性值来预测结果，其一般的数学形式如下

$$f(\boldsymbol{x})=w_1x_1+w_2x_2+\cdots+w_dx_d+b \tag{6-9}$$

通常式（6-9）也可写为如下向量乘积的形式

$$f(\boldsymbol{x})=\boldsymbol{w}^{\mathrm{T}}\boldsymbol{x}+b \tag{6-10}$$

当学习到权值参数 $\boldsymbol{w}=[w_1,w_2,\cdots,w_d]^{\mathrm{T}}$ 和 b 后，线性模型将被确定。

举例来说，假设学习到的预测函数为 $f(\boldsymbol{x})=0.3x_1+0.2x_2+0.5x_3+2$，则说明该函数通过 3 个属性来判断数据 $\boldsymbol{x}$ 的预测输出，其中第三个属性的重要性大于第一个和第二个属性，第一个属性的重要性大于第二个属性。由此可见，权值参数 $\boldsymbol{w}$ 直观地表达了各个属性在预

测过程中的重要性，因此线性模型具有很好的可解释性。

用于解决分类问题的线性模型也被称为线性分类模型。在线性分类模型中，我们将线性模型视为一种线性映射函数，把输入的数据映射为不同类别标签所对应的分类分数。对于第 i 个类别的线性分类函数，其定义如下

$$f_i(\boldsymbol{x}) = \boldsymbol{w}_i^{\mathrm{T}}\boldsymbol{x} + b_i, \qquad i = 1,\cdots,c \tag{6-11}$$

通常来说，一个线性分类模型由多个线性分类函数组成，函数的个数由类别数 c 决定。给定一个训练好的线性分类模型（每个分类函数的 $\boldsymbol{w}_i$ 和 b_i 已确定）和一张待分类图像的特征表示向量 $\boldsymbol{x}$，我们可以依据式（6-11）计算当前图像的各个类别分数，然后，将类别分数最高的那个分类函数对应的类别标签赋予当前图像，完成其类别划分。

线性分类模型还可以写成矩阵的形式，即

$$\boldsymbol{f} = \boldsymbol{W}\boldsymbol{x} + \boldsymbol{b} \tag{6-12}$$

式中，$\boldsymbol{f} = [f_1,\cdots,f_c]^{\mathrm{T}}$，$\boldsymbol{W} = [\boldsymbol{w}_1,\cdots,\boldsymbol{w}_c]^{\mathrm{T}}$，$\boldsymbol{b} = [b_1,\cdots,b_c]^{\mathrm{T}}$。

分类模型的参数 $\boldsymbol{W}$ 和 $\boldsymbol{b}$ 是在训练阶段被确定的。在此过程中，优化算法依据结构风险函数的值来调整模型参数，进而实现模型性能提升。为此，接下来我们介绍线性多类支撑向量机的学习策略。

多类支持
向量机损失

6.3.2 多类支持向量机损失

结构风险最小化策略获得的模型通常具有更好的泛化性。对于线性多类支撑向量机模型而言，结构化风险具体化为如下形式

$$\frac{1}{N}\sum_{i=1}^{N} L(f(\boldsymbol{x}_i;\boldsymbol{W},\boldsymbol{b}), y_i) + \lambda\Omega(\boldsymbol{W}) \tag{6-13}$$

其中，$\boldsymbol{W}$ 和 $\boldsymbol{b}$ 为线性模型的权值矩阵和偏置向量。而最小化式（6-13）需要给出损失函数与正则项的具体实现。

本节中，我们将介绍一种分类任务常用的损失函数，即多类支撑向量机损失函数。

令线性分类模型给出的第 i 个样本在第 j 个类别上的预测分数为 s_{ij}，即

$$s_{ij} = f_j(\boldsymbol{x}_i;\boldsymbol{w}_j,b_j) = \boldsymbol{w}_j^{\mathrm{T}}\boldsymbol{x}_i + b_j, \qquad j = 1,\cdots,c \tag{6-14}$$

其中，j 是类别标签，$\boldsymbol{w}_j$ 和 b_j 是第 j 个类别的分类函数的权值向量与偏置，$\boldsymbol{x}_i$ 表示数据集中第 i 个样本。

如果已知样本 $\boldsymbol{x}_i$ 的所有类别预测分数以及其真实类别的标签 y_i，则多类支撑向量机损失定义如下

$$L(f(\boldsymbol{x}_i;\boldsymbol{W},\boldsymbol{b}), y_i) = \sum_{j \neq y_i} \begin{cases} 0, & S_{iy_i} \geqslant S_{ij} + 1 \\ S_{ij} - S_{iy_i} + 1, & 其他 \end{cases} \tag{6-15}$$

式（6-15）表明，如果第 i 个样本真实类别 y_i 的预测分数 S_{iy_i} 大于其第 j 个类别的预测分数 S_{ij} 加 1，则当前样本的第 j 个类别损失值为 0，反之，则产生大于 0 的损失值。把所有除真实

类别以外的类别损失累加，就得到了当前样本 i 对于当前模型的损失值。需要说明的是，要求 S_{iy_i} 大于 S_{ij} 一分以上，有助于提升分界面的几何间距，增加分类模型的泛化性。

在其他文献中，多类支撑向量机损失还可能写成如下形式

$$L(f(\boldsymbol{x}_i;\boldsymbol{W},\boldsymbol{b}),y_i)=\sum_{j\neq y_i}\max(0,S_{ij}-S_{iy_i}+1) \tag{6-16}$$

式（6-15）与式（6-16）完全等价。将该损失函数的函数曲线可视化出来，我们会发现这个函数有点像连接门与门框的折页，因此，它也被称为折页损失。

接下来，将式（6-16）中的 S_{ij} 和 S_{iy_i} 展开，可得多类支持向量机损失的最终形式，即

$$L(f(\boldsymbol{x}_i;\boldsymbol{W},\boldsymbol{b}),y_i)=\sum_{j\neq y_i}\max(0,\boldsymbol{w}_j^{\mathrm{T}}\boldsymbol{x}_i+b_j-\boldsymbol{w}_{y_i}^{\mathrm{T}}\boldsymbol{x}_i-b_{y_i}+1) \tag{6-17}$$

为了防止过拟合，结构风险在经验风险的基础上加入正则项 $\Omega(\boldsymbol{W})$ 来控制优化过程中模型的复杂度。一般说来，正则项函数 $\Omega(\boldsymbol{W})$ 是一个与模型参数有关而与数据无关的函数。

这里，我们使用 L_2 正则项，其公式如下

$$\Omega(\boldsymbol{W})=\sum_{k=1}^{c}\|\boldsymbol{w}_k\|^2 \tag{6-18}$$

其中，$\boldsymbol{W}=[\boldsymbol{w}_1,\cdots,\boldsymbol{w}_c]^{\mathrm{T}}$ 表示模型的权值参数矩阵，$\boldsymbol{w}_k$ 表示第 k 个类的权值向量。

将式（6-17）与式（6-18）代入式（6-13），我们得到最终的结构风险函数为

$$\frac{1}{N}\sum_{i=1}^{N}\sum_{j\neq y_i}\max(0,\boldsymbol{w}_j^{\mathrm{T}}\boldsymbol{x}_i+b_j-\boldsymbol{w}_{y_i}^{\mathrm{T}}\boldsymbol{x}_i-b_{y_i}+1)+\sum_{k=1}^{c}\|\boldsymbol{w}_k\|^2 \tag{6-19}$$

接下来，我们以一个具体的例子来展示正则项的作用。

假设样本集仅包含一个样本 $\boldsymbol{x}=[1,1,1,1]^{\mathrm{T}}$，分类模型 1 和分类模型 2 的权值向量分别是 $\boldsymbol{w}_1=[1,0,0,0]^{\mathrm{T}}$ 和 $\boldsymbol{w}_2=[0.25,0.25,0.25,0.25]^{\mathrm{T}}$，两个模型的偏置值均为 0。基于式（6-10）可知，两个分类模型对样本 $\boldsymbol{x}$ 的打分均为 1。仅从经验风险［式（6-19）中的第一项］来看，两者的损失值一样。但是，对于正则项［式（6-19）中的第二项］而言，两者不一样。模型 1 的正则项的值为 1，模型 2 的正则项的值为 0.25。因此，从结构风险（经验风险+正则项）的角度来看，第二个分类模型抵御风险的能力更强，即泛化能力更好。那么第二个分类模型到底有什么优点呢？这是一个有意思的话题。从 $\boldsymbol{w}_2$ 的值我们可以看到，第二个模型倾向于使用所有的属性维度来做最后的分数预测，而不像模型 1 仅使用样本的第一个属性进行预测。这跟投资领域常说的将鸡蛋放在多个篮子里的道理一样，其可以有效地分散风险。

总体上来说，L_2 正则项对大数值权值进行惩罚，喜欢数值分散的权值，鼓励分类模型将所有维度的特征都用起来，而不是强烈地依赖其中少数几维特征，以此提升分类模型的泛化性能。

6.3.3 模型优化

给定训练数据、损失函数与正则项，模型的分类性能可以通过不断调整模型参数，逐步减小结构风险来获得提升。这个过程被称为模型的“学习”或系统的优化过程，而在机器学习中，选择合适的优化算法直接关系到学习的效率和最终模型性能。

令 $J(\boldsymbol{\theta})$ 表示结构风险函数，它是一个与模型参数向量 $\boldsymbol{\theta}$ 有关的函数，例如式（6-19）

所示的结构风险函数。

$$J(\boldsymbol{\theta})=\frac{1}{N}\sum_{i=1}^{N}L(f(\boldsymbol{x}_i;\boldsymbol{\theta}),y_i)+\lambda\Omega(\boldsymbol{\theta}) \tag{6-20}$$

在线性多类支撑向量机优化任务中，$\boldsymbol{\theta}=[\boldsymbol{w}_1^{\mathrm{T}},\cdots,\boldsymbol{w}_c^{\mathrm{T}},b_1,\cdots,b_c]^{\mathrm{T}}$。

优化算法的目标是寻找一组最优参数向量 $\hat{\boldsymbol{\theta}}$，使结构风险最小化。理论上说，令 $J(\boldsymbol{\theta})$ 对参数 $\boldsymbol{\theta}$ 的导数等于 0 来构建方程组，可求解最优参数向量。但结构风险函数 $J(\boldsymbol{\theta})$ 通常具有复杂形式，直接求解上述方程组获得最优参数是困难的，为此，接下来我们介绍一种基于梯度下降的优化算法。

梯度下降算法及其改进

梯度下降算法是一种迭代的优化方法，通过逐步更新参数来最小化结构风险，获得最优的参数向量 $\hat{\boldsymbol{\theta}}$。梯度下降算法的具体步骤如下。

（1）初始化参数：随机或使用某种启发式方法初始化模型参数 $\boldsymbol{\theta}$。

（2）计算梯度：计算结构风险函数 $J(\boldsymbol{\theta})$ 关于模型参数 $\boldsymbol{\theta}$ 的梯度，用向量表示为

$$\nabla J(\boldsymbol{\theta})=\left[\frac{\partial J}{\partial\theta_1},\frac{\partial J}{\partial\theta_2},\cdots,\frac{\partial J}{\partial\theta_n}\right] \tag{6-21}$$

式中，$\dfrac{\partial J}{\partial\theta_i}$ 是结构风险函数对第 i 个参数 θ_i 的偏导数。

（3）更新参数：使用学习率 η 乘以梯度，完成参数的更新。

$$\boldsymbol{\theta}=\boldsymbol{\theta}-\eta\nabla J(\boldsymbol{\theta}) \tag{6-22}$$

（4）重复迭代：重复步骤（2）和步骤（3），直至满足停止条件。停止条件可以是达到预定的迭代次数、结构风险函数收敛到某个阈值，或梯度的大小足够小。

梯度下降的三个主要变种与上述步骤类似，区别在于梯度计算和参数更新的方式。

- 批量梯度下降：每次迭代使用整个训练数据集，梯度计算和参数更新的公式保持不变。
- 随机梯度下降：每次随机选择一个样本 $\boldsymbol{x}_i$，梯度计算和参数更新的公式变为

$$\boldsymbol{\theta}=\boldsymbol{\theta}-\eta\nabla(L(f\left(\boldsymbol{x}_i;\boldsymbol{\theta}\right),y_i)+\lambda\Omega(\boldsymbol{\theta})) \tag{6-23}$$

- 小批量梯度下降：每次迭代使用一小部分样本，梯度计算和参数更新的公式同样适用，只是梯度的计算是对小批量样本的求和平均。

总体而言，梯度下降算法是一种强大的优化方法，其数学描述提供了结构风险函数梯度和参数更新的清晰理解，为机器学习模型的训练提供了可靠的理论基础。

至此，我们介绍完了基于线性多类支撑向量机的图像分类方法的三要素。配合前述的图像表示方法，即可实现一套完整的图像分类系统。

6.3.4 欠拟合与过拟合

训练过程中，如果一味追求模型对训练数据的拟合程度，往往会导致最终获得的模型存在过拟合（over-fitting）问题。过拟合指的是在学习过程中模型变得过于复杂，在训练集上表现优异，但面对新的数据（即测试集）时，性能却大打折扣。在这种情况下，模型可能只是记住了训练集的具体数据值，而没有真正学到数据中的模式或者规律。

模型训练过程中，我们可以通过观察训练集和验证集上的精度曲线来发现过拟合现象。一般说来，当模型在两个集合的性能差异超过一定的阈值时就可以认为发生了过拟合，如图 6-17（a）所示。

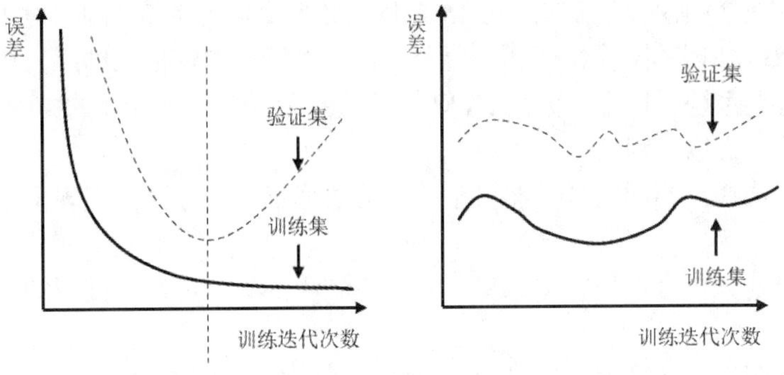

（a）过拟合判定　　（b）欠拟合判定

图 6-17　过拟合与欠拟合的判定

应对模型过拟合的一种简单而有效的方法就是提前停止训练，即早停法。在训练过程中，当验证集上的误差小于先前记录的最小误差时，将其视为新的最小误差，并保存当前的模型参数，然后继续训练模型。如果在一定的迭代次数后没有出现新的最小误差，就认为模型可能开始过拟合，此时应停止训练。这时把在验证集上误差最小时的模型作为最优模型。

除此之外，另一种常用的有效方法是在损失函数中添加正则项，并使用结构风险最小化策略来学习模型参数。正则项通过对复杂模型的参数施加惩罚，有效地抑制模型的复杂度，从而缓解或防止过拟合的发生。这种方法鼓励模型学习更为平滑的决策边界，提高其在未见数据上的泛化能力。

与过拟合相对的情况是欠拟合，欠拟合的表现是无论训练进行到何时，模型在训练集和验证集上的误差都始终无法降低，如图 6-17（b）所示。这通常是因为模型过于简单，无法捕捉数据中的复杂规律。解决欠拟合问题的最好方法就是选择更复杂的模型，即拟合各种函数的能力更强的模型。这样可以确保模型有足够的能力来学习和表示数据中的复杂关系，从而提高模型的性能。

6.3.5　动手实践：场景图像分类

1．实践目标

在计算机视觉和机器学习领域，场景分类是一个重要的任务，旨在将输入的图像分配到预定义的场景类别中。随着数字图像的广泛应用，自动化图像分类系统的需求日益增加。场景分类作为图像分类的一个重要任务，可以应用于图像搜索、智能监控、自动驾驶等各种领域。词袋模型是一种常用的特征表示方法，特别适用于文本和图像处理任务。它通过将图像分解为局部特征并统计局部特征的出现频率来表示图像，从而提取出图像的视觉特征，并将其用于训练分类器，常用的分类器包括支持向量机（SVM）、随机森林（Random Forest）等。

本实验综合利用词袋模型、SIFT 特征点检测和 SVM 分类器设计一个场景分类系统，并在标准数据集上进行性能评估和结果分析。

2．实践内容

本实验设计一个图像分类系统，对 15 个场景数据库进行场景识别。对于给定的训练集和测试集的图像，处理其图像特征和构建分类器，进行性能评估和结果分析，实现基于词袋模型的场景分类系统，探究不同的 SVM 训练器和参数对分类性能的影响。

实验设计要考虑以下因素。

（1）分类器选择：不同的分类器对于不同的数据集和任务可能表现出不同的性能，需要进行实验比较。

（2）数据集划分：合理划分训练集、验证集和测试集，这对于模型的训练及评估至关重要。

（3）超参数调优：在模型训练过程中可能需要对分类器的超参数进行调优，以达到最佳的性能。

（4）数据库说明：scene_categories 数据集包含 15 个类别，每个文件夹是一个类别，每个类中编号前 150 号的样本作为训练样本，15 个类一共 2250 张训练样本；剩下的样本构成测试集合。

读者可以通过本书配套电子资源获取数据集详情介绍与下载链接。

3．实践步骤

（1）初始化

作为一个完整的分类系统，首先要完成数据的读取，分别读取数据集和标签，并对数据划分训练集和测试集。

```
def __init__(self, img_path):
        self.img_path = img_path                        #img_path 数据集路径
        self.load_data()

    def load_data(self):                                #读取数据
        categories = os.listdir(self.img_path)          # categories 数据集种类
        train_labels = []                               #训练集标签
        test_labels = []                                #测试集标签
        train_img_paths = []                            #训练集中图片路径
        test_img_paths  = []                            #测试集中图片路径

        for path, dirs, files in os.walk(self.img_path):
            for i, file in enumerate(files):
                if (i < 150):
                    train_img_paths.append(os.path.join(path, file))
                else:
                    test_img_paths.append(os.path.join(path, file))
            if (len(files) > 0):
                #文件夹前 150 个是训练集
                train_labels.extend([path.split('/')[-1]] * 150)
                #测试集
```

```
            test_labels.extend([path.split('/')[-1]] * (len(files) - 150))

    self.categories = categories
    self.train_img_paths = train_img_paths
    self.test_img_paths  = test_img_paths
    self.train_labels = train_labels
    self.test_labels  = test_labels
```

（2）提取 SIFT 特征

OpenCV 中提供了 SIFT 提取特征算法，写成完整的函数如下，用于提取特征点和描述子。

```
def GetSiftFeature(self):
        self.sift = cv2.SIFT_create()
        # SIFT 特征提取
        descriptors = []
        print('---------------Get SIFT feature---------------')
        for img_path in tqdm(self.train_img_paths):
            img = cv2.imread(img_path)
            feature = self.sift.detect(img)
            #feature 特征点；descriptor 描述子
            feature, descriptor = self.sift.compute(img, feature)
            descriptors.append(descriptor)
        return descriptors
```

（3）生成词汇字典

使用 K-Means 算法对描述子数据进行聚类分析，聚类中心即所需要的词汇字典。

```
def k_means(self, descriptors, k):
      kmeans_trainer = cv2.BOWKMeansTrainer(k)
      print('---------------K-means ing--------------------')
      for descriptor in descriptors:
         kmeans_trainer.add(descriptor)
      voc = kmeans_trainer.cluster()
      return voc
```

其中，cv2.BOWKMeansTrainer(k)是构造一个 BOWKMeansTrainer 类的实例，参数 k 是指定的要生成的聚类中心的数量。

（4）提取 BOW 特征描述

利用生成的词汇字典创建 BOW 特征提取器，对训练集中的每个图片进行特征提取，组成训练数据。

```
def GetBOWFeature(self, voc):
    print('---------------Get BOW feature----------------')
    '''
    FLANN 是一个用于快速检索的库，这里用于构建词袋图像描述子的匹配器。指定了 FLANN 匹配器的
    参数，使用了 KNN 算法和 5 个树算法。
    '''
    flann_params = dict(algorithm=1, tree=5)          # algorithm=1:KNN 算法

    #创建一个 FLANN 匹配器对象
    flann = cv2.FlannBasedMatcher(flann_params, {})
    self.bow = cv2.BOWImgDescriptorExtractor(self.sift, flann)
    # BOW 描述子提取器
    self.bow.setVocabulary(voc)
    #K 聚类的视觉词汇设置到词袋图像描述子提取器中
```

```
    traindata = []
    for img_path in tqdm(self.train_img_paths):
        img = cv2.imread(img_path)
        #使用 BOW 图像描述子提取器，计算当前图像的词袋特征并存储
        traindata.extend(self.bow.compute(img, self.sift.detect(img)))
    return traindata
```

（5）使用 SVM 进行训练

在计算机视觉中 SVM 被广泛应用于图像分类任务，下列代码展示了如何构建一个简单的 SVM 分类器，并利用数据集和标签进行模型训练。

```
def SVMtrain(self, traindata):
    print('---------------SVM training-------------------')
    #创建 SVM 分类器
    self.SVM = SVC(C=1000, kernel='rbf', gamma=1, decision_function_shape= 'ovo')
    SVMmodel = self.SVM.fit(traindata, self.train_labels)  #根据数据和标签进行训练
    joblib.dump(SVMmodel, './SVMmodel.model')              #保持训练好 SVM 模型
```

- C：正则化参数。
- kernel='rbf'：使用径向基函数（RBF）作为核函数。
- gamma=1：RBF 核函数的参数。
- decision_function_shape='ovo'：使用一对一（One-vs-One）的决策函数形式。

（6）应用词袋模型和 SVM 进行场景分类

在前述步骤的基础上，可以直接调用以上函数实现场景分类。

```
def fit(self, k):
    descriptors = self.GetSiftFeature()
    voc = self.k_means(descriptors, k)
    traindata = self.GetBOWFeature(voc)
    self.SVMtrain(traindata)
```

（7）模型估计

遍历测试集，对测试集图片提取 BOW 特征进行预测，并生成分类报告和混淆矩阵。

```
#通过训练好的 SVM 进行预测
def predict(self, img_path):
    img  = cv2.imread(img_path)
    data = self.bow.compute(img, self.sift.detect(img))   #提取词袋特征
    result = self.SVM.predict(data)
    return result
#在测试集上进行性能评估
def evaluate(self):
    print('---------------Evaluating--------------------')
    pred_labels = [self.predict(img_path) for img_path in tqdm
                  (self.test_img_paths)]
    print(len(pred_labels))
    #使用混淆矩阵计算模型在测试集上的性能
    cnf_matrix = confusion_matrix(
                    self.test_labels,
                    pred_labels,
                    labels=self.categories
                )
    report = classification_report(self.test_labels, pred_labels)
```

```
        print(report)
        self.print_cnf_mat(cnf_matrix)
```

（8）混淆矩阵可视化

绘制混淆矩阵，通过混淆矩阵可视化可以直观地看出分类结果。

```
def print_cnf_mat(self, cnf_matrix):
    cnf_matrix_norm = cnf_matrix.astype('float') / \
                        cnf_matrix.sum(axis=1)[:, np.newaxis]      # 归一化
    cnf_matrix_norm = np.around(cnf_matrix_norm, decimals=2)

    plt.figure(figsize=(10, 10))
    sns.heatmap(cnf_matrix_norm, annot=True, cmap='Blues')

    plt.ylim(0, 15)
    plt.xlabel('Predicted labels')
    plt.ylabel('True labels')
    tick_marks = np.arange(len(self.categories))
    plt.xticks(tick_marks, self.categories, rotation=90)
    plt.yticks(tick_marks, self.categories, rotation=45)
    plt.show()
```

4．实验结果及分析

根据上一小节代码创建 BOWandSVM 类并进行封装。

```
#K-means 聚类簇数为 100，使用 SVM 分类器，正则化项为 1000 进行训练和测试
if __name__ == '__main__':
    BOW = BOWandSVM('./data/15-Scene/')
    BOW.fit(100)
    BOW.evaluate()
```

分类结果和混淆矩阵展示如图 6-18、图 6-19 所示，可以通过调整分类器参数，如 SVM 核函数的选择和正则化项 C 的取值，来优化场景分类器的性能；或通过使用其他分离器如 LinearSVC 等进行性能对比，提示 self.SVM = LinearSVC()可创建线性支持向量分类器。

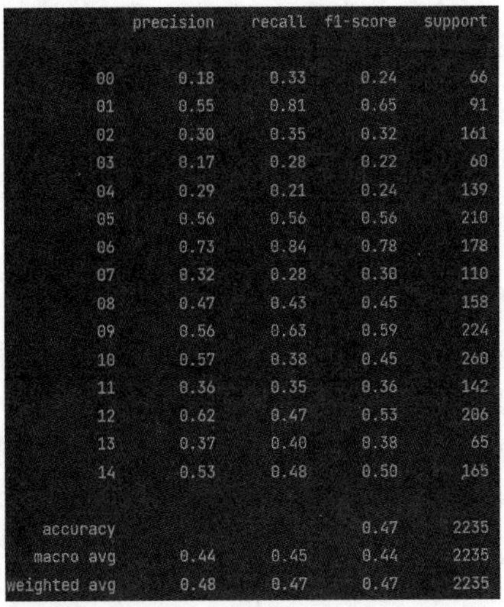

	precision	recall	f1-score	support
00	0.18	0.33	0.24	66
01	0.55	0.81	0.65	91
02	0.30	0.35	0.32	161
03	0.17	0.28	0.22	60
04	0.29	0.21	0.24	139
05	0.56	0.56	0.56	210
06	0.73	0.84	0.78	178
07	0.32	0.28	0.30	110
08	0.47	0.43	0.45	158
09	0.56	0.63	0.59	224
10	0.57	0.38	0.45	260
11	0.36	0.35	0.36	142
12	0.62	0.47	0.53	206
13	0.37	0.40	0.38	65
14	0.53	0.48	0.50	165
accuracy			0.47	2235
macro avg	0.44	0.45	0.44	2235
weighted avg	0.48	0.47	0.47	2235

图 6-18　SVM 分类器的场景分类报告

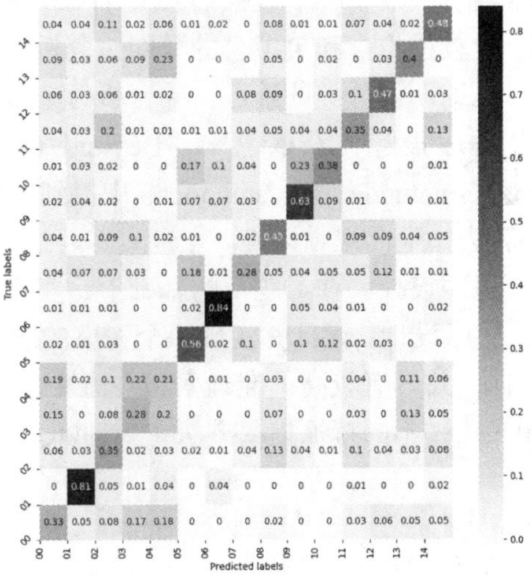

图 6-19　分类结果混淆矩阵

本章小结

图像分类一直是计算机视觉领域的基础任务之一。本章从图像分类任务的定义与难点出发，给出了数据驱动的图像分类范式，介绍了基于词袋模型的图像表示方法，描述了线性多类支持向量机分类模型的构建细节。尽管随着神经网络的发展，图像分类领域变得更加活跃，但理解传统方法的原理和步骤对于建立坚实的计算机视觉基础仍然至关重要。

习　题

1. 分析有监督学习、无监督学习、强化学习的异同，并给出各自的优缺点。
2. 机器学习建模过程中为什么需要设计损失函数？
3. 数据集划分过程中，为什么需要划分出验证集？
4. 表 6-2 中有 20 个样本数据，Class 表示真实分类，其中 1 代表正例，0 表示负例，Score 表示分类模型预测此样本为正例的概率。

表 6-2　样本数据

序号	Class	Score	序号	Class	Score
1	1	0.9	11	1	0.4
2	1	0.8	12	0	0.39
3	0	0.7	13	1	0.38
4	1	0.6	14	0	0.37
5	1	0.55	15	0	0.36
6	1	0.54	16	0	0.35
7	0	0.53	17	1	0.34
8	0	0.52	18	0	0.33
9	1	0.51	19	1	0.30
10	0	0.505	20	0	0.1

试绘制这 20 个样本数据的 ROC 曲线。

5. 比较过拟合和欠拟合的异同，分析它们各自的解决方法。
6. 总结图像分类的难点，并分析每个难点会导致图像分类出现什么问题？
7. 程序设计：获取论文“Beyond bags of features: spatial pyramid matching for recognizing natural scene categories”中提到的数据集，提取每幅图像的 SIFT 特征，并利用一个聚类算法，生成视觉词典。
8. 程序设计：在习题 7 的基础上，实现每幅图像的特征向量表示。
9. 程序设计：设计并实现一个完整的图像分类系统，该系统应能够处理实际应用中的图像数据，并具有较高的准确率和鲁棒性。
10. 探讨不同特征提取方法（如 HOG、LBP、CNN 特征等）对图像分类任务的影响。

第 7 章 目标检测与跟踪

【本章导读】

目标检测技术在自动驾驶、交通监控和机器人视觉导航等诸多场景中有着广泛的应用。本章首先介绍目标检测的基本概念，并从目标检测任务的难点出发，介绍可行的解决方案；其次，以人脸检测和行人检测为例，介绍目标检测技术中的经典算法，即基于 AdaBoost 的人脸检测算法和基于 HOG 特征的行人检测方法；最后，将深入探讨基于光流法的运动跟踪方法。

【本章学习目标】

- 了解单目标及多目标检测任务面临的挑战，分类任务与检测任务的差异和评价指标，以及基于滑动窗口的目标检测范式。
- 熟悉基于 AdaBoost 的人脸检测算法，理解基于类 Haar 特征的弱分类模型构建方法，掌握如何有效地将弱分类模型组合成一个强分类模型，以及如何构建级联结构的分类模型。
- 熟悉基于 HOG 特征的行人检测算法，掌握图像提取 HOG 特征的步骤，利用训练数据集训练行人/非行人二分类线性支持向量机模型。
- 熟悉基于光流法的运动跟踪算法，理解光流计算基本等式和 Lucas-Kanade 光流计算方法，并能够编写基于光流的车辆跟踪算法。

7.1 目标检测任务概述

目标检测任务是在图像中定位一类或多类语义对象的实例。与简单的图像分类任务相比，目标检测任务更加复杂。如图 7-1 所示，图像分类任务主要对整体图像进行分析，专注于将图像归类为预定义的类别，最后得到图像的类别标签；而目标检测任务不仅仅需要识别图像中的对象类别，还需要准确检测目标在图中的具体位置和尺寸，输出的是目标的类别标签和位置信息。

作为分类任务的进阶形式，目标检测任务面临着两个方面的挑战：首先，图像拍摄易受光照、视角、形变、遮挡、背景杂波等多种因素的影响，因此，目标对象的成像结果通常与理想图像差异明显；其次，图像中可能存在一个或多个目标，因此，其输出结果不再是单一的类别标签，而是所有目标的类别标签、位置及尺度等信息。正是这两方面的挑战，使得目标检测相比于图像分类任务而言更加困难。

（a）图像分类任务

（b）图像目标检测任务

图 7-1　分类任务与检测任务的差异

目标检测算法使用边界框（bounding box）对检测到的物体进行标记，其位置与大小分别表示物体在图像中的位置和大小。边界框常用矩形框两端点的位置坐标或者中心点坐标和矩形框长宽来表示。目标检测算法使用分类置信度来表示预测结果的可信程度。

对给定的预测边界框，我们通常使用 IoU（Intersection over Union）值来确定这次预测成功与否。IoU 是指模型预测的边界框和真实的边界框的交集与并集的比例，即

$$\mathrm{IoU}=\frac{\text{预测边界框}\cap\text{真实边界框}}{\text{预测边界框}\cup\text{真实边界框}} \tag{7-1}$$

IoU 值越高，表示预测结果越好。在实际应用中，我们会将预测边界框的 IoU 值与某个预设的 IoU 阈值（如 0.5）进行比较，若 IoU 值高于阈值，则将该检测结果判定为正样本，反之则判定为负样本。

在目标检测任务中，检测率与误检率是常用的两个衡量检测效果的评价标准。其中，检测率指正确检测出的正（人脸）样本数占总的正样本数的比率；误检率指将负（非人脸）样本误检为正样本的个数占总（正负之和）样本数的比例。

对于给定的目标检测算法，我们还可以使用均值平均正确率（mAP，mean Average Precision）值来评估其性能。mAP 的计算过程如下：首先，对该类所有检测结果依据分类置信度从高到低进行排序；然后，计算不同阈值下的准确率与召回率，并绘制准确率—召回率曲线；接下来，统计曲线下的区域面积就是该类的平均精度（AP，Average Precision）值；最后，将所有类别的 AP 进行综合加权平均得到 mAP 值，即均值平均正确率。

7.2 基于滑动窗口的目标检测范式

图像分类任务注重整体，关心整幅图像的内容语义；而目标检测任务注重局部，关心特定目标的类别和位置。在一定程度上我们可以将目标检测任务看作多个局部分类任务，在图像中枚举出所有可能的局部区域，对区域内的内容进行图像分类，判断是否包含目标对象，从而得到目标对象在原图中的位置与尺寸。

图像局部区域的枚举最常用的是滑动窗口算法，即设置好窗口大小和滑动步长，从图像左上角开始逐步移动窗口至图像右下角，提取出每步窗口所覆盖的局部图像，完成对图像局部区域的遍历。需要注意的是，当窗口较大且每次滑动步长较小时，相邻窗口之间会有较大的图像重叠，多个窗口图像中可能会同时包含同一个目标对象，这样就会导致同一个目标对象被误检测为多个目标对象。如图 7-2 所示，有多个窗口都包含了图中的这只小鸟，检测结果就会认为这些窗口中都存在一只小鸟，从而误检测出多只小鸟。所以检测结束后一般会用非最大化抑制的方法对检测结果做进一步筛选，选取出最准确的边界框。

图 7-2　对同一个目标产生了 3 个检测结果，并且每个结果都包含目标

非最大化抑制就是通过迭代，不断地用置信度最高的预测结果与其他结果做 IoU 操作，过滤那些 IoU 较大（即交集较大）的结果，并保留重合度较小的预测结果；然后继续在保留下来的结果中选取置信度最高的预测结果作为模板，与其他结果计算 IoU；直到所有的预测结果都已经被选取或筛选过。通过非最大化抑制，可以筛选出置信度高且与其他预测结果重合度低的结果，保证最后的检测结果可靠且简洁。

除了窗口重叠的问题，图像中的目标对象可能大小不一，固定的窗口大小并不能找出最优的边界框。为了进一步拓展检测的适应性，提升滑动窗口法的性能，需要扩大滑动窗口的枚举范围，一般有两种方式：设置多个不同大小的滑动窗口或者在多尺度图像上应用滑动窗口。

第一种方式简单直接，根据实际情况设置多种大小的滑动窗口，依次应用于图像，这样窗口图像就能覆盖到不同的范围，就具备了对不同大小的对象的检测能力。多尺度滑动窗口算法的流程如表 7-1 所示。

表 7-1　多尺度滑动窗口算法的流程

多尺度滑动窗口算法
输入：图像 I
输出：窗口列表 L
1. 初始化 N 种滑动窗口大小 $\{m_i \times n_i\}_{i=0}^{N-1}$
2. 对于所有 $i = 0,1,2,\cdots,N-1$：
滑动窗口 W 大小设置为 $m_i \times n_i$
3. 对于图像 I 中的所有窗口 W：
分类模型判断窗口 W
4. 如果包含目标：
记录 W 到列表 L 中
5. 对于列表 L 中的所有窗口 W：
非最大化抑制
6. 输出窗口列表 L

第二种方式是对原始图像进行处理，通过缩放操作构建图像金字塔，如图 7-3 所示。在金字塔的每一层应用滑动窗口算法，从而实现对不同大小目标对象的检测。原始图像位于金字塔的第 0 层，大小为 $H \times W$。逐层对图像进行缩小，第 i 层图像大小的计算方式为

$$H_i = H \times 2^{\left(-\frac{i}{\lambda}\right)} \tag{7-2}$$

$$W_i = W \times 2^{\left(-\frac{i}{\lambda}\right)} \tag{7-3}$$

其中 λ 是一个常数，从第 i 层到第 $i+\lambda$ 层，图像尺寸缩小了一半。

图 7-3　图像金字塔，λ 为 3，第 3 层图像大小为第 0 层图像大小的一半

除了对原始图像进行缩小外，通过放大操作构建图像金字塔同样可行。将原始图像视为图像金字塔第 λ 层，则第 0 层图像尺寸为原图像的两倍。以此类推，可生成多个尺寸放大的图像。此时，第 i 层图像大小的计算方式为

$$H_i = H \times 2^{\left(\frac{i}{\lambda}\right)+1} \tag{7-4}$$

$$W_i = W \times 2^{\left(\frac{i}{\lambda}\right)+1} \tag{7-5}$$

表 7-2 中给出了基于图像金字塔的滑动窗口算法的流程。

表 7-2　基于图像金字塔的滑动窗口算法的流程

基于图像金字塔的滑动窗口算法
输入：图像 I
输出：窗口列表 L
1. 设置滑动窗口 W 的大小
2. 构造输入图像 I 的 N 层图像金字塔 $\{I_i\}_{i=0}^{N-1}$
3. 对于所有 $i = 0,1,2,\cdots,N-1$：
对于图像 I_i 中的所有窗口 W：
分类模型判断窗口 W
4. 如果包含目标：
记录 W 到列表 L 中
5. 对于列表 L 中的所有窗口 W：
非最大化抑制
6. 输出窗口列表 L

改进后的滑动窗口算法简单、稳定、有效，但计算量大，导致时间复杂度高。虽然使用较大的滑动步长可以有效地节省计算成本，但同时也会影响检测效果。所以实际应用时需要在模型性能和计算成本上进行权衡。

7.3 基于 AdaBoost 的人脸检测

滑动窗口目标检测在图像上移动窗口并应用分类器识别目标，但计算成本高。基于 AdaBoost 的人脸检测算法优化了这一点，速度快且准确。本节介绍用 Haar 弱分类器构建强分类器并通过级联实现高效的人脸检测方法。

7.3.1 人脸检测任务概述

人脸检测，顾名思义，就是目标对象为人脸的目标检测，它是目标检测领域最早取得阶段性成功的技术。人脸检测如今已经广泛应用于人们的生活中，如大多数数码相机中已内置了人脸检测算法，以获得更好的对焦效果；各种虚拟美颜相机也需要通过人脸检测定位人脸，之后再进行美颜处理；人脸检测是人脸识别算法的第一步，也是关键的一步。

在 2000—2010 年，最为著名的人脸检测工作是维奥拉（Viola）和琼斯（Jones）提出的 AdaBoost 人脸检测算法。该算法向目标检测领域引入了 Boost 概念，使用简单的类 Haar 特征和级联的 AdaBoost 分类模型构造检测器，检测速度得到了极大的提升，并且保持了优良的检测精度。

7.3.2 AdaBoost 算法

AdaBoost 算法

AdaBoost 是 Adaptive Boosting 的缩写，由约阿夫·佛罗因德（Yoav Freund）和罗伯特·夏皮雷（Robert Schapire）对 Boosting 算法改进得到。它是 Boosting 算法中极具代表性的算法之一。

Boosting 算法是一类常用的机器学习方法，其核心思想是通过组合多个简单的弱学习模型来构建一个更强大的强学习模型。这一思想为解决直接构造强学习模型困难的问题提供了有效的新思路。在 Boosting 算法中，每个弱学习模型都被训练以尽量减少前一个弱学习模型所犯的错误。通过逐步提升每个弱学习模型的性能，最终显著提升组合得到的强学习模型的性能。

具体到分类问题，给定一个训练样本集，寻找比较粗略的分类规则（即弱分类模型）相对容易，而寻找精确的分类规则（即强分类模型）则更具挑战性。为此，基于提升的分类模型构建方法，从弱学习算法出发，通过反复迭代学习生成一系列弱分类模型。然后，将这些弱分类模型结合起来构建一个强分类模型。

基于提升的分类模型构建需要解决两个核心问题：一是如何促使后续轮次的弱分类模型重点关注当前轮次弱分类模型所犯的错误；二是如何有效地将弱分类模型组合成一个强分类模型。

针对第一个问题，AdaBoost 首先对错误率的计算方法进行了调整。它为每个样本赋予权重，并以所有错分样本的权重值的累加作为最终的错误率度量。接着，降低上一阶段正确分类样本的权重。这样，未正确分类的样本在后续迭代中将得到更多关注，逐步解决分类问题。至于第二个问题，即弱分类模型的组合问题，AdaBoost 采用了加权投票的融合策略。具体而言，它增加了分类误差率较小的弱分类模型的权重，使其在投票过程中占据更大的比重，减少了分类误差率较大的弱分类模型的权重，使其在投票过程中占据较小的比重。

接下来，我们讨论 AdaBoost 算法的具体实现步骤。给定二分类训练数据集为

$$D=\{(\boldsymbol{x}_1,y_1),(\boldsymbol{x}_2,y_2),\cdots,(\boldsymbol{x}_n,y_n)\} \tag{7-6}$$

其中，每个数据项由样本 $\boldsymbol{x}_i$ 与标签 $y_i \in \{0,1\}$ 组成，n 为数据集中的样本个数。令 $w_{t,i}$ 表示第 t 轮时样本 $\boldsymbol{x}_i$ 的权重，$\{h_j,\ j=1,2,\cdots,m\}$ 表示所有可选的弱分类模型集合，m 表示集合的大小。基于上述定义，AdaBoost 算法的具体流程如表 7-3 所示。

表 7-3　AdaBoost 算法的具体流程

AdaBoost 算法

输入：数据集 D 以及弱分类模型集合 $\{h_j, j=1,2,\cdots,m\}$

输出：强分类模型 $H(\boldsymbol{x})$

1. 初始化数据集的权值分布：

$$w_{0,i}=\frac{1}{n}, i=1,2,\cdots,n$$

2. 对于所有 $t=1,2,\cdots,T$：
3. 归一化权重：

$$w_{t,i} \leftarrow \frac{w_{t,i}}{\sum_{j=1}^{n} w_{t,j}}, i=1,2,\cdots,n$$

4. 计算每个弱分类模型 h_j 的分类错误率：

$$\epsilon_j=\sum_i w_{ti}\left|h_j(\boldsymbol{x}_i)-y_i\right|,\ j=1,2,\cdots,m$$

5. 选择最低分类错误率的模型作为当前轮的弱分类模型 $\hat{h}_t$，并将其错误率记作 $\hat{\epsilon}_t$
6. 更新权重：

$$w_{t+1,i}=w_{t,i}\beta_t^{1-e_i}, i=1,2,\cdots,n$$

其中，$\beta_t=\dfrac{\hat{\epsilon}_t}{1-\hat{\epsilon}_t}$，如果样本 $\boldsymbol{x}_i$ 分类正确，那么 $e_i=0$，否则 $e_i=1$。

7. 组合所有弱分类模型，得到强分类模型为

$$H(\boldsymbol{x})=\begin{cases}1, & \sum_{t=1}^{T}\alpha_t\hat{h}_t(\boldsymbol{x}) \geqslant \frac{1}{2}\sum_{t=1}^{T}\alpha_t \\ 0, & \text{其他}\end{cases}$$

其中，$\alpha_t=\log\dfrac{1}{\beta_t}$。

需要说明的是，AdaBoost 算法对弱分类模型的性能没有太多的要求，只要它比随机猜测好一点，就能够组合形成能力强大的强分类模型。

7.3.3　构建弱分类器

在应用 AdaBoost 算法前，需要构建弱分类模型集合。针对人脸检测任务，维奥拉和琼斯设计了一种基于类 Haar 特征的弱分类模型构建方法。

类 Haar 特征源自小波分析中的 Haar 小波变换，帕帕格奥吉奥（Papageorgiou）等人最早将 Haar 小波用于提取人脸特征。维奥拉和琼斯在此基础上进行了扩展，设计了如图 7-4 所示的三种类型的类 Haar 特征：两矩形特征、三矩形特征和四矩形特征。其中，两矩形特征的值为两个矩形区域内像素值之和的差值；三矩形特征的值为两个外部矩形区域内像素值之和与中心矩形区域内像素值之和的 2 倍的差值；四矩形特征的值为对角矩形区域内像

素之和的差值。

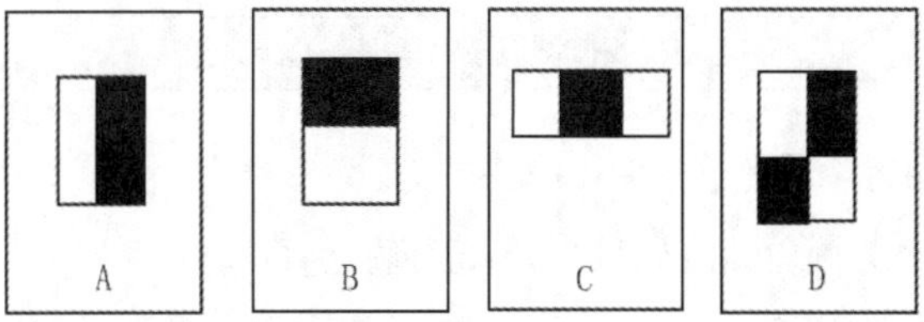

图 7-4　类 Haar 特征的三种类型（A、B 为两矩形特征，C 为三矩形特征，D 为四矩形特征）

实例化一个类 Haar 特征不仅需要确定特征的类型，还需要确定其位置（类 Haar 特征左上角在图像上的位置）、单个矩形区域的长度与宽度。因为类 Haar 特征实例内部各个矩形的尺寸是相同的，所以在实例化时只指定一个矩形区域的尺寸即可。对于一张分辨率为 24×24 的图像，通过遍历特征类型、位置、矩形区域的长度与宽度，可以获得 160000 个类 Haar 特征实例。需要特别注意的是，在遍历过程中，每个类 Haar 特征实例的各个矩形区域均需在图像内部。

类 Haar 特征的值能够有效地反映图像中的局部模式。以人脸图像为例，如图 7-5 所示，通常眼睛下面的区域要比眼睛区域具有更高的亮度，且鼻梁处的亮度相比鼻梁两侧要高，这些固定的亮度模式对于我们区分人脸与背景区域具有重要的价值。通过使用下述类 Haar 特征实例，我们可以高效地学习到这些模式。

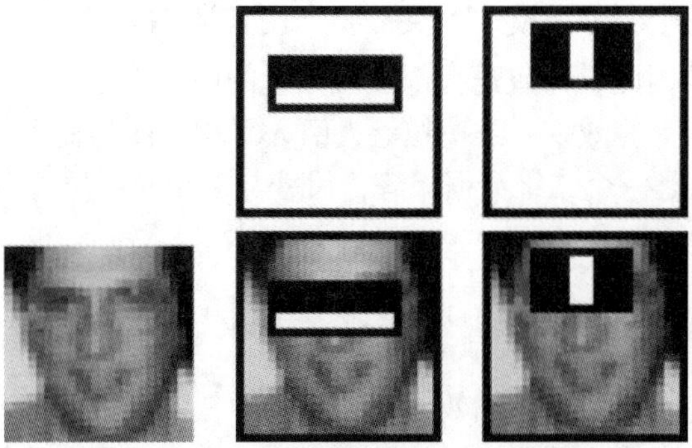

图 7-5　人脸图像中的 Haar 特征应用实例

图 7-5 中展示了两个典型的类 Haar 特征实例，第一个特征测量了眼部区域与面颊区域之间的灰度差异，第二个特征则比较了眼部区域与鼻梁的灰度。

在 AdaBoost 人脸检测算法中，每个类 Haar 特征实例 f_j 对应一个弱分类模型 h_j，即

$$h_j(\boldsymbol{x}_i)=\begin{cases}1, & p_j f_j(\boldsymbol{x}_i)<p_j\theta_j \\ 0, & \text{其他}\end{cases} \tag{7-7}$$

其中，$f_j(\boldsymbol{x}_i)$ 表示第 j 个类 Haar 特征实例对图像 $\boldsymbol{x}_i$ 的计算结果，θ_j 为分类阈值，$p_j\in\{1,-1\}$ 用于表示不等号的方向，$h_j(\boldsymbol{x}_i)$ 表示第 j 个弱分类模型对 $\boldsymbol{x}_i$ 的分类结果。弱分类模型 h_j 的最优阈值 θ_j 以及错误率 ϵ_j 按照如表 7-4 所示的流程计算。

表 7-4　最优阈值 θ_j 以及错误率 ϵ_j 的计算流程

最优阈值 θ_j 以及错误率 ϵ_j 的计算
输入：训练集 D 输出：最优阈值 θ_j，错误率 ϵ_j 1. 计算训练集中每个图像的 f_j 值，依据该值将训练样本由小到大进行排序； 2. 遍历排序列表： 对于列表中的每个元素： 计算 4 个权重和，即正样本权重的总和 T^+，负样本权重的总和 T^-，当前元素以下（不含当前元素）的正样本权重和 S^+，以及当前元素以下的负样本权重和 S^-。 将所有位于当前元素之下的样本标记为负样本，将位于当前元素之上（含当前元素）的样本标记为正样本，计算 $S^+ + (T^- - S^-)$ 的值作为正方向错误率。 将所有位于当前元素之下的样本标记为正样本，将位于当前元素之上（含当前元素）的样本标记为负样本；计算 $S^- + (T^+ - S^+)$ 的值作为负方向错误率。 比较上述两个错误率，选择较小的那个作为当前元素的错误率，即 $e = \min(S^+ + (T^- - S^-),\ S^- + (T^+ - S^+))$ 将错误率最小的元素的 f_j 值作为阈值 θ_j，并将该错误率记为当前特征的错误率 ϵ_j。同时，依据错误率的方向确定 p_j 的值。

从表 7-4 的算法流程可以观察到，AdaBoost 算法在每次迭代中需要计算所有弱分类模型的分类错误率。而每个弱分类模型 h_j 又需要利用其类 Haar 特征实例 f_j 对训练数据集中的所有图像进行运算。因此，每次迭代都涉及大量的区域像素累加求和操作。为了提高区域像素累加求和操作的计算效率，维奥拉等人引入了积分图的概念。

图像 $\boldsymbol{I}$ 的积分图 $\tilde{\boldsymbol{I}}$ 是一个二维数据矩阵，尺寸与 $\boldsymbol{I}$ 相同，位置 (x,y) 的值为 $\boldsymbol{I}$ 对应位置的左上角所有像素值之和，即

$$\tilde{\boldsymbol{I}}(x,y) = \sum_{x' \leqslant x, y' \leqslant y} \boldsymbol{I}(x',y') \tag{7-8}$$

利用积分图，我们可以简单、高效地计算图像中任意区域的像素值之和。

例如，对于图 7-6（a）中黑色区域内的像素值求和，仅需一次加法和两次减法，即

$$\text{sum} = \tilde{\boldsymbol{I}}(D) - \tilde{\boldsymbol{I}}(B) - \tilde{\boldsymbol{I}}(C) + \tilde{\boldsymbol{I}}(A) \tag{7-9}$$

对于图 7-6（b）中的一个类 Haar 特征实例的计算，仅需两次加法和三次减法，即

$$f = \tilde{\boldsymbol{I}}(D) - \tilde{\boldsymbol{I}}(B) + \tilde{\boldsymbol{I}}(C) - \tilde{\boldsymbol{I}}(A) + 2\tilde{\boldsymbol{I}}(E) - 2\tilde{\boldsymbol{I}}(F) \tag{7-10}$$

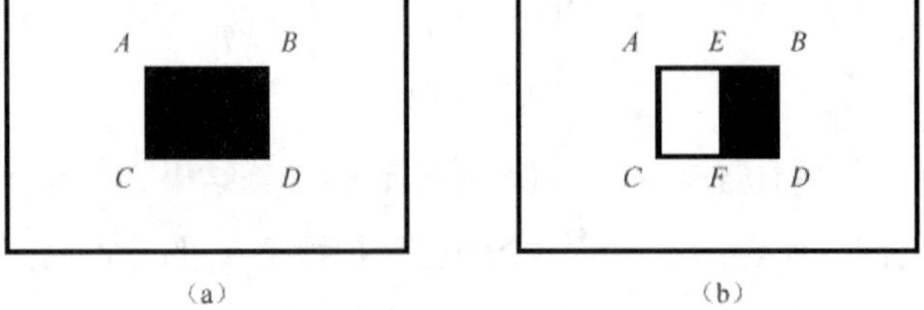

（a）　　（b）

图 7-6　积分图求解示例

请注意，积分图的计算过程只需要对图像进行一次扫描即可完成。这样，在实际计算

类 Haar 特征实例的值时，我们无须重复计算像素和，直接在积分图进行少量的加减运算即可得到特征实例的值。

7.3.4 级联结构

维奥拉等人利用 AdaBoost 算法构建了一个包含 200 个特征的强分类模型。在二分类测试数据集上，该模型取得了令人惊喜的成绩：检测率达到了 95%，而误检率仅为 1/14074。

尽管该模型在测试数据集上表现出色，但在实际的人脸检测任务中却遇到了挑战。在真实应用中，一幅图像可能包含大量的待评估窗口，其中大部分并非人脸。即使误检率只有万分之一，也会导致大量非人脸窗口被错误标记为人脸。为此，只有误检率接近10^{-6}的人脸检测模型才具备实际应用价值。另外，每个窗口都需要使用这个包含 200 个特征的检测模型进行人脸/非人脸判定，而待评估的窗口数量又非常庞大，这使得算法的计算复杂度过高，难以满足实时性要求。

为了解决上述问题，维奥拉等人提出了一种级联结构的分类模型，以满足真实场合应用所需的误检率和实时性。该模型的检测过程呈现一种逐级退化的决策树形式，即“级联”，如图 7-7 所示。当第一级强分类模型将窗口预测为正样本（人脸）时，该窗口将被送至第二级强分类模型进行评估；通过第二级评估的窗口将触发第三级分类模型的评估，以此类推。而被任意一级强分类模型判定为负样本（非人脸）的窗口将立即被拒绝，不再被后续分类模型评估。

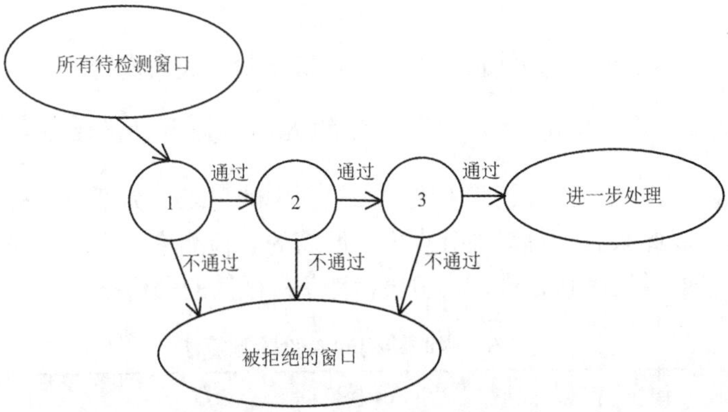

图 7-7　级联结构的人脸检测模型

在级联结构中，前面阶段的强分类模型任务简单，包含的类 Haar 特征（弱分类模型）较少，因此计算复杂度较低。随着级联的进行，后续的强分类模型面临的任务变得更加艰巨，正负样本间的差异也逐渐减小。因此，强分类模型所包含的类 Haar 特征的实例个数也相应地增加。不过，随着阶段的增加，所需评估的窗口数也急剧减少。通过该方式，级联结构模型极大地提升了计算效率，满足了实时性要求。

在维奥拉提出的级联模型中，第一级强分类模型仅包含两个特征（弱分类模型）。尽管只含有两个特征，但它却以极低的运算复杂度排除了 50%的非人脸窗口，并且检测率接近 100%。接下来的一级强分类模型具有 10 个特征，能够拒绝 70%的非人脸窗口，同时几乎可以 100%地检测到人脸窗口，这极大地减少了后续阶段强分类模型所需判定的窗口数。

在级联模型中，每个阶段的强分类模型都需要具有较高的检测率（如 0.99），但对于误报率则没有太高的要求（如 0.3）。得益于级联结构，我们可以轻松地实现10^{-6}的误检率。

在级联分类模型中，误检率可以通过以下公式计算。

$$E = \prod_{i=1}^{K} e_i \tag{7-11}$$

其中，E 是级联分类模型的误检率，K 是级联分类模型中强分类模型的个数，e_i 是第 i 级强分类模型的误检率。

同时，级联分类模型的检测率可由以下公式得出：

$$D = \prod_{i=1}^{K} d_i \tag{7-12}$$

此处，D 是级联分类模型的检测率，d_i 是第 i 级强分类模型的检测率。

基于上述公式，在给定每阶段强分类模型的检测率和误检率的前提下，我们可以计算最终的级联分类模型的检测率和误检率。例如，假设级联分类模型每级的强分类模型的检测率为 99%，误检率为 30%，则 10 个强分类模型级联后最终可以达到 90%的检测率（$0.9 \approx 0.99^{10}$），而误检率仅为 $6 \times 10^{-6} \approx 0.3^{10}$。从这点可以看出，虽然单个强分类模型的误检率很高，但是整个级联分类模型的误检率却很低。

反之，如果先确定了整个系统的误检率 $E_{\max}$ 以及每一层的误检率 e，则可以通过式（7-13）确定级联模型所需的强分类模型个数：

$$n = \log_e E_{\max} \tag{7-13}$$

表 7-5 给出了级联结构的检测模型的具体训练步骤。级联模型中的各个阶段的强分类模型是通过 AdaBoost 算法构建的。然而，原始的 AdaBoost 算法的阈值 $\frac{1}{2}\sum_{t=1}^{T}\alpha_t$ 的设定是为了获得较低的错误率，并不符合级联模型中高检测率的要求。为了提升检测率，最简单的方法是降低阈值，以此来满足每级强分类模型所需的高检测率。当然，降低阈值，也使得误检率随之增加。但通过级联方式，我们很容易获得极低的误检率。

表 7-5　级联结构的人脸检测算法

人脸检测
输入：每层分类模型可以接受的最大误检率 e 和最小的检测率 d 以及级联分类模型最终要达到的误检率 E_{target}；训练样本集，其中，P 代表所用的正样本训练集，N 代表负样本训练集 输出：级联检测模型 1. 初始化 $E_0 = 1.0$；$D_0 = 1.0$，令循环变量 $i = 0$。 2. 执行循环，确保 $E_i > E_{\text{target}}$： 　　$i \leftarrow i+1$ 　　$n_i = 0; E_i = E_{i-1}$ 3. 执行循环，确保 $E_i > e \times E_{i-1}$： 　　$n_i \leftarrow n_i + 1$ 4. 在当前训练集里，利用 AdaBoost 算法训练出一个包含 n_i 个特征的强分类模型 H_i。 5. 计算当前级联分类模型达到的 E_i 和 D_i，减小强分类模型 H_i 的阈值，直到当前级联分类模型的检测率至少达到 $d \times D_{i-1}$。 6. 构建下一阶段负样本：仅保留原负样本集 N 中被错分的非人脸样本，删除其他样本；然后，利用当前级联检测模型对不含有人脸的图像进行预测，把误检的窗口增加到负样本集，形成新的负样本集 N。

图 7-8 展示了该算法的检测效果。从图中可以看出，该算法有非常不错的检测效果。该算法使用了简单的易于计算的特征和分类模型，同时使用了级联结构，提高了计算效率。但其本质上还是基于滑动窗口的方法，对于人脸、车辆这样的刚体有着很好的检测效果，但是对于猫狗这样的拥有自身形变的物体，检测效果其实不是很明显。

图 7-8　人脸检测结果

7.3.5　动手实践：人脸检测

1．实践目标

人脸检测是计算机视觉领域的一个重要问题，在安防刑侦、交通出行、金融支付等方面面具有广泛的应用。本实验旨在通过具体实验环节，使读者深入理解人脸检测的基本原理和常用算法，帮助读者实现以下目标。

（1）理解人脸检测的基本原理和理念。

（2）掌握人脸图像的获取和预处理方法。

（3）掌握基于 Haar 特征的 AdaBoost 算法。

（4）掌握使用开源人脸识别库进行实际开发的方法。

2．实践内容

基于 AdaBoost 的人脸检测算法的原理，利用 OpenCV 提供的 Haar cascades 分类器，设计一个简单的人脸检测器，实现对图像中人脸和眼睛的目标检测。并探究如何改进人脸检测算法的性能，考虑调整参数、使用不同的数据进行比较分析。

拓展：在多个人脸数据集上对不同类型的图像进行测试和性能评估；尝试使用其他的深度学习模型进行实验对比，对所有实验模型进行性能评估，包括准确率、召回率、F_1 分数等指标。

3．实践步骤

（1）导入分类器文件

下载的 cv2 代码库中有训练好的脸部和眼部检测器，haarcascade_frontalface_alt.xml 是脸部检测器，haarcascade_eye.xml 是眼部检测器。检测器文件在虚拟环境下的代码库目录的 cv2 代码库中，安装 cv2 包即可自动下载本实验中需要的检测器。

```
    face_cascade = cv2.CascadeClassifier('D:\Anaconda3\envs\CVlearn\Lib\site-packages\cv2\
data\haarcascade_frontalface_alt.xml')
    eye_cascade = cv2.CascadeClassifier('D:\Anaconda3\envs\CVlearn\Lib\site-packages\cv2\
```

```
data\haarcascade_eye.xml')
```

以实例进行说明，虚拟环境名为 CVlearn，检测器文件在 CVlearn 环境的 Lib 目录中，由于下载 cv2 时采用的是清华源，因此将 cv2 安装在 site-packages 文件夹中，在 data 文件中包含了所需的文件。

（2）数据预处理

针对分辨率不统一或不合适的图像，适当调整图像大小。

```
cv2.resize(src, dsize, dst=None, fx=None, fy=None, interpolation=None)
```

- scr：原始图像。
- dsize：输出图像的尺寸（元组方式）。
- dst：输出图像。
- fx：沿水平轴缩放的比例因子。
- fy：沿垂直轴缩放的比例因子。
- interpolation：插值方法，包括 5 种，即 cv2.INTER_NEAREST 最近邻插值、cv2.INTER_LINEAR 双线性插值（默认）、cv2.INTER_AREA 使用像素区域关系进行重采样、cv2.INTER_CUBIC 4×4 像素邻域的双 3 次插值、cv2.INTER_LANCZOS4 8×8 像素邻域的 Lanczos 插值。

（3）调用函数进行人脸检测

OpenCV 中提供了人脸检测函数 detectMultiScale()，该函数检测图片中所有的人脸，并保存每个人脸的坐标、大小。

```
detectMultiScale(image, scaleFactor, minNeighbors);
```

- image：待处理的图像。
- scaleFactor：表示在前后两次扫描中，搜索窗口的比例系数。默认为 1.1，即每次搜索窗口依次扩大 10%。
- minNeighbors：表示构成检测目标的相邻矩形的最小个数（默认为 3 个）。如果组成检测目标的小矩形的个数和小于 min_neighbors-1，则所有小矩形都会被排除。如果 min_neighbors 为 0，则函数不做任何操作就返回所有的被检候选矩形框。该值过小会出现误检现象，会将一些其他元素误判成人脸，过大则可能检测不到目标。

（4）绘制矩形框

根据检测的人脸坐标在图像上绘制矩形框。

```
cv2.rectangle(img,(x,y),(x+w,x+h),(255,0,0),2)
```

用颜色为 BGR（255,0,0）、粗度为 2 的线条绘制矩形框。

4．实验结果及分析

下面代码展示了一个读取单个图像进行人脸检测的实例。

```
import cv2
#从指定路径中加载预训练的基于 Haar 特征的 cascade 面部和眼部分类器
face_cascade = cv2.CascadeClassifier('D:\Anaconda3\envs\CVlearn\Lib\site-packages\
cv2\data\haarcascade_frontalface_alt.xml')
eye_cascade = cv2.CascadeClassifier('D:\Anaconda3\envs\CVlearn\Lib\site-packages\
cv2\data\haarcascade_eye.xml')

#读取路径下的图片
```

```
path=r'D:\face_test.png'
img1 = cv2.imread(path)

#将图像调整到特定的宽度和高度
img = cv2.resize(img1,(600,800),interpolation=cv2.INTER_LINEAR)

#使用人脸级联分类器进行人脸检测
faces = face_cascade.detectMultiScale(img,1.2,2)

#对检测到的人脸进行迭代
for (x,y,w,h) in faces:
    #在图像中检测到的人脸周围绘制一个矩形
    cv2.rectangle(img,(x,y),(x+w,x+h),(255,0,0),2)
    #提取人脸的 ROI
    face_re = img[y:y+h,x:x+w]

    #使用眼睛级联检测器检测人脸 ROI 内的眼睛
    eyes = eye_cascade.detectMultiScale(face_re)

#对检测的眼睛进行迭代
for (ex,ey,ew,eh) in eyes:
    #在检测到的眼睛周围绘制一个矩形
    cv2.rectangle(face_re,(ex,ey),(ex+ew,ey+eh),(0,255,0),2)

#显示图像中检测出的人脸和眼睛
cv2.imshow('img',img)
key = cv2.waitKey(0)
if key==27:
    cv2.destoryWindow('img')
```

以上代码创建了一个级联分类器，调用函数进行了人脸检测，获得人脸矩形框，并提取人脸区域，再进行眼部检测，定位眼部位置。深色框为人脸位置，浅色框为眼部位置。人脸检测实验结果如图 7-9 所示。

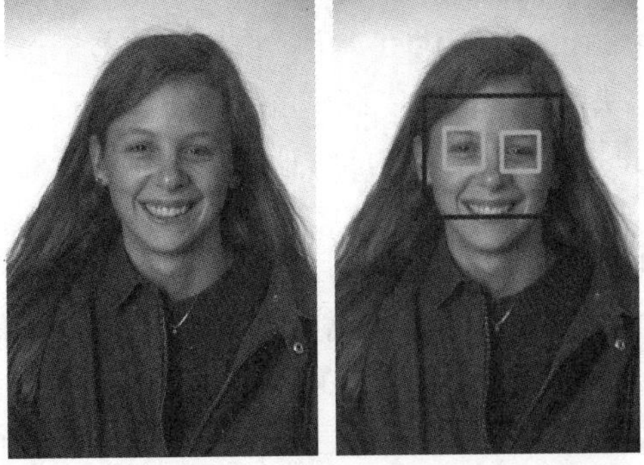

图 7-9 人脸检测实验结果

7.4 基于 HOG 特征的行人检测

在 7.3 节中，我们详细介绍了基于 AdaBoost 算法的人脸检测方法。通过结合 Haar 特征和级联结构，AdaBoost算法在人脸检测任务中取得了显著的效果。然而，面对不同的检测任务，如行人检测，往往需要使用不同的特征和方法来获得更高的检测精度和效率。与人脸检测相比，行人检测需要应对更复杂的背景、更大的姿态变化和更强的遮挡。因此，选择合适的特征至关重要。HOG 特征是一种在行人检测任务中表现优异的特征。HOG 特征通过捕捉图像局部梯度的方向分布，有效地描述了物体的形状和边缘信息，具有较强的鲁棒性和判别力。本节将介绍基于 HOG 特征的行人检测技术，包括 HOG 特征的原理、如何提取 HOG 特征以及通过具体实验应用 HOG 特征实现行人检测。

7.4.1 行人检测任务概述

除了人脸检测，行人检测也是目标检测领域研究的热点。行人检测技术有广泛的应用价值，可与行人重识别、行人跟踪等技术结合，如今在汽车驾驶领域应用广泛。达拉尔（Dalal）和特里格斯（Triggs）在 2005 年提出了基于 HOG 特征的行人检测算法，取得了极大的成功。

7.4.2 HOG 特征

HOG 特征是一种用于目标检测的图像特征描述方法，广泛应用于计算机视觉领域。其提取算法主要包括以下步骤。

（1）图像预处理：将输入图像转换为灰度图像，即将彩色图像转换为单通道的灰度图，简化计算。进行伽马校正，调节图像对比度，减少光照对图像的影响，使过曝光或者欠曝光的图像恢复正常，更接近人眼看到的图像。

（2）计算图像梯度：对图像应用Sobel等算子，计算每个像素点的梯度大小和方向。梯度大小反映了图像的纹理信息，梯度方向反映了图像中边缘的走向。

（3）划分图像为细胞（Cell）：将图像分割为小的图块，每个图块称为一个细胞。细胞的大小通常为8×8像素，可以根据实际需求进行调整。

（4）构建细胞的 HOG：将 170° 范围均匀划分为若干个方向区间（bin），通常为 9 个。对每个细胞内的像素，根据其梯度方向将其投影到相应的梯度方向区间。统计每个方向区间内像素的梯度幅值，得到每个细胞的 HOG。

（5）组合细胞形成块（Block），并归一化：将相邻的若干个细胞组成一个块，如将相邻的2×2个细胞组成一个块。将块内所有细胞的 HOG 连接成一个大的向量，即块的特征向量。为了进一步降低光照的影响，对块的特征向量进行归一化，以增强鲁棒性。常用的包括 L_1 或者 L_2 归一化。

（6）获得 HOG 特征：在细胞粒度上使用滑动窗口法，获得所有的块。这里窗口的大小与块的大小一致，滑动步长通常为一个细胞的宽度或者高度。然后，将所有块的特征向量连接成一个更大的向量，即为该图像的 HOG 特征向量。

通过上述步骤，可以将图像中的纹理信息以 HOG 的形式进行描述，从而实现对目标的有效表示。

HOG 特征具有明显的优点，其中包括降低光照和颜色变化对图像的影响，从而增强了数据表征的鲁棒性，并有效地降低了数据维度。然而，HOG 特征也存在一些挑战。它对遮挡和旋转非常敏感，遇到这些问题时性能会明显下降。此外，特征的生成过程相对复杂，计算速度较慢，这使得其在实时性要求较高的应用中表现不佳。尽管如此，在大多数情况下，HOG 特征仍然是一种非常有效的特征描述方法。

7.4.3 应用 HOG 特征实现行人检测

基于 HOG 特征的行人检测算法是一种基于滑动窗口的检测方法。该算法的训练过程包括三个关键步骤。

（1）收集用于训练的行人和非行人图像数据集，图 7-10（a）展示了一些用于训练的正样本。

（2）对每张训练图像提取 HOG 特征，如图 7-10（b）所示，并将其与该图像的类别标签组合，构成训练样本。

（3）利用训练数据集训练行人/非行人二分类线性支持向量机模型。其中，正类代表行人，负类代表背景。

（a）训练集中的正样本呈现出各种不同的姿态，他们都是站立的，背景也包括各种各样的场景，甚至是人群

（b）一张训练样本及其相应的 HOG 特征

图 7-10 正样本与 HOG 特征

在具体实现时，Dalal 和 Triggs 使用的正、负样本图像的分辨率为 64×128，细胞大小为 8×8 个像素，梯度直方图区间数为 9（即每隔 20° 划分一个区间），一个块由 2×2 个细胞组成，滑动步长为 7 个像素（即细胞的宽度）。通过计算可知，每个块的特征向量维度为 36 维，图像一共有 105 个块，所以，最终使用的 HOG 特征为 3770 维。

在预测阶段，基于 HOG 特征的行人检测算法首先通过滑动窗口法获取图像中所有可能包含行人的区域；然后，将这些图像区域调整为与训练样本相同的尺寸，并提取其 HOG 特征；接着，将这些特征输入已训练好的线性支持向量机模型中，获得分类结果；随后，对于分类结果为正类的区域，标记行人的边界框；最后，通过非最大值抑制技术来消除重叠区域，得到最终的检测结果。

图 7-11 展示了行人检测的结果，表明基于 HOG 特征的行人检测算法在此情境下取得了良好的检测效果。HOG 特征在捕捉目标物体局部形状信息方面表现出色，在面对几何和光学变换时具有一定的不变性。然而，与 SIFT 特征相比，HOG 特征在计算梯度直方图时未进行基于梯度主方向的旋转归一化，因此 HOG 特征在旋转不变性方面存在一定的局限性。

此外，HOG 特征缺乏尺度不变性，这意味着当行人与摄像机的距离发生变化时，检测效果可能会受到较大影响。为了解决这一问题，可以考虑采用多尺度滑动窗口法或基于图像金字塔的滑动窗口法。这些方法能够使算法更加灵活地适应不同尺度的行人检测需求，从而提高算法的鲁棒性和适用性。

图 7-11　行人检测的结果

7.4.4　动手实践：行人检测

1．实践目标

行人检测是目标检测的一个重要分支。目标检测的任务是从图像中识别出预定义类型的目标，并确定每个目标的位置。行人检测主要用来判断输入图片（或视频）内是否包含行人。若检测到行人，则给出其具体的位置信息。

行人检测是计算机视觉领域的一个重要任务，它具有广泛的应用，如用于智能监控系统、自动驾驶车辆、人流分析等。随着计算机视觉和机器学习的发展，各种行人检测算法不断涌现。本实验将基于 HOG 特征进行行人检测任务，从图像或视频中准确地检测和定位行人，使读者掌握行人检测的基础原理和方法。

2．实践内容

HOG 特征是一种常用于行人检测的特征提取方法。该任务通过调用 OpenCV 行人检测器实现，提取特征目标的灰度、边缘、纹理、颜色、梯度等信息，再进行 SVM 分类器训练，使其具有区分行人的能力，实现高精度的行人检测。

3．实践步骤

（1）初始化 HOG 特征提取器和 SVM 分类器

OpenCV 中提供了基于 HOG 特征的分类器，并利用该分类器可实现行人检测。

```
hog = cv.HOGDescriptor()
```

创建一个 HOG 特征描述符对象。HOG 特征描述符是用于检测图像中对象的一种特征表示方法。它通过计算图像局部区域的 HOG 特征来描述图像的边缘和纹理特征。

创建 SVM 检测器用于检测行人。

```
hog.setSVMDetector(cv.HOGDescriptor_getDefaultPeopleDetector())
```

在 OpenCV 中，cv.HOGDescriptor_getDefaultPeopleDetector()函数返回了一个默认的用于行人检测的 SVM 模型。

（2）基于 HOG 特征进行行人检测

调用 HOG 检测器的 detectMultiScale()方法，在图像中检测多尺度对象。

```
(rects, weights) = hog.detectMultiScale(src,winStride=(4, 4),adding=(8, 8),scale=1.25,
                                        useMeanshiftGrouping=False)
```

输入参数的含义如下。

- src：输入图像。
- winStride：滑动窗口的步幅，即在图像上滑动窗口时的像素移动步幅。
- padding：滑动窗口时在图像边界周围添加的像素边界，以确保能够检测到靠近图像边缘的对象。
- scale：在不同尺度上检测对象的尺度因子。
- useMeanshiftGrouping：是否使用均值漂移聚类算法进行检测结果的合并。
- 返回值：返回检测到的对象的矩形框的坐标（rects）和相应的权重（weights）。

4．实验结果及分析

以下展示了对图像进行行人检测任务的代码和结果。

```
import cv2 as cv
# 主程序入口
if __name__ == '__main__':
    # 读取图像
    src = cv.imread("./data/6-4-445.png")
    cv.imshow("input", src)
    # HOG + SVM 初始化
    hog = cv.HOGDescriptor()        #HOG 描述符
    hog.setSVMDetector(cv.HOGDescriptor_getDefaultPeopleDetector())
    # 检测图像中的行人
    (rects, weights) = hog.detectMultiScale(src,
                                            winStride=(4, 4),
                                            padding=(8, 8),
                                            scale=1.25,
                                            useMeanshiftGrouping=False)
    # 矩形框
    for (x, y, w, h) in rects:
        cv.rectangle(src, (x, y), (x + w, y + h), (0, 255, 0), 1)
    # 显示
    cv.imshow("hog-detector", src)
```

实验中输入多个图像进行效果分析，结果如图 7-12 所示，可以看到使用该算法能够检测出行人的大致轮廓，但仍存在一些图像中未能检测出全部行人的情况，因此，该算法具有一定的局限性。

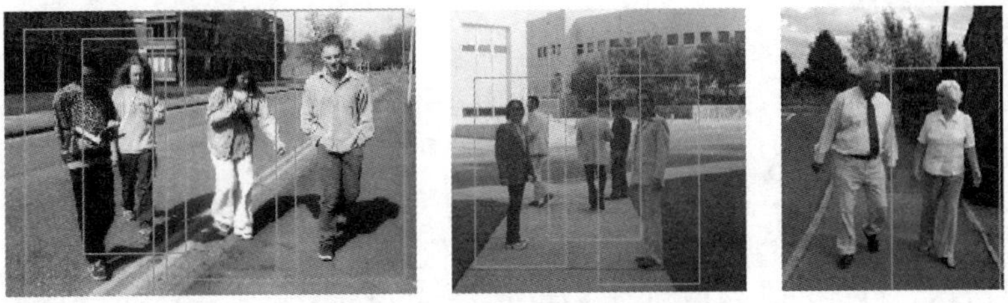

图 7-12　行人检测实验的结果

7.5 基于光流的运动跟踪

本节主要探讨基于光流的运动跟踪。光流的概念最早由吉布森（Gibson）在 20 世纪 40

年代首次提出。物体的运动在图像中表现为像素亮度的瞬时变化，通过跟踪这些亮度变化来推断物体在图像中的运动轨迹，将像素的瞬时速度定义为光流。所有像素的光流集合构成光流场。光流场以像素瞬时速度的矢量场形式表示，因此也被称为“二维速度场”。

三维物体的真实运动在图像上的投影被称为运动场，它由图像中每个像素点的运动矢量的总和组成，如图 7-13 所示。理论上，光流场和运动场是相互对应的，然而在实际应用中，这两者并不完全等同。

（a）t 时刻物体位置与光流矢量　　（b）t+1 时刻物体位置

图 7-13　三维物体的运动

由于图像中仅能观测到光流场，因此一般使用光流场来表征图像平面上的二维速度矢量场。尽管光流场未能完全准确地反映物体的运动状况，但在绝大多数情况下，它涵盖了被观测物体的运动信息，同时携带着丰富的三维结构信息，如图 7-14 所示。这使得光流场成为计算机视觉后续工作中的重要信息来源之一，用于详细描述物体的运动。因此，基于光流的运动跟踪在研究中显得极为重要。

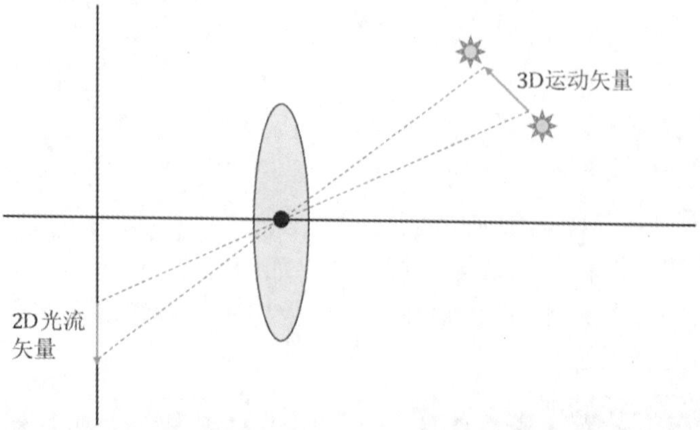

图 7-14　三维物体运动在二维平面的投影

7.5.1　光流计算基本等式

基于光流法的运动跟踪主要建立在以下两个假设的基础上。

- 亮度恒定：目标在帧间运动时，其像素亮度保持不变。这是光流法的基本前提。
- 时间连续：目标的运动随时间变化较慢。这意味着在两个连续帧之间，物体或相机的移动相对较小，确保光流估计更为可靠。

根据光流法的两个假设，可以得到相应的光流计算等式。假设在时刻 t，图像上某一点 (x,y) 的亮度值为 $I(x,y,t)$。在 $t+\delta_t$ 时刻，该点运动到新的位置 $(x+\delta_x, y+\delta_y)$，其亮度值记作$I(x+\delta_x, y+\delta_y, t+\delta_t)$。根据光流法的亮度恒定假设，像素点在运动前后所在位置的亮度保持不变，因此可得式（7-14）

$$I(x,y,t)=I(x+\delta_x, y+\delta_y, t+\delta_t) \tag{7-14}$$

将亮度恒定等式中的$I(x+\delta_x, y+\delta_y, t+\delta_t)$进行泰勒展开，得到式（7-15）

$$I(x+\delta_x, y+\delta_y, t+\delta_t)=I(x,y,t)+\frac{\partial I}{\partial x}\delta_x+\frac{\partial I}{\partial y}\delta_y+\frac{\partial I}{\partial t}\delta_t+\varepsilon \tag{7-15}$$

在式（7-15）中，ε表示二阶无穷小，在时间间隔趋于 0 时可以忽略，因此可以得到式（7-16）

$$\frac{\partial I}{\partial x}\delta_x+\frac{\partial I}{\partial y}\delta_y+\frac{\partial I}{\partial t}\delta_t=0 \tag{7-16}$$

在该等式两边，同时乘以$\dfrac{1}{\delta_t}$，得到式（7-17）

$$\frac{\partial I}{\partial x}\frac{\delta_x}{\delta_t}+\frac{\partial I}{\partial y}\frac{\delta_y}{\delta_t}+\frac{\partial I}{\partial t}\frac{\delta_t}{\delta_t}=0 \tag{7-17}$$

假设$\boldsymbol{\mu},\boldsymbol{v}$分别是光流沿着$X$轴和$Y$轴方向的速度矢量，故$\boldsymbol{\mu}=\dfrac{\delta_x}{\delta_t}$，$\boldsymbol{v}=\dfrac{\delta_y}{\delta_t}$，则有式（7-18）

$$\frac{\partial I}{\partial x}\boldsymbol{\mu}+\frac{\partial I}{\partial y}\boldsymbol{v}+\frac{\partial I}{\partial t}=0 \tag{7-18}$$

令$I_x=\dfrac{\partial I}{\partial x}, I_y=\dfrac{\partial I}{\partial y}, I_t=\dfrac{\partial I}{\partial t}$，分别表示图像中像素点的亮度沿着$X,Y,T$三个方向的偏导数。于是式（7-18）可以改写为

$$I_x\boldsymbol{\mu}+I_y\boldsymbol{v}=-I_t \tag{7-19}$$

式（7-19）称为光流计算的基本等式，写成矢量形式为

$$\nabla \boldsymbol{I}\cdot\boldsymbol{V}=-I_t \tag{7-20}$$

其中$\nabla\boldsymbol{I}=(I_x,I_y)^{\mathrm{T}}$，表示亮度偏导矩阵的转置，$\boldsymbol{V}=(\boldsymbol{\mu},\boldsymbol{v})^{\mathrm{T}}$，表示光流矢量。求解出光流矢量，就可以求出物体的运动轨迹，从而对运动目标进行跟踪。

公式$I_x\boldsymbol{\mu}+I_y\boldsymbol{v}=-I_t$有$\boldsymbol{\mu},\boldsymbol{v}$两个未知量，仅仅依靠一个方程是无法唯一确定解的。要想得到唯一的解，必须引入其他约束条件。在这种情况下，只能确定梯度方向的分量，即等亮度轮廓的法线分量。然而，沿着等亮度轮廓方向的切线分量却无法确定，这就是光流法所面临的孔径问题，如图 7-15 所示。

通过在不同的角度添加约束条件，可以有多种不同的光流计算方法。如果将图像的每个像素都与速度相关联，那么得到的是稠密光流。例如，Horn-Schunk 方法通过引入平滑性约束来计算稠密光流场的运动。与此不同的是，稀疏光流仅跟踪指定的一组点，而不是所有像素点。这些指定的点可以是具有明显特征的点，如角点等。Lucas-Kanade 算法通过引入空间一致性假设来计算稀疏光流场的运动。接下来，我们将主要介绍稀疏光流的跟踪算法。

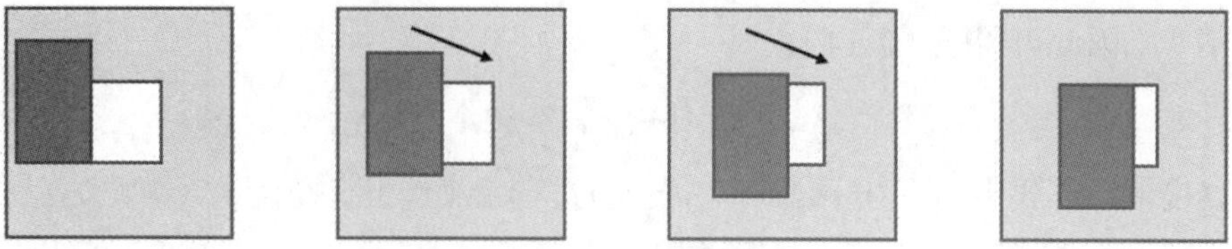

（a）表示物体整个运动过程

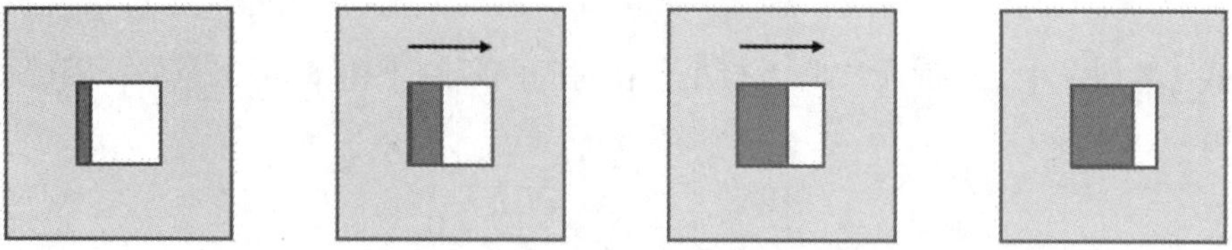

（b）表示在孔径中只能观测到物体向右运动，而不能观测到物体也在同步向下运行

图 7-15　孔径问题

7.5.2　Lucas-Kanade 光流计算

Lucas-Kanade 算法最早于 1981 年提出，最初用于计算稠密光流场，随后，由于其能够方便地用于跟踪图像中的一组点，逐渐被用来计算稀疏光流场。鉴于从基本等式直接解光流是一个不适定问题，Lucas-Kanade 算法在处理光流计算基本等式时采用了空间一致性假设。

- 空间一致性假设：像素点相邻区域内的其他像素点具有相似的运动状态。

假设在该区域内有 n 个像素点，其中 $n \geqslant 2$。在这个相对较小的空间邻域内，每个像素点的光流变化可以通过光流计算基本约束方程来表示，从而形成一个方程组。方程组中的方程数量等于该区域内的像素点数。

将该区域内每个像素点的光流计算基本等式组合成一个方程组，我们可以得到式（7-21）。

$$\begin{cases} I_{x_1}\boldsymbol{\mu} + I_{y_1}\boldsymbol{v} = -I_{t_1} \\ I_{x_2}\boldsymbol{\mu} + I_{y_2}\boldsymbol{v} = -I_{t_2} \\ \qquad\vdots \\ I_{x_n}\boldsymbol{\mu} + I_{y_n}\boldsymbol{v} = -I_{t_n} \end{cases} \tag{7-21}$$

在这组方程中，存在光流矢量的两个未知量，但方程的数量大于或等于两个，因此我们可以使用最小二乘法来获得一个近似解。将方程组表示为矩阵形式，如式（7-22）所示。

$$\begin{bmatrix} I_{x_1} & I_{y_1} \\ I_{x_2} & I_{y_2} \\ \vdots & \vdots \\ I_{x_n} & I_{y_n} \end{bmatrix} \begin{bmatrix} \boldsymbol{\mu} \\ \boldsymbol{v} \end{bmatrix} = \begin{bmatrix} -I_{t_1} \\ -I_{t_2} \\ \vdots \\ -I_{t_n} \end{bmatrix} \tag{7-22}$$

将该矩阵形式的方程记作 $\boldsymbol{AV} = -\boldsymbol{b}$，采用最小二乘法求解该方程组，得到式（7-23）。

$$\boldsymbol{A}^{\mathrm{T}}\boldsymbol{AV} = \boldsymbol{A}^{\mathrm{T}}(-\boldsymbol{b}) \tag{7-23}$$

式（7-23）中的 $\boldsymbol{A}^{\mathrm{T}}\boldsymbol{A}$，可以写为

$$\boldsymbol{A}^{\mathrm{T}}\boldsymbol{A}=\begin{bmatrix}\sum_{i=1}^{n}I_{x_i}^2 & \sum_{i=1}^{n}I_{x_i}I_{y_i}\\ \sum_{i=1}^{n}I_{x_i}I_{y_i} & \sum_{i=1}^{n}I_{y_i}^2\end{bmatrix} \tag{7-24}$$

当矩阵是非奇异矩阵且图像中的像素点存在 X 轴和 Y 轴方向的偏导数时，可以获得解析解，如式（7-25）所示。

$$\boldsymbol{V}=(\boldsymbol{A}^{\mathrm{T}}\boldsymbol{A})^{-1}\boldsymbol{A}^{\mathrm{T}}(-\boldsymbol{b}) \tag{7-25}$$

得到的光流矢量如式（7-26）所示。

$$\begin{bmatrix}\boldsymbol{\mu}\\ \boldsymbol{v}\end{bmatrix}=\begin{bmatrix}\sum_{i=1}^{n}I_{x_i}^2 & \sum_{i=1}^{n}I_{x_i}I_{y_i}\\ \sum_{i=1}^{n}I_{x_i}I_{y_i} & \sum_{i=1}^{n}I_{y_i}^2\end{bmatrix}^{-1}\begin{bmatrix}-\sum_{i=1}^{n}I_{x_i}I_{t_i}\\ -\sum_{i=1}^{n}I_{y_i}I_{t_i}\end{bmatrix} \tag{7-26}$$

这就是 Lucas-Kanade 算法求解光流矢量的全过程。

在存在噪声的情况下，Lucas-Kanade 算法表现出相对较好的鲁棒性。然而，从光流求解的公式中可以观察到，如果选取了图像中亮度梯度为零的区域，Lucas-Kanade 算法将不再适用。在其他区域，如果矩阵的特征值过小，仍然可能存在孔径问题。因此，在实际应用中，为了确保 $(\boldsymbol{A}^{\mathrm{T}}\boldsymbol{A})^{-1}$ 的稳定性，以防其特征值太小，在选择图像空间区域时应优先选择角点（如 Harris 角点）进行计算。

此外，算法的约束条件，如小运动、亮度不变和空间一致性，都是相对严格的假设，不容易满足。例如，如果物体的运动速度过快，这些假设就不成立，从而导致计算得到的光流向量误差较大。因此，有必要对 Lucas-Kanade 算法进行一些改进。

在 Lucas-Kanade 算法的基础上引入图像金字塔，当物体的运动速度较快时，算法可能会产生较大的误差，因此我们希望减小图像中物体的速度。其中一个直观的方法是缩小图像的尺寸。举例而言，如果初始图像大小为 400×400 且速度为 $[12,12]$，那么当将图像缩小到 100×100 时，速度减小为 $[3,3]$。因此，通过对生成的原始图像的金字塔图像逐层求解，就可以不断提高光流的精确性。

引入图像金字塔的运动跟踪方法如图 7-16 所示，首先，在图像金字塔的最高层计算光流，然后将这一层得到的结果作为下一层金字塔的输入，如此反复进行计算，直到达到图像金字塔的底层。这种方法有助于减轻由小尺度运动引发的问题，使得运动跟踪更为稳健。

从图 7-16 中可以观察到，随着层数 k 的增加，分辨率也逐渐提高，原始图像具有最高的分辨率。假设在第 k 层的计算结果为 $\mathrm{d}\boldsymbol{V}_k=(\mathrm{d}\boldsymbol{\mu}_k,\mathrm{d}\boldsymbol{v}_k)^{\mathrm{T}}$，在第 0 层上的初始值为 $\boldsymbol{V}_0=(\boldsymbol{\mu}_0,\boldsymbol{v}_0)^{\mathrm{T}}$，然后开始计算，第 0 层的计算结果为 $\mathrm{d}\boldsymbol{V}_0=(\mathrm{d}\boldsymbol{\mu}_0,\mathrm{d}\boldsymbol{v}_0)^{\mathrm{T}}$。将其与初始值 $\boldsymbol{V}_0$ 相加，即可得到下一层计算的初始值 $\boldsymbol{V}_1=(\boldsymbol{\mu}_1,\boldsymbol{v}_1)^{\mathrm{T}}=\boldsymbol{V}_0+\mathrm{d}\boldsymbol{V}_0$。然后将这一初始值代入下一层进行光流计算，如此迭代进行，一直到达分辨率最高的那一层。迭代的具体公式如式（7-27）所示。

$$\boldsymbol{V}_k=\boldsymbol{V}_{k-1}+\mathrm{d}\boldsymbol{V}_{k-1}=(\boldsymbol{\mu}_{k-1}+\mathrm{d}\boldsymbol{\mu}_{k-1},\boldsymbol{v}_{k-1}+\mathrm{d}\boldsymbol{v}_{k-1})^{\mathrm{T}} \tag{7-27}$$

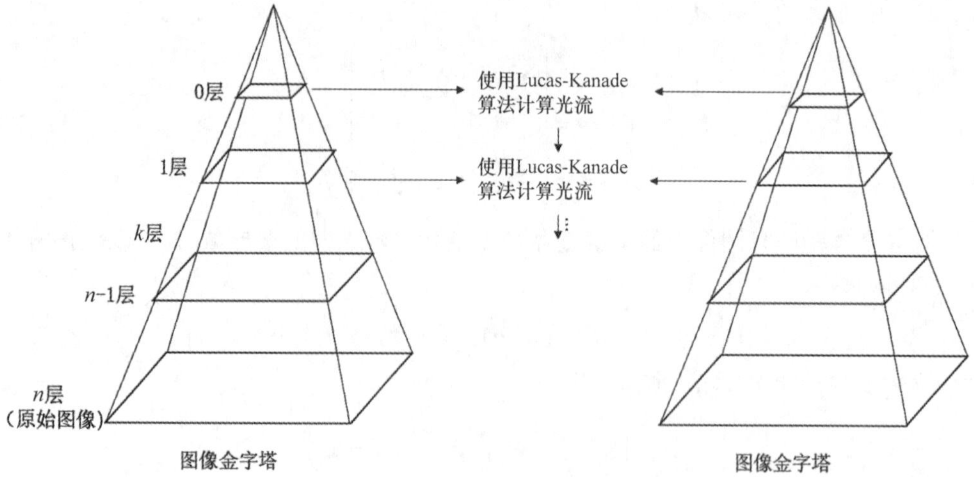

图 7-16　金字塔 Lucas-Kanade 光流算法

使用金字塔 Lucas-Kanade 算法，可以解决原始图像中位移尺度带来的问题。在不同分辨率下进行计算时，人们通常会减小光流的位移量，从而提高了在大位移尺度下的光流计算的准确性。这一改进后的算法最明显的优点在于，每一层的光流都能被有效地保持在较小范围内，但最终计算得到的光流可以进行累积，便于有效地跟踪特征点。基于金字塔 Lucas-Kanade 算法的跟踪效果如图 7-17 所示。

图 7-17　基于金字塔 Lucas-Kanade 算法的跟踪效果

至此，有关稀疏光流场的求解方法 Lucas-Kanade 算法的讲解已经完成。在目标跟踪领域，基于 Lucas-Kanade 算法的跟踪一直被认为是经典的目标跟踪算法。它能够可视化运动对象的轨迹和运动方向，同时也是一种简单、实时高效的跟踪算法。自该算法于 1981 年首次提出以来，其在监控和视频跟踪领域得到了广泛应用。

7.5.3　动手实践：车辆运动跟踪

1．实践目标

车辆跟踪是计算机视觉领域一个重要的研究方向，其在交通监控、自动驾驶等领域具有广泛的应用。光流法是一种基于运动信息的方法，可以用于检测和跟踪视频序列中对象的运动。在车辆跟踪方面，通过光流法可以提取车辆运动的方向和速度信息，从而实现对车辆的跟踪。

实验的主要目标是探索并实现基于光流法的车辆跟踪方法，掌握光流在车辆跟踪中的应用和效果。具体目标如下。

（1）了解光流法的基本原理，掌握如何从连续帧图像中计算对象的运动信息。

（2）实现光流法算法，以在视频序列中检测角点并跟踪车辆的运动。

（3）评估所实现方法在不同场景条件下的性能，包括准确性、稳定性和实时性等指标。

（4）探讨光流法在车辆跟踪中的适用场景，如拥挤的交通场景、高速行驶的车辆等。

2．实践内容

准备车辆移动视频，通过代码实现光流法算法，计算视频序列中关键像素点的运动信息，处理移动车辆视频实现车辆跟踪任务，分析实验的有效性和局限性。

读者可以通过本书配套资源获取车辆视频。

3．实践步骤

（1）读取视频帧

首先需要配置读取视频格式的参数，包括帧数、帧间隔等；然后读取视频帧。

```
ret, frame = self.cam.read()
```

从视频捕捉对象中读取一帧视频。ret 是一个布尔值，表示是否成功读取了一帧。如果成功，则 frame 将包含读取到的视频帧。可以将读取的彩色帧转换为灰度图像，以提取更好的特征。

（2）基于光流法进行跟踪特征

OpenCV 提供了基于 LK 光流法目标跟踪的模块，每次跟踪时需要进行两步光流检测，第一步计算从第一帧到当前帧的特征点的新位置，第二步使用光流法从当前帧到第一帧检查特征点的反向一致性。

```
p1, st, err = cv2.calcOpticalFlowPyrLK(img0, img1, p0, **lk_params)    #第一步光流检测
```

输入参数的含义如下。

- img0：前一帧灰度图像。
- img1：当前帧灰度图像。
- p0：前一帧对应的角点。

```
**lk_params 是光流法的参数配置字典
lk_params = dict(winSize=(15, 15),  # 每个金字塔等级中使用的窗口大小
              maxLevel=2,  # 金字塔的最大层数
              criteria=(cv2.TERM_CRITERIA_EPS |
              cv2.TERM_CRITERIA_COUNT, 10, 0.03))
# 指定了迭代终止的准则，终止迭代的类型， 迭代的最大次数（10）以及迭代的终止条件阈值（0.03）
```

输出参数的含义如下。

- p1：跟踪当前帧得到的对应角点。
- st：特征点是否找到，找到的状态为 1，未找到的状态为 0。
- err：错误状态。

```
p0r, st, err = cv2.calcOpticalFlowPyrLK(img1, img0, p1, **lk_params)  #第二步光流检测
```

当前帧跟踪到的角点及图像和前一帧的图像作为输入来找到前一帧的角点位置 p0r，得到的角点回溯与前一帧实际角点的位置变化关系，判断位置变化的值是否小于 1，大于 1

的跟踪被认为是错误的跟踪点。

（3）在视频帧中检测新的特征点

OpenCV 提供了基于 Shi-Tomasi 的角点检测器 goodFeaturesToTrack，它能在给定的图像上找到最强的角点。

```
p = cv2.goodFeaturesToTrack(frame_gray, mask=mask, **feature_params)
```

在实验中每隔一定帧数，对视频帧检测新的特征点，并将它们添加到待跟踪的特征点序列中。

```
**feature_params 是特征点参数字典
# 配置特征点检测的参数字典
feature_params = dict(maxCorners=500,  # 最大检测到的特征点数量
                      qualityLevel=0.3,  # 特征点的质量水平阈值
                      minDistance=7,  # 两个特征点之间的最小欧氏距离
                      blockSize=7)  # 计算特征点时所使用的邻域大小
```

4．实验结果及分析

本小节展示了基于光流法对视频中车辆进行目标跟踪的实验示例。

```
class App:
    def __init__(self, video_src):  #构造方法，初始化一些参数和视频路径
        self.track_len = 10
        self.detect_interval = 5
        self.tracks = []
        self.cam = cv2.VideoCapture(video_src)
        self.frame_idx = 0
    #光流运行方法
    def run(self):
        while True:
            #读取视频帧
            ret, frame = self.cam.read()
            if ret == True:
                #转为灰度图
                frame_gray = cv2.cvtColor(frame, cv2.COLOR_BGR2GRAY)
                vis = frame.copy()
                #检测到角点后进行光流跟踪
                if len(self.tracks) > 0:
                    img0, img1 = self.prev_gray, frame_gray
                    p0 = np.float32([tr[-1] for tr in self.tracks]).reshape(-1, 1, 2)
                    #前一帧的角点和当前帧的图像作为输入来得到角点在当前帧的位置
                    p1, st, err = cv2.calcOpticalFlowPyrLK(img0, img1, p0, None,
                        **lk_params)
                    #当前帧跟踪到的角点及图像和前一帧的图像作为输入来找到前一帧的角点位置
                    p0r, st, err = cv2.calcOpticalFlowPyrLK(img1, img0, p1, None,
                        **lk_params)
                    #得到角点回溯与前一帧实际角点的位置变化关系
                    d = abs(p0-p0r).reshape(-1, 2).max(-1)
                    #判断 d 内的值是否小于 1，大于 1 的跟踪为错误的跟踪点
                    good = d < 1
```

```
                new_tracks = []
                #将跟踪正确的点列入成功跟踪点
                for tr, (x, y), good_flag in zip(self.tracks,
                        p1.reshape(-1, 2), good):
                    if not good_flag:
                        continue
                    tr.append((x, y))
                    if len(tr) > self.track_len:   #保持轨迹长度不超过限定值
                        del tr[0]
                    new_tracks.append(tr)
                    cv2.circle(vis, (int(x), int(y)), 2, (0, 0, 0), -1)
                self.tracks = new_tracks
                #以上一帧角点为初始点、当前帧跟踪到的点为终点划线
                cv2.polylines(vis, [np.int32(tr) for tr in self.tracks],
                        False, (0, 0, 0))

            if self.frame_idx % self.detect_interval == 0:  #每 5 帧检测一次特征点
                mask = np.zeros_like(frame_gray)     #初始化和视频大小相同图像
                mask[:] = 255          #将 mask 赋值 255，也就是算全部图像的角点
                for x, y in [np.int32(tr[-1]) for tr in self.tracks]:
                    #对跟踪角点画圆
                    cv2.circle(mask, (x, y), 5, 0, -1)
                p = cv2.goodFeaturesToTrack(frame_gray, mask = mask, **feature_params)
                if p is not None:
                    for x, y in np.float32(p).reshape(-1, 2):
                        self.tracks.append([(x, y)]) #将检测的角点放到跟踪序列
            self.frame_idx += 1
            self.prev_gray = frame_gray
            cv2.imshow('lk_track', vis)
        ch = 0xFF & cv2.waitKey(1)
        if ch == 27:
            break

def main():
    import sys
    try: video_src = sys.argv[1]
    except: video_src = "./data/6-5-car.mp4"

    print(__doc__)
    App(video_src).run()
    cv2.destroyAllWindows()

if __name__ == '__main__':
    main()
```

本实验基于 Lucas-Kanade 算法读取视频帧进行预处理，通过特征点检测和光流计算来完成车辆跟踪任务，如图 7-18 所示，图中的点和线可视化了运动对象的轨迹和运动方向，实现简单、实时、高效的目标跟踪。可见，该算法能够较准确地跟踪车辆的运动轨迹，尤其是在车辆运动平稳且光照条件较好的情况下，跟踪效果显著提升。

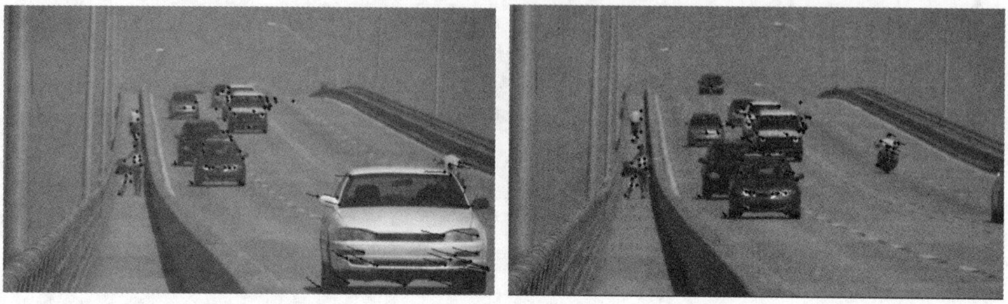

图 7-18　光流法目标跟踪实验的可视化结果

本章小结

本章首先介绍了目标检测任务的概念及其难点，并描述了目标检测任务的评价方法；接着，介绍了基于滑动窗口的图像分类范式和目标检测任务中的非最大化抑制方法；在此基础上，探讨了基于 AdaBoost 的人脸检测算法，以及级联分类模型的构建思想；随后，详细描述了一种全局的图像特征——HOG 特征，并介绍了基于 HOG 特征与支撑向量机模型的行人检测方法；最后，介绍了基于光流的运动跟踪方法。图像跟踪是指对图像序列中的运动目标进行检测、提取、识别和跟踪，以获取运动目标的运动参数，从而确定其位置。基于光流的跟踪方法是一种经典的技术，它通过计算两帧图像之间的差异来进行目标跟踪。当将这种跟踪方法与图像金字塔结合使用时，可以获得出色的跟踪效果。

习　题

1. 某公司招聘职员，考察身体、业务能力、发展潜力三项，身体分为合格 1、不合格 0 两个等级；业务能力和发展潜力分为上 1、中 2、下 3 三个等级；分类为合格 1、不合格 −1 两个类别。已知 10 个人的数据，如表 7-6 所示。假设弱分类模型为决策树，试用 AdaBoost 算法学习一个强分类模型。

表 7-6　10 个人的数据

职员	身体	业务	潜力	分类	职员	身体	业务	潜力	分类
1	0	1	3	−1	6	0	1	2	−1
2	0	3	1	−1	7	1	1	2	1
3	1	2	2	−1	8	1	1	1	1
4	1	1	3	−1	9	1	3	1	−1
5	1	2	3	−1	10	0	2	1	−1

2. 比较线性分类模型与 AdaBoost 算法的学习策略与算法。

3. Lucas-Kanade 光流算法中的图像金字塔的用途与特征匹配中的图像金字塔的有什么差别？图像金字塔的层数和缩放倍率对结果有什么影响？

4. 思考多目标检测任务与单目标检测任务的联系和区别。

5. 程序设计：使用 AdaBoost 算法，实现一个人脸检测系统，要求能够对图像或者视频中的人脸进行检测。

6. 程序设计：基于 HOG 特征和线性分类模型，实现一个行人检测系统。要求可以对图像或者视频中的行人进行检测。

7. 在习题 3 的基础上，分析人脸检测系统中的误检和漏检情况，并提出相应的策略。

8. 通过数据增强技术提高行人检测系统对光照变化、遮挡等问题的鲁棒性。

9. 程序设计：基于 Lucas-Kanade 光流算法，实现一个车辆跟踪系统，要求能够对视频中的交通车辆进行检测并跟踪。

10. 探讨车辆跟踪系统在实际交通监控中的应用前景和挑战。

第8章 摄像机几何与标定

【本章导读】

本章开始进入三维重建领域。三维重建是从二维图像或其他传感器数据中还原三维世界的物体、结构和场景，实现从视觉数据到三维几何模型的转换，以便更深入地理解和分析现实世界的物体和环境。在将三维世界场景映射到二维图像上的过程中，摄像机起着至关重要的作用。因此，要从二维图像中还原出三维世界场景的三维结构，必须深入了解摄像机将三维世界场景投影到二维图像上的过程。首先，本章将介绍针孔摄像机的成像原理、几何模型，透镜成像原理，以及失焦、畸变的问题；其次，介绍摄像机几何、坐标系变换和透视投影矩阵的性质；最后，介绍一般摄像机的标定方法和径向畸变的摄像机标定方法。

【本章学习目标】

- 了解针孔摄像机和透镜摄像机的基本成像原理，理解数学化描述的针孔摄像机几何模型。
- 熟悉摄像机几何的三维坐标变换，包括齐次坐标系变换、像素坐标系变换和世界坐标系变换，掌握透视投影矩阵的参数组成及性质。
- 掌握摄像机标定方法，构建标定装置，估计投影矩阵的数值结果，根据其结果求解摄像机内外参数，并了解导致摄像机标定过程失败的情况。
- 掌握径向畸变的摄像机标定方法，熟悉径向畸变模型的构建和参数求解方法。

8.1 针孔模型与透镜

本节首先介绍小孔成像原理，基于此进一步介绍“暗箱”这一光学装置，并描述针孔摄像机的几何模型，系统性介绍针孔摄像机的成像原理，为读者了解摄像机几何奠定基础。

8.1.1 针孔摄像机

针孔摄像机

针孔摄像机运用了小孔成像原理，这是一个基于物理现象的重要原理。简而言之，当我们在明亮的物体和屏幕之间放置一块遮挡板，遮挡板上有一个小孔时，在屏幕上会形成一个倒立的实像，其原理如图 8-1 所示。

在摄影的视角下，照相的过程是将三维物体的景象映射到二维平面的照片或胶片上。然而，直接将胶片放置在物体前方是不可行的，因为在这种情况下，物体和胶片之间没有任何障碍物，光线从多个物体点传播到胶片上的同一点，导致成像模糊不清，无法从胶片上看到任何有意义的图像，如图 8-1（a）所示。

为了解决这个问题，最简单的成像方法是在物体和胶片之间引入一个薄隔板，并在隔板上开一个小孔，如图 8-1（b）所示。这个小孔的存在至关重要，因为光线在均匀介质中会沿直线传播。当物体上某一点反射的光线通过小孔射到胶片上时，它们会在胶片上形成一个成像点。如果小孔的直径足够小，那么物体上的光线与胶片上的成像点之间将基本形成一对一关系。基于这种一对一关系，人们可以从胶片上看到相对清晰的图像，这就是小孔成像的基本原理。

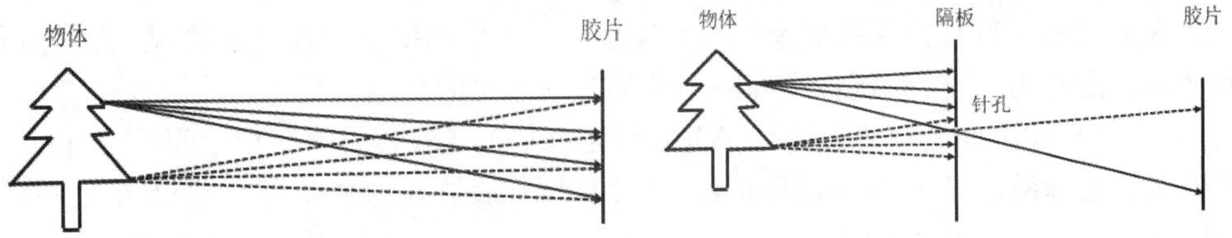

（a）（b）

图 8-1　小孔成像原理示意图

受到小孔成像现象的启发，后来人们发明了一种被称为“暗箱”的光学装置，它可谓是现代照相机的前身。成像暗箱的原理可以被视为小孔成像的一种改进版本：景物透过小孔，进入暗箱内部，经过一个倾斜的 45° 反光镜反射到位于暗箱顶部的磨砂玻璃上，如图 8-2（a）所示。暗箱虽然可以进行成像，但无法把影像固定下来（定影）。后来，人们将感光材料放进暗箱用于固定影像，于是暗箱便发展成为最基本的针孔摄像机，如图 8-2（b）所示。

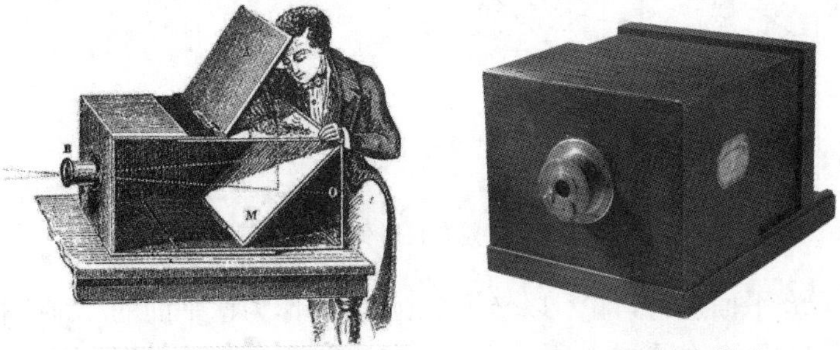

（a）暗箱辅助绘制　**（b）达尔盖相机模型**

图 8-2　暗箱辅助绘画和达尔盖摄像机模型

针孔摄像机，又称照相暗箱，被认为是现代摄像机的雏形。它的结构非常简单，主要由针孔片、不透光容器（即暗箱）以及感光材料组成。在暗箱的背部屏幕上，可以看到倒立的图像。暗箱通过一种被称为“快门”的机构来控制光线的曝光时间，最终将图像记录在感光材料上，实现了底片的保存。

针孔摄像机模型被视为现代摄像机的基本成像模型，它能够记录三维世界中物体或场景的图像。如图 8-3 所示，左侧的结构近似为针孔摄像机模型，光线从蜡烛通过摄像机中心的小孔照在胶片上，使胶片上的相应区域感光。这个小孔也被称为针孔或光圈。在针孔摄像机模型中，物体通过光圈在胶片上形成的图像是一个倒立且翻转的影像。因此，常常引入一个虚拟的像平面，它与胶片平面对称，并且与光圈的距离等于胶片平面到光圈的距离。在虚拟像平面上，成像的方向与原物体的方向相同，而且成像的大小与胶片上的实际成像大小相同。

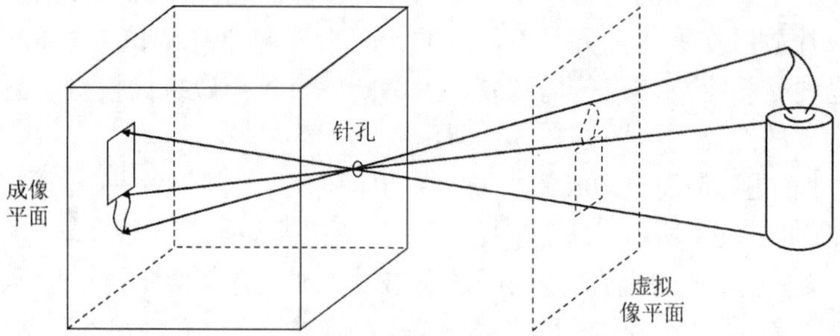

图 8-3　针孔摄像机模型

图 8-4 展示了针孔摄像机成像的几何模型，在这个模型中，胶片通常称为像平面或视网膜平面，记作 Π'，针孔到像平面的距离称为摄像机的焦距，记作 f。以针孔 O 为坐标原点，以平行于像平面的水平方向和竖直方向为 i 轴和 j 轴，以垂直于像平面的方向为 k 轴，建立摄像机坐标系 (O,i,j,k)。摄像机坐标系 k 轴所在直线与像平面 Π' 交于点 O_c，以 O_c 为坐标原点，分别以水平方向和竖直方向分别为 x_c 轴和 y_c 轴，建立像平面坐标系 (O_c,x_c,y_c)。假设三维空间中物体上的一点 P 通过针孔摄像机在像平面上成像为 p 点，在摄像机坐标系下，点 P 的欧氏坐标为 $(x,y,z)^{\mathrm{T}}$，点 p 的欧氏坐标为 $(x',y',z')^{\mathrm{T}}$。

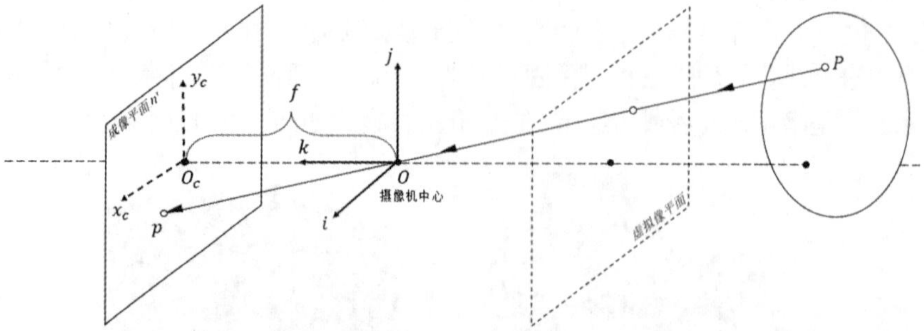

图 8-4　针孔摄像机成像的几何模型

首先单独对 Ojk 平面进行讨论，以坐标系 (O,j,k) 作为该平面的二维坐标系，将点 P 和点 p 分别投影到该平面，如图 8-5 所示。假设在该平面内点 P 坐标为 $(y,z)^{\mathrm{T}}$，点 p 的坐标为 $(y',z')^{\mathrm{T}}$，由于 p 在成像平面上，所以 p 的坐标也可写为 $(y',f)^{\mathrm{T}}$。

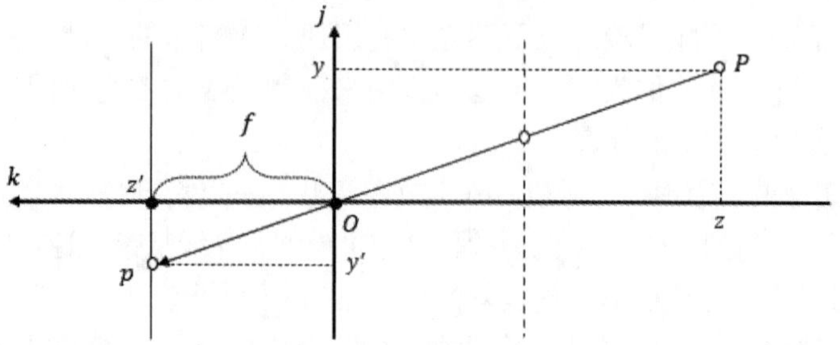

图 8-5　Ojk 平面上的成像关系

根据相似三角形定理，可以得到 Ojk 平面上两点坐标的关系，即

$$\frac{y'}{f}=\frac{y}{z} \quad \Rightarrow \quad y'=f\frac{y}{z} \tag{8-1}$$

同理，如果单独分析 Oik 平面，同样可以得到该平面上两者坐标的关系，即

$$\frac{x'}{f}=\frac{x}{z} \quad \Rightarrow \quad x'=f\frac{x}{z} \tag{8-2}$$

于是便得到在摄像机坐标系下 P 到 p 的映射关系，即

$$\begin{cases} x'=f\dfrac{x}{z} \\ y'=f\dfrac{y}{z} \end{cases} \tag{8-3}$$

这就是针孔摄像机的基本理论模型。需要注意的是，尽管这个理论模型中将光圈近似为几何空间中的一点，但实际上光圈具有一定的大小，不能简单地将光圈视为无限小的点。成像平面上的每个点都接收来自一定角度范围内的光线，形成一个锥形光束，因此光圈的大小对成像质量有着重要的影响，如图 8-6 所示。

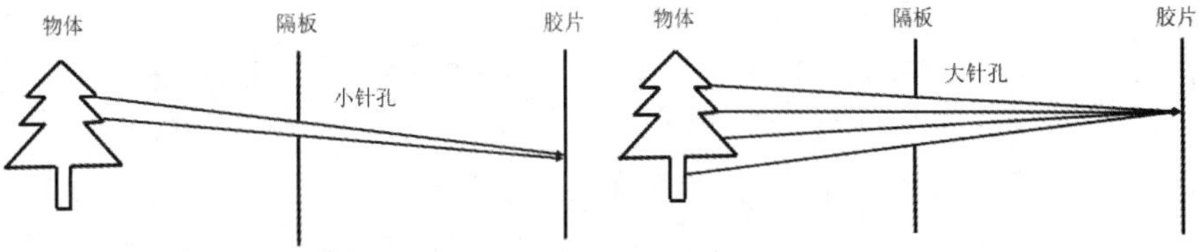

图 8-6　针孔大小对成像的影响

当针孔的尺寸增大，即光圈变大时，成像平面上每个点接收到的光线的角度范围变广，从而使图像变得更亮。然而，由于每个点接收到的光线更多，相对于三维物体上的小部分来说，包含的信息也更多，因此整体图像可能会显得模糊。相反，当针孔的尺寸减小，即光圈变小时，图像会变得更加清晰，因为每个点接收到的光线较少。然而，这也会导致整体图像变暗。当针孔减小到一定尺寸时，还可能出现衍射现象，这会影响图像的清晰度。图 8-7 展示了不同光圈大小下成像结果的对比，强调了光圈大小对图像质量的影响。

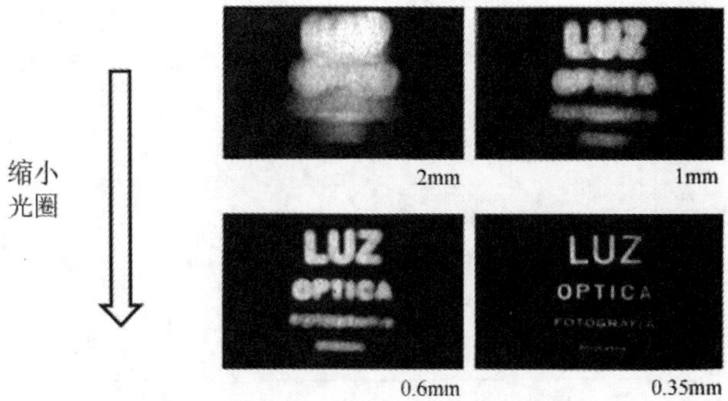

图 8-7　不同光圈大小成像结果的示意图

8.1.2 透镜成像

在现代摄像机中，为了解决针孔摄像机模型中清晰度和亮度之间的冲突问题，人们采用镜头来改善成像质量。镜头是一种光学设备，可以聚焦或分散光线，从而提高图像的清晰度和亮度。不同的应用场景可能需要使用不同材质的镜头，包括塑料、玻璃、晶体等，也可以采用多个光学零件的组合，如反射镜、透射镜、棱镜等。在这些光学设备中，凸透镜是基本的光学零件之一，而带有镜头的摄像机成像也是基于凸透镜成像原理。

凸透镜是根据光的折射原理制成的，它是一种中央较厚而边缘较薄的透镜，因其具有汇聚光线的特性而被称为汇聚透镜。如图 8-8 所示，凸透镜通常有一个中心，该中心被称为光心，而通过光心且垂直于透镜平面的直线被称为主光轴。凸透镜的作用是将平行于主光轴的光线汇聚到一点上，这一点被称为凸透镜的焦点，用 F 表示，焦点到光心的距离叫作焦距，用 f' 表示。物体到透镜之间的距离称为物距，成像平面到透镜之间的距离称为像距，两者分别用 u 和 v 表示。

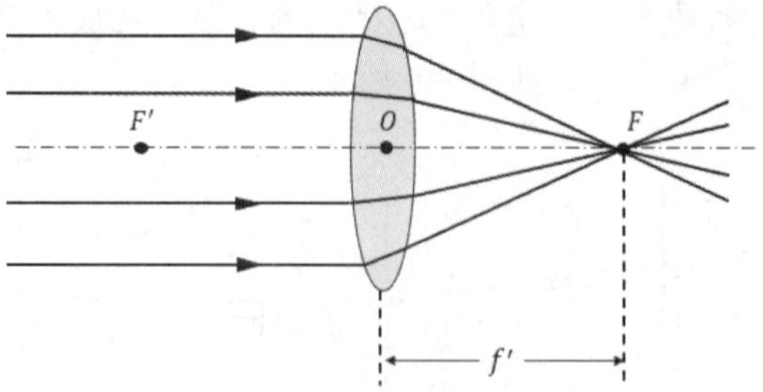

图 8-8 凸透镜成像示意图

根据凸透镜的物理性质，物体和成像平面在不同位置时成像效果也不同。当物距小于焦距时，凸透镜只会成正立放大的虚像，在成像平面上不成像，此时凸透镜通常作为放大镜使用。当物距处于一倍焦距和二倍焦距之间，且像距大于二倍焦距时，会成倒立放大的实像，这种情况多应用于投影仪、电影放映机的镜头上。对于装有镜头的摄像机，其成像遵循：物距大于二倍焦距，且像距在一倍焦距和二倍焦距之间，成像平面上成的是倒立、缩小的实像。在这种情况中，物体上一点 P 反射的通过焦点 F 的光线经过凸透镜折射后平行于主光轴，平行于主光轴发射的光线经过折射后会通过焦点 F，经过光心的直线不会改变方向，最终 P 点清晰成像在这三条光线的交点处，如图 8-9 所示。

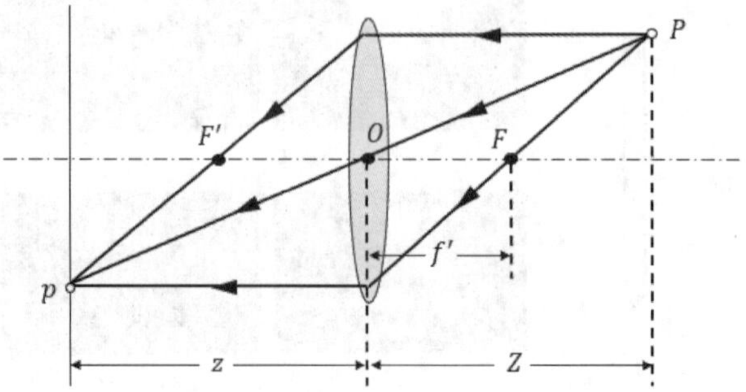

图 8-9 摄像机中凸透镜成像原理

由透镜成像公式可得

$$\frac{1}{z}+\frac{1}{Z}=\frac{1}{f'} \tag{8-4}$$

其中 f' 是凸透镜的焦距。只有当物体距透镜中心的距离 Z 和成像平面距透镜中心的距离 z 满足式（8-4）的时候，物体才能在像平面上呈现出清晰的影像。在这种情况下，物体上的点和成像平面上的点基本满足一一对应的关系，因为通过透镜中心的光线不会改变方向，所以物体上的点和胶片上的点的坐标关系与针孔摄像机模型中点的对应关系类似，可以直接得到

$$\begin{cases} x' = z\dfrac{x}{Z} \\ y' = z\dfrac{y}{Z} \end{cases} \tag{8-5}$$

这一模型也被称为近轴折射模型，因为推导过程中使用了近轴和“薄透镜”假设。在这个模型中，透镜的折射作用使得物体上的某一点 P 发出的多条光线被汇聚到凸透镜背后的胶片上的同一点。因此，胶片上接收到更多的光线，使成像更加明亮。与简单的小孔成像相比，透镜成像在保持成像明亮的同时可以提供更清晰的图像。

但是采用透镜会带来另外一些问题，比如失焦和畸变。

失焦的情况如图 8-10 所示，其中点 P 发出的光线虽然通过透镜汇聚到 p，但这一性质并不适用于三维物体上的所有点。距镜头不同距离的点发出的光线无法完全聚焦在胶片上，这部分图像就会产生失焦，即出现“虚化”的效果。因此，透镜成像具有一定的成像距离限制，在这个距离范围内物体可以在胶片上清晰成像。在摄影领域，这个距离也被称为景深，微距摄影就是利用了这一属性，在景深范围内呈现出清晰的图像，而景深范围之外的图像则会虚化，以此创造出一种视觉美感。

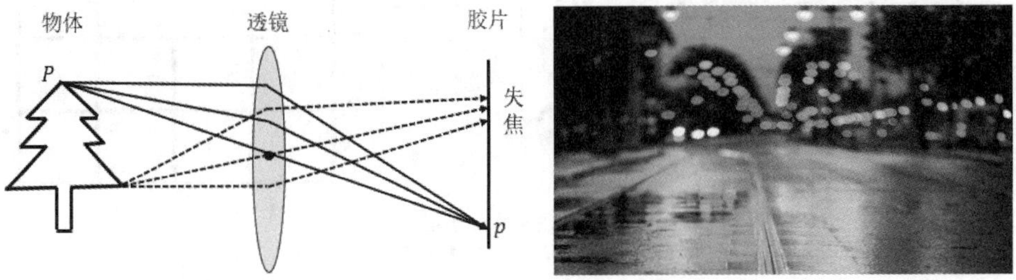

图 8-10　凸透镜成像失焦示意图

畸变是指成像平面上的图像点出现几何位置误差，从而使整个成像系统不再严格符合摄像机成像模型。畸变主要分为两种类型：切向畸变和径向畸变，如图 8-11 所示。

切向畸变指矢量端点沿切线方向发生的变化，也就是成像平面上的图像点在切向方向上出现偏移，这种畸变主要是由于摄像机在生产制造过程中，其图像传感器与光轴未能垂直而造成的。在现代摄像机中切向畸变的程度很小，这种畸变基本可以忽略不计。

径向畸变是摄像机成像过程中主要的畸变之一，对图像产生了形变。它是由于透镜制造过程中的误差导致的，使得透镜不同部分对光线的聚焦具有不同的放大率。这种畸变的影响最为显著，因为它会使图像中的像素点以透镜中心为中心点，沿着透镜半径方向产生

位置偏差。具体而言，当放大率随着到光轴的距离增大而减小时，图像边缘会向内收缩，形成桶形畸变，如图 8-12（b）所示；而当放大率随着距离的增大而增大时，图像边缘会向外扩张，形成枕形畸变，如图 8-12（c）所示。这些畸变是摄像机成像中不可忽视的因素，本书在后续章节将详细探讨径向畸变的建模和分析。

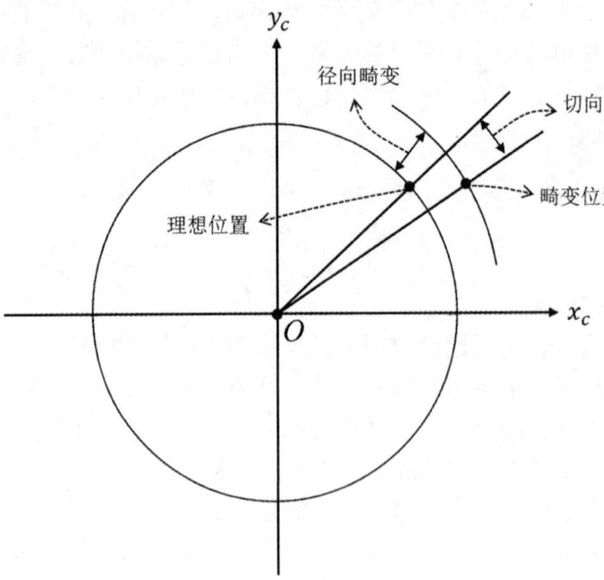

图 8-11　镜头畸变示意图

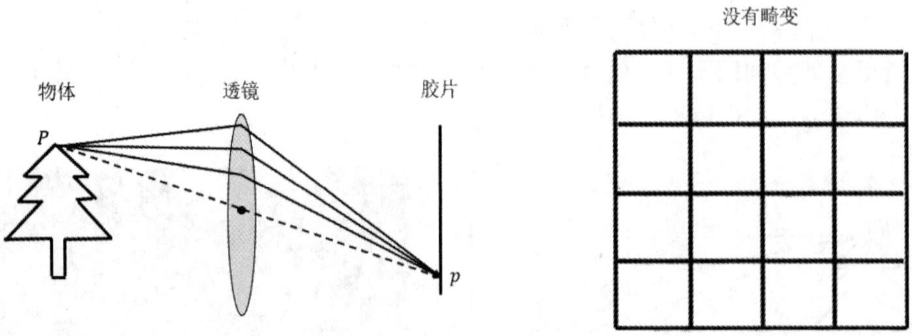

（a）没有畸变的情况

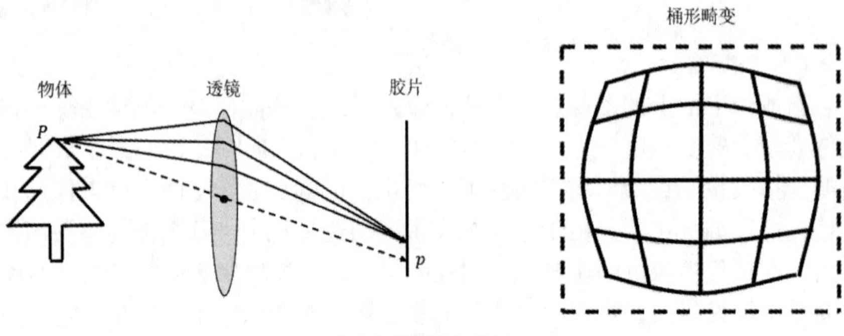

（b）桶形畸变的情况

图 8-12　枕形畸变和桶形畸变示意图

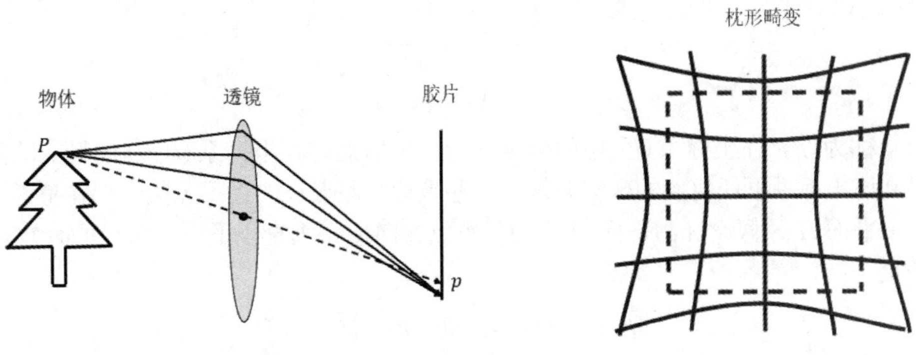

（c）枕形畸变的情况

图 8-12　枕形畸变和桶形畸变示意图（续）

8.2 摄像机几何

在 8.1 节中，已经介绍了针孔摄像机模型，并使用三维坐标系进行了说明。本节将更详细地讨论三维坐标系以及在摄像机几何中常用的坐标变换方法。本节的内容基于一个假设，即整个坐标系统的单位是确定的，单位长度也是固定的。

8.2.1 齐次坐标

给定三维欧氏空间中的一点 O 和三个相互正交的单位向量 $\boldsymbol{i},\boldsymbol{j},\boldsymbol{k}$，将这个三维正交坐标系$(F)$用一个四元组表示 $(O,\boldsymbol{i},\boldsymbol{j},\boldsymbol{k})$。点 O 是坐标系(F)的原点，$\boldsymbol{i},\boldsymbol{j},\boldsymbol{k}$ 是它的三个基向量。在右手坐标系中，这样的点 O 可以看作右手放在原点的位置，向量 $\boldsymbol{i},\boldsymbol{j},\boldsymbol{k}$ 可以分别看作右手大拇指、食指和中指所指的方向，如图 8-13 所示。以此建立三维坐标系，空间中的一点 P 的笛卡儿坐标 x,y,z 定义为向量 $\overline{OP}$ 在 $\boldsymbol{i},\boldsymbol{j},\boldsymbol{k}$ 三个方向上的正交投影的长度（有符号），即

$$\begin{cases} x=\overline{OP}\cdot\boldsymbol{i} \\ y=\overline{OP}\cdot\boldsymbol{j} \\ z=\overline{OP}\cdot\boldsymbol{k} \end{cases} \Leftrightarrow \quad \overline{OP}=x\boldsymbol{i}+y\boldsymbol{j}+z\boldsymbol{k} \tag{8-6}$$

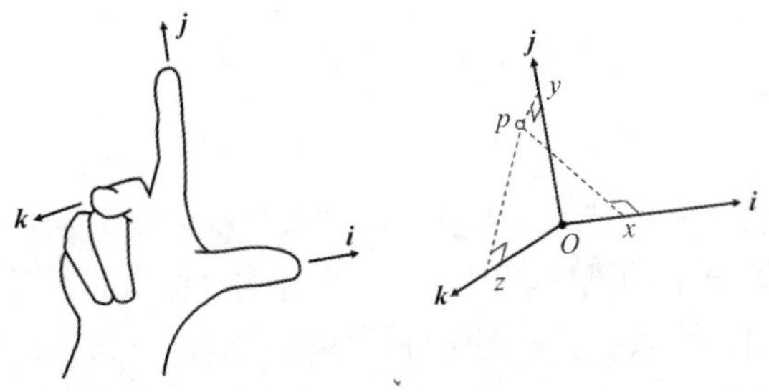

图 8-13　右手坐标系和笛卡儿坐标系

可以写成列向量的形式，即

$$\boldsymbol{P}=\begin{pmatrix}x\\y\\z\end{pmatrix}\in\mathbb{R}^3 \tag{8-7}$$

该列向量称为点 P 在坐标系 (F) 中的坐标向量。可以通过在坐标系 (F) 基向量上的投影长度来得到该坐标系下任何点的坐标向量，这些坐标与原点 O 的选择无关。现在考虑三维空间的一个平面 Π，假设 A 为平面 Π 中的任意点，向量 $\boldsymbol{n}$ 垂直于平面，那么平面 Π 上的一点 P 满足

$$\overline{AP}\cdot\boldsymbol{n}=0 \quad \Leftrightarrow \quad \overline{OP}\cdot\boldsymbol{n}-\overline{OA}\cdot\boldsymbol{n}=0 \tag{8-8}$$

如果在坐标系 (F) 中，点 P 的坐标为 (x,y,z)，向量 $\boldsymbol{n}$ 为 (a,b,c)，式（8-8）可重写为

$$ax+by+cz-d=0 \tag{8-9}$$

其中，$d=\overline{OA}\cdot\boldsymbol{n}$ 表示原点 O 和平面 Π 之间的距离（有符号），与点 A 的选择无关，如图 8-14 所示。

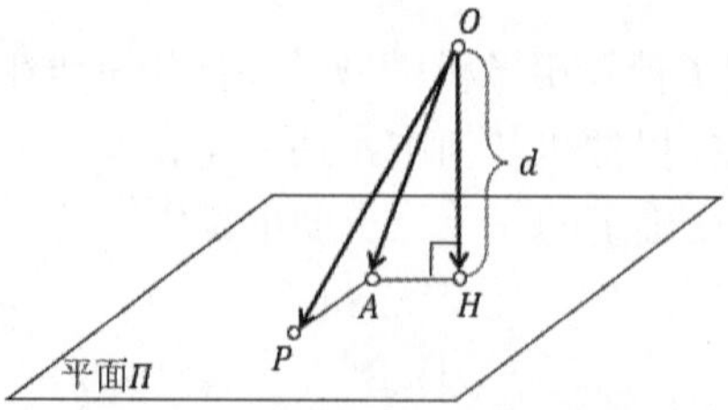

图 8-14　平面方程的几何定义示意图

为了方便起见，通常会使用齐次坐标来表示三维空间中的点、线和平面。这里主要关注齐次坐标的定义，上述平面方程 $ax+by+cz-d=0$ 可以重写为如下向量相乘的形式

$$(a \quad b \quad c \quad -d)\begin{pmatrix}x\\y\\z\\1\end{pmatrix}=0 \quad \Leftrightarrow \quad \boldsymbol{\Pi}\cdot\boldsymbol{P}=0 \tag{8-10}$$

其中

$$\boldsymbol{\Pi}=\begin{pmatrix}a\\b\\c\\-d\end{pmatrix},\boldsymbol{P}=\begin{pmatrix}x\\y\\z\\1\end{pmatrix}$$

将这里的向量 $\boldsymbol{P}$ 称为坐标系 (F) 中点 P 的齐次坐标向量，从形式上看就是在点 P 的欧氏坐标上增加了一个等于 1 的维度。因此，定义齐次坐标就是在原有坐标的基础上增加一个维度，即二维坐标用三维表示，三维坐标用四维表示，一般将新增加的维度的值设为 1，如下所示

$$\mathbb{E}\to\mathbb{H}:$$

$$
(x,y)\Rightarrow\begin{pmatrix}x\\y\\1\end{pmatrix},\quad (x,y,z)\Rightarrow\begin{pmatrix}x\\y\\z\\1\end{pmatrix}
$$

同样的平面Π也用一个齐次坐标向量表示，并且不是唯一的，将该平面向量乘以任何非零常数都表示这个平面，点也同理。所以，齐次坐标的定义是忽略比例系数的。只存在比例关系的多个齐次坐标表示的含义相同，其欧氏坐标的表示唯一，于是在将齐次坐标转换为欧氏坐标时将齐次坐标的前$n-1$维的数除以第n维的数，减小一个维度，即

$$
\mathbb{H}\rightarrow\mathbb{E}:
$$

$$
\begin{pmatrix}x\\y\\w\end{pmatrix}\Rightarrow\left(\frac{x}{w},\frac{y}{w}\right),\quad \begin{pmatrix}x\\y\\z\\w\end{pmatrix}\Rightarrow\left(\frac{x}{w},\frac{y}{w},\frac{z}{w}\right)
$$

一般来说，欧氏空间中的点转化到齐次空间是一一对应的，而齐次空间中的点到欧氏空间的转化不是一一对应的，是多对一的关系。

8.2.2 坐标系变换和刚体变换

在三维空间中，点的坐标是基于特定坐标系的。当存在多个不同的坐标系时，坐标的表示方式也会不同。本小节的主要内容是不同坐标系之间的坐标转换。为了表示方便，用符号${}^F\boldsymbol{P}$的形式来表示点P在坐标系(F)下的坐标向量，即

$$
{}^F\boldsymbol{P}={}^F\overline{OP}=\begin{pmatrix}x\\y\\z\end{pmatrix}\quad\Leftrightarrow\quad\overline{OP}=x\boldsymbol{i}+y\boldsymbol{j}+z\boldsymbol{k} \tag{8-11}
$$

考虑三维空间中的两个坐标系$(A)=(O_A,\boldsymbol{i}_A,\boldsymbol{j}_A,\boldsymbol{k}_A)$和$(B)=(O_B,\boldsymbol{i}_B,\boldsymbol{j}_B,\boldsymbol{k}_B)$，首先假设两个坐标系的基向量互相平行，即$\boldsymbol{i}_A=\boldsymbol{i}_B$，$\boldsymbol{j}_A=\boldsymbol{j}_B$，$\boldsymbol{k}_A=\boldsymbol{k}_B$，两原点$O_A$和$O_B$不同，如图 8-15 所示。

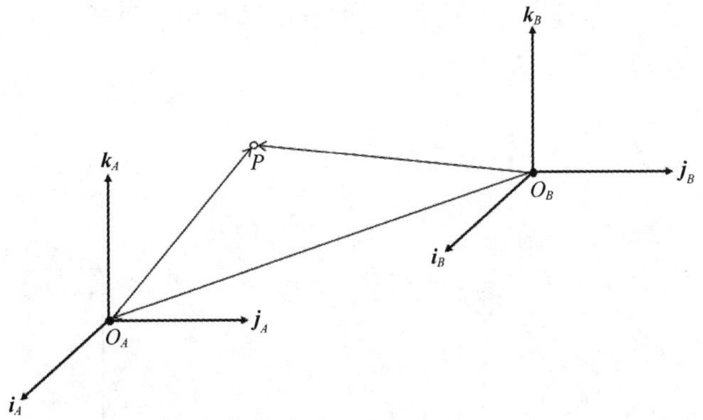

图 8-15　只有平移关系的两个坐标系的示意图

在这种情况下，两个坐标系之间只有平移关系，所以有$\overline{O_BP}=\overline{O_BO_A}+\overline{O_AP}$，因此有

$$^{B}\boldsymbol{P} = {}^{A}\boldsymbol{P} + {}^{B}\boldsymbol{O}_{A}$$

当两个坐标系的原点重合，但对应的基向量不同时，两个坐标系之间只存在旋转关系，而不存在平移关系，如图 8-16 所示。

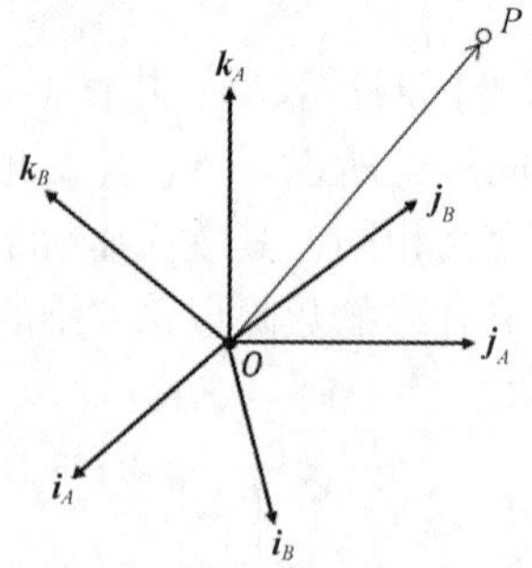

图 8-16　只有旋转关系的两个坐标系的示意图

将旋转关系定义为一个 3×3 矩阵，即

$$^{B}_{A}\boldsymbol{R} = \begin{pmatrix} \boldsymbol{i}_A \cdot \boldsymbol{i}_B & \boldsymbol{j}_A \cdot \boldsymbol{i}_B & \boldsymbol{k}_A \cdot \boldsymbol{i}_B \\ \boldsymbol{i}_A \cdot \boldsymbol{j}_B & \boldsymbol{j}_A \cdot \boldsymbol{j}_B & \boldsymbol{k}_A \cdot \boldsymbol{j}_B \\ \boldsymbol{i}_A \cdot \boldsymbol{k}_B & \boldsymbol{j}_A \cdot \boldsymbol{k}_B & \boldsymbol{k}_A \cdot \boldsymbol{k}_B \end{pmatrix} \tag{8-12}$$

注意到矩阵 $^{B}_{A}\boldsymbol{R}$ 的第一列由 $\boldsymbol{i}_A$ 在 $(\boldsymbol{i}_B, \boldsymbol{j}_B, \boldsymbol{k}_B)$ 基础上的坐标组成，同样的第二列和第三列分别由 $\boldsymbol{j}_A$ 和 $\boldsymbol{k}_A$ 在 $(\boldsymbol{i}_B, \boldsymbol{j}_B, \boldsymbol{k}_B)$ 基础上的坐标形成。于是矩阵 $^{B}_{A}\boldsymbol{R}$ 可以用三个列向量或行向量的组合来更简洁地表示，即

$$^{B}_{A}\boldsymbol{R} = ({}^{B}\boldsymbol{i}_A \quad {}^{B}\boldsymbol{j}_A \quad {}^{B}\boldsymbol{k}_A) = \begin{pmatrix} {}^{A}\boldsymbol{i}_B^{\mathrm{T}} \\ {}^{A}\boldsymbol{j}_B^{\mathrm{T}} \\ {}^{A}\boldsymbol{k}_B^{\mathrm{T}} \end{pmatrix} \tag{8-13}$$

因此有 $^{A}_{B}\boldsymbol{R} = {}^{B}_{A}\boldsymbol{R}^{\mathrm{T}}$。为了用符号表达得清晰，这里规定左下标指的是原坐标系，左上标指的是目标坐标系，例如，$^{A}\boldsymbol{P}$ 表示点 P 基于坐标系 (A) 的坐标，$^{B}\boldsymbol{j}_A$ 表示向量 $\boldsymbol{j}_A$ 在坐标系 (B) 中的表示，矩阵 $^{B}_{A}\boldsymbol{R}$ 表示从坐标系 (A) 旋转到坐标系 (B) 的旋转矩阵。

在两个坐标系 (A) 和 (B) 只存在旋转关系的情况下，假设 $\boldsymbol{k}_A = \boldsymbol{k}_B = \boldsymbol{k}$，向量 $\boldsymbol{i}_A$ 和 $\boldsymbol{i}_B$ 的夹角为 α，如图 8-17 所示，向量 $\boldsymbol{i}_A$ 绕向量 $\boldsymbol{k}$ 逆时针旋转 α 角度得到向量 $\boldsymbol{i}_B$，同样的向量 $\boldsymbol{j}_A$ 绕向量 $\boldsymbol{k}$ 逆时针旋转 α 得到向量 $\boldsymbol{j}_B$。

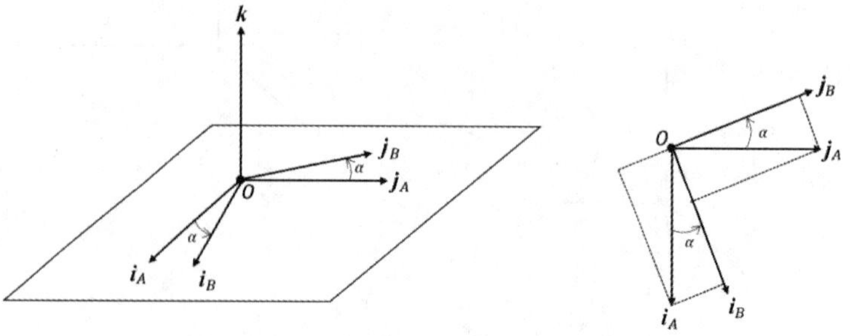

图 8-17　坐标系旋转分析示意图

此时旋转矩阵 ${}_A^B\boldsymbol{R}$ 可以表示为

$$ {}_A^B\boldsymbol{R}_k = \begin{pmatrix} \cos\alpha & \sin\alpha & 0 \\ -\sin\alpha & \cos\alpha & 0 \\ 0 & 0 & 1 \end{pmatrix} \tag{8-14} $$

这里假设的是两个坐标系的向量 $\boldsymbol{k}$ 相同，如果当两个坐标系的向量 $\boldsymbol{i}$ 或向量 $\boldsymbol{j}$ 相同时也可得到类似的旋转矩阵，假设坐标系（A）绕 $\boldsymbol{i}$ 轴逆时针旋转 γ 角度对应的旋转矩阵为 ${}_A^B\boldsymbol{R}_i$ ，绕 $\boldsymbol{j}$ 轴逆时针旋转 β 角度对应的旋转矩阵为 ${}_A^B\boldsymbol{R}_j$ ，那么矩阵 ${}_A^B\boldsymbol{R}_i$ 和 ${}_A^B\boldsymbol{R}_j$ 可分别写为

$$ {}_A^B\boldsymbol{R}_i = \begin{pmatrix} 1 & 0 & 0 \\ 0 & \cos\gamma & \sin\gamma \\ 0 & -\sin\gamma & \cos\gamma \end{pmatrix} \tag{8-15} $$

$$ {}_A^B\boldsymbol{R}_j = \begin{pmatrix} \cos\beta & 0 & -\sin\beta \\ 0 & 1 & 0 \\ \sin\beta & 0 & \cos\beta \end{pmatrix} \tag{8-16} $$

可以证明，任何旋转矩阵都可以写成关于绕向量 $\boldsymbol{i},\boldsymbol{j},\boldsymbol{k}$ 旋转的三个基本旋转矩阵的乘积，于是旋转矩阵也可表示为如式（8-17）所示。

$$ \begin{aligned} {}_A^B\boldsymbol{R} = {}_A^B\boldsymbol{R}_i \cdot {}_A^B\boldsymbol{R}_j \cdot {}_A^B\boldsymbol{R}_k &= \begin{pmatrix} 1 & 0 & 0 \\ 0 & \cos\gamma & \sin\gamma \\ 0 & -\sin\gamma & \cos\gamma \end{pmatrix} \begin{pmatrix} \cos\beta & 0 & -\sin\beta \\ 0 & 1 & 0 \\ \sin\beta & 0 & \cos\beta \end{pmatrix} \begin{pmatrix} \cos\alpha & \sin\alpha & 0 \\ -\sin\alpha & \cos\alpha & 0 \\ 0 & 0 & 1 \end{pmatrix} \\ &= \begin{pmatrix} \cos\alpha\cos\beta & \cos\alpha\sin\beta\sin\gamma + \sin\alpha\cos\gamma & -\cos\alpha\sin\beta\cos\gamma + \sin\alpha\sin\gamma \\ -\sin\alpha\cos\beta & -\sin\alpha\sin\beta\sin\gamma + \cos\alpha\cos\gamma & \sin\alpha\sin\beta\cos\gamma + \cos\alpha\sin\gamma \\ \sin\beta & -\cos\beta\sin\gamma & \cos\beta\cos\gamma \end{pmatrix} \end{aligned} \tag{8-17} $$

对于三维空间中的一点 P 的坐标可以写为

$$ \overline{OP} = (\boldsymbol{i}_A \quad \boldsymbol{j}_A \quad \boldsymbol{k}_A) \begin{pmatrix} A_x \\ A_y \\ A_z \end{pmatrix} = (\boldsymbol{i}_B \quad \boldsymbol{j}_B \quad \boldsymbol{k}_B) \begin{pmatrix} B_x \\ B_y \\ B_z \end{pmatrix} \tag{8-18} $$

其在坐标系(A)中的坐标和在坐标系(B)中的坐标之间存在如下关系

$$ {}^B\boldsymbol{P} = {}_A^B\boldsymbol{R}\,{}^A\boldsymbol{P} \tag{8-19} $$

旋转矩阵具有以下特性：旋转矩阵的逆矩阵等于它的转置；旋转矩阵的行列式等于 1。从定义上看，旋转矩阵的列可以形成一个右手正交坐标系。根据上述特性也可看出，旋转矩阵的行也可以形成一个这样的坐标系。

需要注意的是，旋转矩阵的集合形成了一个群：①两个旋转矩阵的乘积也是一个旋转矩阵（这一点可以直观地看出并且很容易验证）；②旋转矩阵的乘积满足结合律，即对于任何旋转矩阵 $\boldsymbol{R},\boldsymbol{R}',\boldsymbol{R}''$ ，有 $(\boldsymbol{R}\boldsymbol{R}')\boldsymbol{R}'' = \boldsymbol{R}(\boldsymbol{R}'\boldsymbol{R}'')$ ；③$3\times3$ 的单位矩阵 $\boldsymbol{I}$ 也可看成旋转矩阵，对于任意的旋转矩阵 $\boldsymbol{R}$ ，有 $\boldsymbol{R}\boldsymbol{I} = \boldsymbol{I}\boldsymbol{R} = \boldsymbol{R}$ ；④旋转矩阵的逆等于它的转置，于是有 $\boldsymbol{R}\boldsymbol{R}^{-1} = \boldsymbol{R}^{-1}\boldsymbol{R} = \boldsymbol{I}$ 。然而这个矩阵群是不满足交换律的，即给定两个旋转矩阵 $\boldsymbol{R}$ 和 $\boldsymbol{R}'$ ，两

个乘积 $\boldsymbol{RR'}$ 和 $\boldsymbol{R'R}$ 通常是不同的。

考虑一般情况，当两个坐标系的原点和基向量都不相同时，说明它们之间既存在平移关系又有旋转关系。将这两个坐标系之间的变换关系称为刚体变换，如图 8-18 所示。

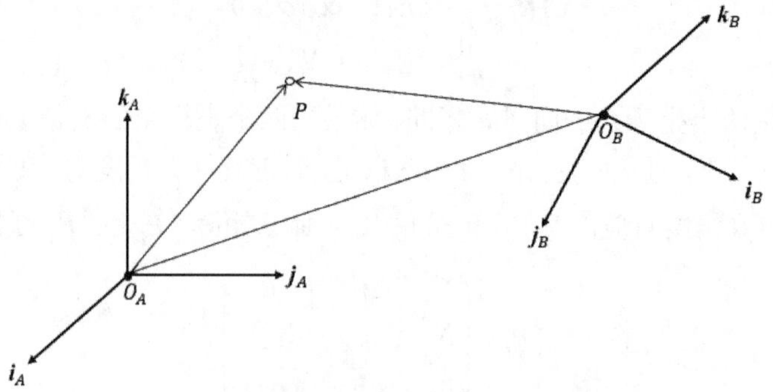

图 8-18　刚体变换示意图

对于三维空间中的一点 P，其在两个坐标系中的坐标有如下关系

$$ {}^{B}\boldsymbol{P} = {}^{B}_{A}\boldsymbol{R}\,{}^{A}\boldsymbol{P} + {}^{B}\boldsymbol{O}_A \tag{8-20} $$

可以直观地认为坐标系(A)先进行旋转，使得三个基向量与坐标系(B)的三个基向量方向相同，再进行平移操作，将原点移动到 O_B，从而实现坐标系(A)到坐标系(B)的转换。于是对于三维空间中的一点，其在坐标系(A)中的坐标经过一个旋转矩阵的变换，再经过一个平移变换，就可以得到其在坐标系(B)中的坐标，从而实现不同坐标系下点的坐标转换。

可以利用前一节提到的齐次坐标来表示刚体变换，将刚体变换关系式转化为矩阵乘积的形式。知道矩阵之间可以以块的形式进行相乘，假设有如下两个矩阵

$$ \boldsymbol{A} = \begin{pmatrix} \boldsymbol{A}_{11} & \boldsymbol{A}_{12} \\ \boldsymbol{A}_{21} & \boldsymbol{A}_{22} \end{pmatrix}, \boldsymbol{B} = \begin{pmatrix} \boldsymbol{B}_{11} & \boldsymbol{B}_{12} \\ \boldsymbol{B}_{21} & \boldsymbol{B}_{22} \end{pmatrix} $$

其中，子矩阵 $\boldsymbol{A}_{11}$ 和 $\boldsymbol{A}_{21}$ 的列数等于 $\boldsymbol{B}_{11}$ 和 $\boldsymbol{B}_{12}$ 的行数，$\boldsymbol{A}_{12}$ 和 $\boldsymbol{A}_{22}$ 的列数等于 $\boldsymbol{B}_{21}$ 和 $\boldsymbol{B}_{22}$ 的行数，将矩阵 $\boldsymbol{A},\boldsymbol{B}$ 相乘可以得到如下形式

$$ \boldsymbol{AB} = \begin{pmatrix} \boldsymbol{A}_{11}\boldsymbol{B}_{11} + \boldsymbol{A}_{12}\boldsymbol{B}_{21} & \boldsymbol{A}_{11}\boldsymbol{B}_{12} + \boldsymbol{A}_{12}\boldsymbol{B}_{22} \\ \boldsymbol{A}_{21}\boldsymbol{B}_{11} + \boldsymbol{A}_{22}\boldsymbol{B}_{21} & \boldsymbol{A}_{21}\boldsymbol{B}_{12} + \boldsymbol{A}_{22}\boldsymbol{B}_{22} \end{pmatrix} \tag{8-21} $$

举一个具体的例子，有

$$ \begin{pmatrix} r_{11} & r_{12} & r_{13} \\ r_{21} & r_{22} & r_{23} \\ r_{31} & r_{32} & r_{33} \end{pmatrix} \begin{pmatrix} c_{11} & c_{12} \\ c_{21} & c_{22} \\ c_{31} & c_{32} \end{pmatrix} = \begin{pmatrix} r_{11}c_{11}+r_{12}c_{21}+r_{13}c_{31} & r_{11}c_{12}+r_{12}c_{22}+r_{13}c_{32} \\ r_{21}c_{11}+r_{22}c_{21}+r_{23}c_{31} & r_{21}c_{12}+r_{22}c_{22}+r_{23}c_{32} \\ r_{31}c_{11}+r_{32}c_{21}+r_{33}c_{31} & r_{31}c_{12}+r_{32}c_{22}+r_{33}c_{32} \end{pmatrix} $$

$$ = \begin{pmatrix} \begin{pmatrix} r_{11} & r_{12} & r_{13} \\ r_{21} & r_{22} & r_{23} \end{pmatrix} \begin{pmatrix} c_{11} \\ c_{21} \\ c_{31} \end{pmatrix} & \begin{pmatrix} r_{11} & r_{12} & r_{13} \\ r_{21} & r_{22} & r_{23} \end{pmatrix} \begin{pmatrix} c_{12} \\ c_{22} \\ c_{32} \end{pmatrix} \\ \begin{pmatrix} r_{31} & r_{32} & r_{33} \end{pmatrix} \begin{pmatrix} c_{11} \\ c_{21} \\ c_{31} \end{pmatrix} & \begin{pmatrix} r_{31} & r_{32} & r_{33} \end{pmatrix} \begin{pmatrix} c_{12} \\ c_{22} \\ c_{32} \end{pmatrix} \end{pmatrix} $$

因此可以将刚体变换表达式重写为

$$\begin{pmatrix} {}^{B}\boldsymbol{P} \\ 1 \end{pmatrix} = {}_{A}^{B}\boldsymbol{T} \begin{pmatrix} {}^{A}\boldsymbol{P} \\ 1 \end{pmatrix}, \ {}_{A}^{B}\boldsymbol{T} = \begin{pmatrix} {}_{A}^{B}\boldsymbol{R} & {}^{B}\boldsymbol{O}_{A} \\ \boldsymbol{0}^{\mathrm{T}} & 1 \end{pmatrix} \tag{8-22}$$

其中零向量 $\boldsymbol{0} = (0,0,0)^{\mathrm{T}}$ 。换句话说，使用齐次坐标时，可以将刚体变换用一个 4×4 的矩阵 $\boldsymbol{T}$ 表示。不难证明，齐次坐标下刚体变换矩阵的集合也是一个矩阵群。

刚体变换可以将点从一个坐标系映射到另一个坐标系，在一个确定的坐标系中，刚体变换也可以认为是两个不同点之间的映射，如在坐标系 (F) 中点 P 通过刚体变换映射到点 P' 可以表示为

$${}^{F}\boldsymbol{P}' = \boldsymbol{R}\,{}^{F}\boldsymbol{P} + \boldsymbol{t} \Leftrightarrow \begin{pmatrix} {}^{F}\boldsymbol{P}' \\ 1 \end{pmatrix} = \begin{pmatrix} \boldsymbol{R} & \boldsymbol{t} \\ \boldsymbol{0}^{\mathrm{T}} & 1 \end{pmatrix} \begin{pmatrix} {}^{F}\boldsymbol{P} \\ 1 \end{pmatrix} \tag{8-23}$$

其中 $\boldsymbol{R}$ 是一个旋转矩阵，$\boldsymbol{t}$ 是一个三维列向量。在这种情况下刚体变换矩阵包含 P, P' 两点之间的旋转关系和平移关系信息。假设 P 点绕坐标系 (F) 的 $\boldsymbol{k}$ 轴逆时针旋转角度 θ 后得到点 P'，点 P 和点 P' 之间的坐标映射关系可以表示为

$${}^{F}\boldsymbol{P}' = \boldsymbol{R}\,{}^{F}\boldsymbol{P} \tag{8-24}$$

$$\begin{pmatrix} {}^{F}\boldsymbol{P}' \\ 1 \end{pmatrix} = \begin{pmatrix} \boldsymbol{R} & 0 \\ \boldsymbol{0}^{\mathrm{T}} & 1 \end{pmatrix} \begin{pmatrix} {}^{F}\boldsymbol{P} \\ 1 \end{pmatrix}$$

其中

$$\boldsymbol{R} = \begin{pmatrix} \cos\theta & -\sin\theta & 0 \\ \sin\theta & \cos\theta & 0 \\ 0 & 0 & 1 \end{pmatrix}$$

如果点 P 不变，将坐标系 (F) 绕 k 轴逆时针旋转角度 θ 后得到坐标系 (F')，在坐标系 (F') 中点 P 的坐标向量为 ${}^{F'}\boldsymbol{P}$，则 ${}^{F}\boldsymbol{P}$ 和 ${}^{F'}\boldsymbol{P}$ 有如下关系

$${}^{F'}\boldsymbol{P} = {}_{F}^{F'}\boldsymbol{R}\,{}^{F}\boldsymbol{P} \tag{8-25}$$

可以得到 $\boldsymbol{R} = {}_{F}^{F'}\boldsymbol{R}^{-1}$，表示两个坐标系之间的变换矩阵是将点映射到另一个坐标系中的变换矩阵的逆矩阵。

当旋转矩阵 $\boldsymbol{R}$ 替换为任意的 3×3 的矩阵 $\boldsymbol{A}$ 时，上述关系式仍然成立，仍然可以表示坐标系之间的变换（或点之间的映射），但不再有长度和角度的限制，即新坐标系不一定具有单位长度，坐标轴不一定正交。这时矩阵 $\boldsymbol{T}$ 写为

$$\boldsymbol{T} = \begin{pmatrix} \boldsymbol{A} & \boldsymbol{t} \\ \boldsymbol{0}^{\mathrm{T}} & 1 \end{pmatrix}$$

此时，$\boldsymbol{T}$ 表示仿射变换。当矩阵 $\boldsymbol{T}$ 为任意的 4×4 矩阵时，$\boldsymbol{T}$ 表示射影变换。仿射变换和射影变换也形成群，这里不再详细讨论。

8.2.3 一般摄像机的几何模型

一般摄像机的几何模型

当三维物体通过摄像机在二维像平面上形成投影时，摄像机需要对该投影图像进行处理，最终生成一张数字图像，其单位为像素。由于需要建

模三维物体到二维数字图像的映射关系，因此在针孔摄像机模型的基础上需要进一步修正和补充。

在针孔摄像机模型中，三维空间中的点被映射到二维平面上，将这种三维到二维的映射称为投影变换。然而，投影变换的结果并不直接对应实际获得的数字图像。首先，数字图像中的点通常与图像平面中的点位于不同的坐标系。其次，数字图像是由离散的像素组成的，而图像平面中的点是连续的。最后，由于镜头的制造误差，摄像机可能会产生非线性失真，如径向畸变等（这里不考虑这些特殊情况，摄像机标定一节中会单独讨论）。因此，需要引入一些额外的摄像机参数来对这些变换进行建模，以实现三维点到二维像素点的准确映射。

如图 8-19 所示，默认摄像机坐标系 k 轴所在直线与像平面 Π' 的交点 O_c 为像平面图像的坐标原点，但在实际情况中，数字图像坐标系 (O',x,y) 和投影成像坐标系 (O_c,x,y) 并不一致，首先两者的坐标原点之间有一定的位置偏差，数字图像的坐标原点通常位于图像的左下角，而投影成像的坐标原点为图像的中心，所以需要在针孔摄像机模型的基础上先将像平面上的图像坐标进行一次位置修正，即

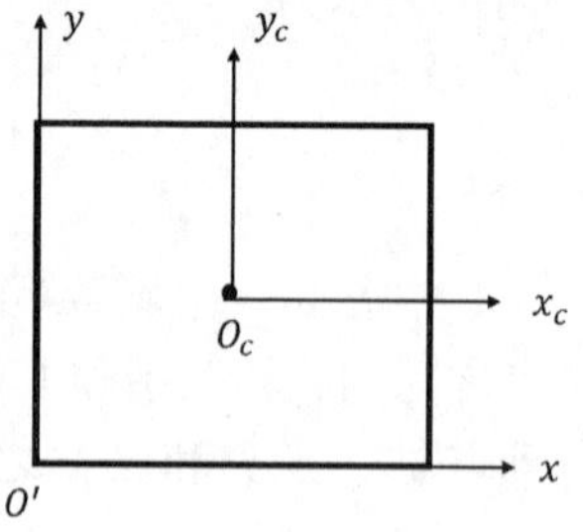

图 8-19　像平面坐标系

$$(x,y,z) \to \left(f\frac{x}{z}+c_x, f\frac{y}{z}+c_y \right)$$

其中 (c_x,c_y) 是 O_c 在像素坐标系下的坐标。

然后需要将图像坐标离散化，从而将成像图像转化为数字图像，考虑到一些 CCD 摄像机的成像情况，每个像素可能并非是正方形，不能保证像素的纵横比为 1，所以需要在 x 轴和 y 轴上引入不同的比例参数以建模这种情况，即

$$(x,y,z) \to \left(fk\frac{x}{z}+c_x, fl\frac{y}{z}+c_y \right)$$

其中，k 和 l 为把米制单位转换为像素单位的转换量，单位是 pixel/m，以实现连续的图像坐标到离散的像素坐标的转换，这个转换量的数值大小与成像元器件的性质有关。

因为 f 、k 和 l 都是摄像机内部的参数，并且不是独立的，为了简化表达，一般将 fk 用参数 α 表示，将 fl 用参数 β 表示，于是坐标映射表达式变为

$$(x,y,z) \to \left(\alpha\frac{x}{z}+c_x, \beta\frac{y}{z}+c_y \right)$$

由于 z 参数的存在，α/z 和 β/z 并不是一个常数，所以该坐标变换不是线性的。为了便于后续的推导和表示，希望这个投影变换是一个线性变换，从而可以用一个矩阵和输入向量的乘积来表示这一变换过程。这里引入齐次坐标的表示形式，齐次坐标可以将这样的非线性变换转换为线性变换。在齐次坐标中三维点 P 的坐标与二维像素点 P 的坐标的关系如下

$$(x,y,z,1) \to \left(\alpha\frac{x}{z}+c_x, \beta\frac{y}{z}+c_y, 1 \right)$$

可以写成如下矩阵变换的形式

$$\boldsymbol{p}=\begin{pmatrix}\alpha x+c_x z\\ \beta y+c_y z\\ z\end{pmatrix}=\begin{pmatrix}\alpha & 0 & c_x & 0\\ 0 & \beta & c_y & 0\\ 0 & 0 & 1 & 0\end{pmatrix}\begin{pmatrix}x\\ y\\ z\\ 1\end{pmatrix} \tag{8-26}$$

设定矩阵 $\boldsymbol{M}$ 为

$$\boldsymbol{M}=\begin{pmatrix}\alpha & 0 & c_x & 0\\ 0 & \beta & c_y & 0\\ 0 & 0 & 1 & 0\end{pmatrix}$$

可以直接用矩阵 $\boldsymbol{M}$ 来表示三维空间点坐标到二维像素点坐标的映射关系，即

$$\boldsymbol{p}=\boldsymbol{MP} \tag{8-27}$$

一般情况下，像素平面上每个像素的形状是方形的，但由于摄像机传感器制作工艺的误差，像素可能会发生倾斜，使之不是方形，而是平行四边形，这样便导致图像发生倾斜，像素坐标系 x 轴和 y 轴之间的夹角不再垂直，略大于或小于 90°，如图 8-20 所示。

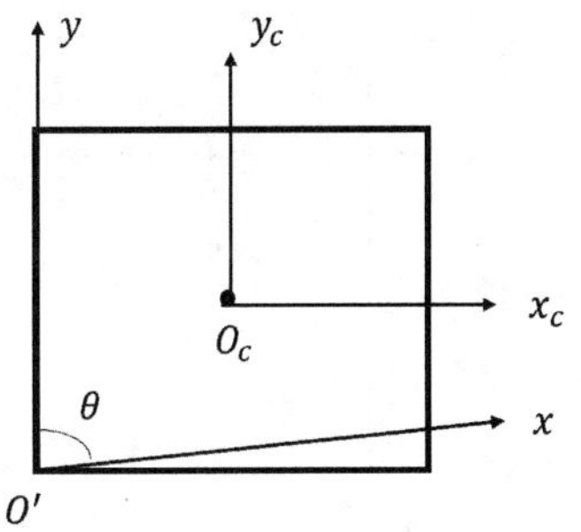

图 8-20　像素倾斜示意图

假设 θ 为 x 轴和 y 轴的夹角，由于 θ 可能不为 90°，所以需要对摄像机模型进一步进行修正，在矩阵 $\boldsymbol{M}$ 中加入 θ 参数来表示像素倾斜情况，即

$$\boldsymbol{p}=\begin{pmatrix}\alpha & -\alpha\cot\theta & c_x & 0\\ 0 & \beta/\sin\theta & c_y & 0\\ 0 & 0 & 1 & 0\end{pmatrix}\begin{pmatrix}x\\ y\\ z\\ 1\end{pmatrix}=\boldsymbol{MP} \tag{8-28}$$

将矩阵 $\boldsymbol{M}$ 称为投影矩阵，矩阵 $\boldsymbol{M}$ 的前三列包含的是摄像机的内部参数，最后一列为 0，将矩阵 $\boldsymbol{M}$ 的前三列提取出来，得到摄像机内部参数矩阵 $\boldsymbol{K}$ 为

$$\boldsymbol{K}=\begin{pmatrix}\alpha & -\alpha\cot\theta & c_x\\ 0 & \beta/\sin\theta & c_y\\ 0 & 0 & 1\end{pmatrix} \tag{8-29}$$

摄像机内部参数是摄像机的固有参数，只与摄像机的硬件和基本属性有关。内部参数矩阵决定了摄像机坐标系下三维空间点到二维像素点的映射，可以将这种映射关系进一步写为

$$\boldsymbol{p}=\begin{pmatrix}\alpha & -\alpha\cot\theta & c_x & 0\\ 0 & \beta/\sin\theta & c_y & 0\\ 0 & 0 & 1 & 0\end{pmatrix}\begin{pmatrix}x\\ y\\ z\\ 1\end{pmatrix}=\boldsymbol{MP}=\boldsymbol{K}\begin{pmatrix}\boldsymbol{I} & \boldsymbol{0}\end{pmatrix}\boldsymbol{P} \tag{8-30}$$

在摄像机模型中，点的映射是基于摄像机坐标系的。由于每个摄像机的位置不同，摄像机坐标系也不同。然而，当涉及多个摄像机时，需要以一致的方式描述世界中某个物体

的位置，于是引入了一个新概念：世界坐标系。三维物体上的点坐标可以通过世界坐标系来唯一确定。

在三维空间中，不同坐标系之间存在旋转和平移的关系，这可以通过一个包含旋转矩阵和平移向量的刚体变换矩阵来表示。如果统一使用世界坐标系来表示三维空间中的点坐标，那么在前面描述的投影模型的基础上，需要额外引入一个坐标系的转换，将世界坐标系上的点坐标转换到摄像机坐标系上，如图 8-21 所示，即

$$\boldsymbol{P}=\begin{pmatrix}\boldsymbol{R} & \boldsymbol{t}\\ \boldsymbol{0}^{\mathrm{T}} & 1\end{pmatrix}\boldsymbol{P}_{\mathrm{w}} \tag{8-31}$$

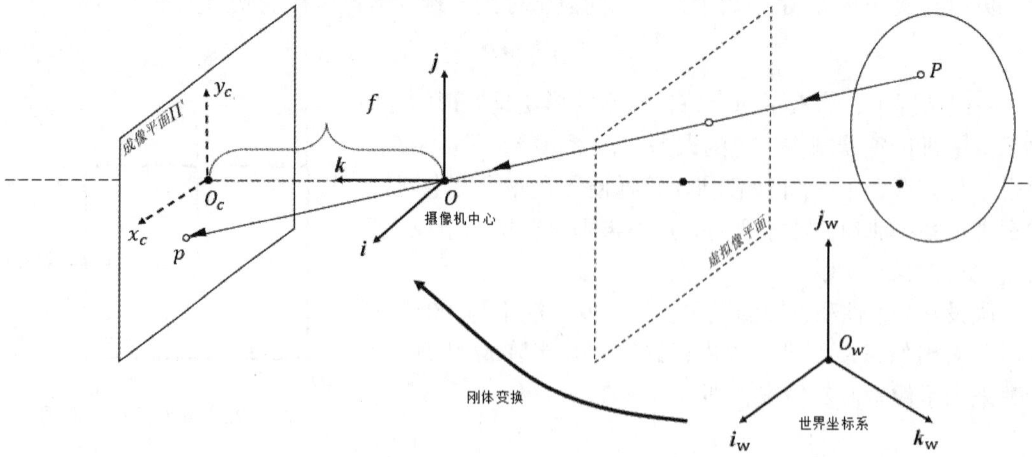

图 8-21　世界坐标系和摄像机坐标系的关系

然后代入一般摄像机模型，得到世界坐标系下的三维点到摄像机像素平面的二维点的映射关系，即

$$\boldsymbol{p}=\boldsymbol{K}(\boldsymbol{I}\quad \boldsymbol{0})\boldsymbol{P}=\boldsymbol{K}(\boldsymbol{I}\quad \boldsymbol{0})\begin{pmatrix}\boldsymbol{R} & \boldsymbol{t}\\ \boldsymbol{0}^{\mathrm{T}} & 1\end{pmatrix}\boldsymbol{P}_{\mathrm{w}}=\boldsymbol{K}(\boldsymbol{R}\quad \boldsymbol{t})\boldsymbol{P}_{\mathrm{w}}=\boldsymbol{M}\boldsymbol{P}_{\mathrm{w}} \tag{8-32}$$

其中，矩阵 $(\boldsymbol{R}\quad \boldsymbol{t})$ 称为外部参数矩阵，表示世界坐标系与摄像机坐标系的旋转平移关系。这里 $\boldsymbol{M}=\boldsymbol{K}(\boldsymbol{R}\quad \boldsymbol{t})$ 称为透视投影矩阵，不仅包含摄像机的内部参数，也包含摄像机的位置信息。透视投影关系中各矩阵的含义和维度如表 8-1 所示。

表 8-1　透视投影关系中各矩阵的含义和维度

符号	含义	维度
$\boldsymbol{p}$	像素平面上的点的齐次坐标	3×1
$\boldsymbol{K}$	摄像机内部参数矩阵	3×3
$\boldsymbol{P}$	三维点在摄像机坐标系下的齐次坐标	4×1
$\begin{pmatrix}\boldsymbol{R} & \boldsymbol{t}\\ \boldsymbol{0}^{\mathrm{T}} & 1\end{pmatrix}$	摄像机坐标系相对世界坐标系的旋转与平移	4×4
$\boldsymbol{P}_{\mathrm{w}}$	三维点在世界坐标系下的齐次坐标	4×1
$\boldsymbol{M}$	透视投影矩阵	3×4

8.2.4 透视投影矩阵的性质

透视投影矩阵 $\boldsymbol{M}$ 由两种类型的参数组成：内部参数和外部参数。摄像机内部参数矩阵 $\boldsymbol{K}$ 中包含的所有参数都是内部参数，其随着摄像机自身的状况变化而变化；外部参数包括旋转和平移参数，其只与摄像机的位姿有关，而与摄像机的性质无关。总的来说，透视投影矩阵 $\boldsymbol{M}$ 是一个 3×4 的矩阵，有 11 个自由度，其中 5 个自由度来自摄像机内部参数矩阵，3 个自由度来自旋转矩阵，3 个自由度来自平移向量。当内部参数中的倾斜角度为 $90°$ 且两个坐标轴的转换系数一样 $(\alpha=\beta)$ 时，矩阵 $\boldsymbol{M}$ 是一个零倾斜和单位纵横比的透视投影矩阵，可以通过一定的矩阵变换将一般的摄像机转换为具有零倾斜和单位纵横比的摄像机。

关于透视投影矩阵 $\boldsymbol{M}$ 还有以下定理，将透视投影矩阵写成 $(\boldsymbol{A}\quad \boldsymbol{b})$ 的形式，其中矩阵 $\boldsymbol{A}$ 的每一行用向量 $\boldsymbol{a}_i^{\mathrm{T}}\,(i=1,2,3)$ 表示，即

$$\boldsymbol{M}=\boldsymbol{K}(\boldsymbol{R}\quad \boldsymbol{t})=(\boldsymbol{K}\boldsymbol{R}\quad \boldsymbol{K}\boldsymbol{t})=(\boldsymbol{A}\quad \boldsymbol{b})$$

$$\boldsymbol{A}=\begin{pmatrix}\boldsymbol{a}_1^{\mathrm{T}}\\ \boldsymbol{a}_2^{\mathrm{T}}\\ \boldsymbol{a}_3^{\mathrm{T}}\end{pmatrix}$$

- $\boldsymbol{M}$ 是透视投影矩阵的一个充分必要条件是 $\mathrm{Det}(\boldsymbol{A})\neq 0$。
- $\boldsymbol{M}$ 是零倾斜透视矩阵的一个充分必要条件是 $\mathrm{Det}(\boldsymbol{A})\neq 0$ 且 $(\boldsymbol{a}_1\times\boldsymbol{a}_3)\cdot(\boldsymbol{a}_2\times\boldsymbol{a}_3)=0$。
- $\boldsymbol{M}$ 是零倾斜且宽高比为 1 的透视投影矩阵的一个充分必要条件是 $\mathrm{Det}(\boldsymbol{A})\neq 0$ 且

$$\begin{cases}(\boldsymbol{a}_1\times\boldsymbol{a}_3)\cdot(\boldsymbol{a}_2\times\boldsymbol{a}_3)=0\\ (\boldsymbol{a}_1\times\boldsymbol{a}_3)\cdot(\boldsymbol{a}_1\times\boldsymbol{a}_3)=(\boldsymbol{a}_2\times\boldsymbol{a}_3)\cdot(\boldsymbol{a}_2\times\boldsymbol{a}_3)\end{cases}$$

福热拉（Faugeras）给出了这些定理的证明，在后面摄像机标定的推导中也讨论并证明了这些定理。

8.3 摄像机标定

摄像机标定

本节将介绍摄像机标定的概念以及摄像机投影矩阵估计的理论方法，在获取投影矩阵的基础之上，进一步介绍摄像机内部与外部参数估计的数学方法，为编程实现摄像机标定奠定理论依据。

8.3.1 投影矩阵估计

摄像机的内部和外部参数矩阵描述了三维世界与二维像素之间的映射关系。通过求解三维世界点到二维像素点的对应关系，就能够从二维图像中获取三维世界的信息，这有助于对三维世界进行重建。

具体来说，摄像机标定从一张或多幅图像中估算摄像机的内部参数矩阵 $\boldsymbol{K}$ 和外部参数矩阵 $(\boldsymbol{R}\quad \boldsymbol{t})$。首先，通过自动或手动的方法获得三维物体上 n 个基准点在世界坐标系下的坐标；其次，找到这些基准点在像素平面上的投影点的像素坐标；再次，利用三维到二维的映射关系列出 n 个方程组，通过求解方程组得到透视投影矩阵 $\boldsymbol{M}$；最后，基于矩阵 $\boldsymbol{M}$ 估计出摄像机的内部参数和外部参数。

在进行摄像机标定之前，通常会事先制作如图 8-22（a）所示的标定装置。这个装置由三个相互垂直的棋盘格平面组成，每个平面上绘有等分的正方形网格，且这些网格的尺寸相同。通过取三个平面的交点作为原点，并将两两平面的交线作为三个坐标轴，可以建立一个世界坐标系，如图 8-22（b）所示。假设每个网格的边长都为单位长度，这样就可以直接获得网格点在世界坐标系下的三维坐标。通过摄像机拍摄这个装置，同样可以得到网格点的二维像素坐标。通过这个装置，可以轻松地获取多组点的三维坐标和它们对应的像素坐标，从而估计摄像机的内部和外部参数。

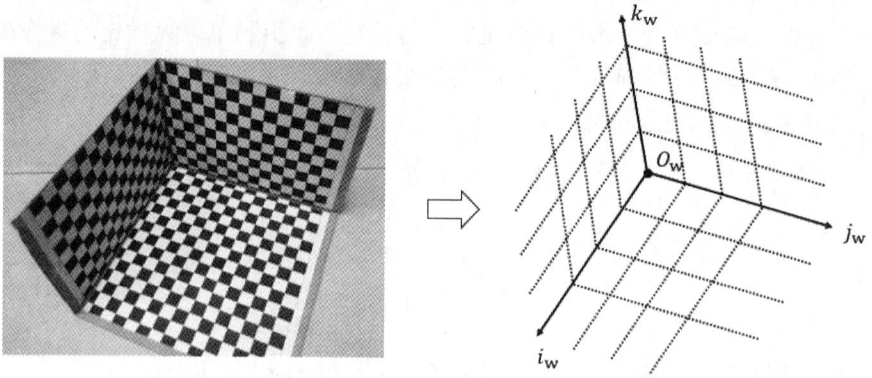

（a）标定装置　　（b）世界坐标系

图 8-22　标定装置及世界坐标系

根据 8.2 节摄像机几何的内容知道，透视投影的映射关系为 $\boldsymbol{p}=\boldsymbol{MP}_{\mathrm{w}}=\boldsymbol{K}(\boldsymbol{R}\quad \boldsymbol{t})\boldsymbol{P}_{\mathrm{w}}$，首先将透视投影矩阵 $\boldsymbol{M}$ 用行向量 $\boldsymbol{m}_i^{\mathrm{T}}$ $(i=1,2,3)$ 表示，即

$$\boldsymbol{M}=\boldsymbol{K}(\boldsymbol{R}\quad \boldsymbol{t})=\begin{pmatrix}\boldsymbol{m}_1^{\mathrm{T}}\\ \boldsymbol{m}_2^{\mathrm{T}}\\ \boldsymbol{m}_3^{\mathrm{T}}\end{pmatrix} \tag{8-33}$$

于是对于一个三维点 $\boldsymbol{P}_i$，其投影点的欧氏坐标可以写成

$$\tilde{\boldsymbol{p}}_i=\begin{pmatrix}u_i\\ v_i\end{pmatrix}=\begin{pmatrix}\dfrac{\boldsymbol{m}_1^{\mathrm{T}}\boldsymbol{P}_i}{\boldsymbol{m}_3^{\mathrm{T}}\boldsymbol{P}_i}\\ \dfrac{\boldsymbol{m}_2^{\mathrm{T}}\boldsymbol{P}_i}{\boldsymbol{m}_3^{\mathrm{T}}\boldsymbol{P}_i}\end{pmatrix} \tag{8-34}$$

因为三维坐标和像素坐标均可通过标定装置得到，所以可以列出两个关于 $\boldsymbol{M}$ 的约束方程，即

$$u_i=\frac{\boldsymbol{m}_1^{\mathrm{T}}\boldsymbol{P}_i}{\boldsymbol{m}_3^{\mathrm{T}}\boldsymbol{P}_i}\quad\rightarrow\quad u_i(\boldsymbol{m}_3^{\mathrm{T}}\boldsymbol{P}_i)=\boldsymbol{m}_1^{\mathrm{T}}\boldsymbol{P}_i\quad\rightarrow\quad \boldsymbol{m}_1^{\mathrm{T}}\boldsymbol{P}_i-u_i(\boldsymbol{m}_3^{\mathrm{T}}\boldsymbol{P}_i)=0 \tag{8-35}$$

$$v_i=\frac{\boldsymbol{m}_2^{\mathrm{T}}\boldsymbol{P}_i}{\boldsymbol{m}_3^{\mathrm{T}}\boldsymbol{P}_i}\quad\rightarrow\quad v_i(\boldsymbol{m}_3^{\mathrm{T}}\boldsymbol{P}_i)=\boldsymbol{m}_2^{\mathrm{T}}\boldsymbol{P}_i\quad\rightarrow\quad \boldsymbol{m}_2^{\mathrm{T}}\boldsymbol{P}_i-v_i(\boldsymbol{m}_3^{\mathrm{T}}\boldsymbol{P}_i)=0 \tag{8-36}$$

假设获取 n 组对应点，每组对应点可以列出两个方程，于是可以得到一个由 $2n$ 个方程组成的齐次线性方程组，即

$$\begin{cases} -u_1(\boldsymbol{m}_3^{\mathrm{T}}\boldsymbol{P}_1) + \boldsymbol{m}_1^{\mathrm{T}}\boldsymbol{P}_1 = 0 \\ -v_1(\boldsymbol{m}_3^{\mathrm{T}}\boldsymbol{P}_1) + \boldsymbol{m}_2^{\mathrm{T}}\boldsymbol{P}_1 = 0 \\ \qquad\vdots \\ -u_n(\boldsymbol{m}_3^{\mathrm{T}}\boldsymbol{P}_n) + \boldsymbol{m}_1^{\mathrm{T}}\boldsymbol{P}_n = 0 \\ -v_n(\boldsymbol{m}_3^{\mathrm{T}}\boldsymbol{P}_n) + \boldsymbol{m}_2^{\mathrm{T}}\boldsymbol{P}_n = 0 \end{cases} \tag{8-37}$$

简写成矩阵的形式就是

$$\boldsymbol{Pm} = \boldsymbol{0} \tag{8-38}$$

其中

$$\boldsymbol{P} = \begin{pmatrix} \boldsymbol{P}_1^{\mathrm{T}} & \boldsymbol{0}^{\mathrm{T}} & -u_1\boldsymbol{P}_1^{\mathrm{T}} \\ \boldsymbol{0}^{\mathrm{T}} & \boldsymbol{P}_1^{\mathrm{T}} & -v_1\boldsymbol{P}_1^{\mathrm{T}} \\ \vdots & \vdots & \vdots \\ \boldsymbol{P}_n^{\mathrm{T}} & \boldsymbol{0}^{\mathrm{T}} & -u_n\boldsymbol{P}_n^{\mathrm{T}} \\ \boldsymbol{0}^{\mathrm{T}} & \boldsymbol{P}_n^{\mathrm{T}} & -v_n\boldsymbol{P}_n^{\mathrm{T}} \end{pmatrix}_{2n\times 12}, \quad \boldsymbol{m} = \begin{pmatrix} \boldsymbol{m}_1 \\ \boldsymbol{m}_2 \\ \boldsymbol{m}_3 \end{pmatrix}_{12\times 1}$$

因为需要估计的投影矩阵 $\boldsymbol{M}$ 中有 11 个未知量，所以 n 至少为 6，在实际应用中会采取多于 6 组点来获得更加鲁棒的结果。根据前述，可以采用齐次线性方程组的最小二乘估计来求解上述方程组，从而得到投影矩阵 $\boldsymbol{M}$ 。

对 $\boldsymbol{P}$ 进行奇异值分解 $\boldsymbol{P} = \boldsymbol{UDV}^{\mathrm{T}}$ ，最优估计值 $\boldsymbol{m}^*$ 为矩阵 $\boldsymbol{V}$ 的最后一列（最小奇异值对应的右奇异向量）并且保证 $\|\boldsymbol{m}^*\|=1$ ，然后将向量 $\boldsymbol{m}^*$ 重新排列成矩阵 $\boldsymbol{M}$ 。

需要注意的是，该方法求解过程中设定 $\boldsymbol{m}$ 的模为 1（实际上向量 $\boldsymbol{m}$ 的任意非零线性倍数均可作为方程组的解），所以最后求出的投影矩阵 $\boldsymbol{M}$ 的模也是 1，它与真实的投影矩阵之间只相差一个未知的比例系数。

8.3.2 退化情况

本节讨论可能会导致摄像机标定过程失败的情况。假设一种理想情况，标定过程中选取的点坐标没有误差，可以解出矩阵 $\boldsymbol{P}$ 的零空间，设定一列向量 $\boldsymbol{l}$ 满足 $\boldsymbol{Pl} = 0$ ，将 $\boldsymbol{l}$ 写成三个四维的列向量，即

$$\begin{cases} \boldsymbol{\lambda} = (l_1, l_2, l_3, l_4)^{\mathrm{T}} \\ \boldsymbol{\mu} = (l_5, l_6, l_7, l_8)^{\mathrm{T}} \\ \boldsymbol{\nu} = (l_9, l_{10}, l_{11}, l_{12})^{\mathrm{T}} \end{cases} \tag{8-39}$$

于是 $\boldsymbol{Pl} = \boldsymbol{0}$ 可以写为

$$\boldsymbol{0} = \boldsymbol{Pl} = \begin{pmatrix} \boldsymbol{P}_1^{\mathrm{T}} & \boldsymbol{0}^{\mathrm{T}} & -u_1\boldsymbol{P}_1^{\mathrm{T}} \\ \boldsymbol{0}^{\mathrm{T}} & \boldsymbol{P}_1^{\mathrm{T}} & -v_1\boldsymbol{P}_1^{\mathrm{T}} \\ \vdots & \vdots & \vdots \\ \boldsymbol{P}_n^{\mathrm{T}} & \boldsymbol{0}^{\mathrm{T}} & -u_n\boldsymbol{P}_n^{\mathrm{T}} \\ \boldsymbol{0}^{\mathrm{T}} & \boldsymbol{P}_n^{\mathrm{T}} & -v_n\boldsymbol{P}_n^{\mathrm{T}} \end{pmatrix} \begin{pmatrix} \boldsymbol{\lambda} \\ \boldsymbol{\mu} \\ \boldsymbol{\nu} \end{pmatrix} = \begin{pmatrix} \boldsymbol{P}_1^{\mathrm{T}}\boldsymbol{\lambda} - u_1\boldsymbol{P}_1^{\mathrm{T}}\boldsymbol{\nu} \\ \boldsymbol{P}_1^{\mathrm{T}}\boldsymbol{\mu} - v_1\boldsymbol{P}_1^{\mathrm{T}}\boldsymbol{\nu} \\ \vdots \\ \boldsymbol{P}_n^{\mathrm{T}}\boldsymbol{\lambda} - u_n\boldsymbol{P}_n^{\mathrm{T}}\boldsymbol{\nu} \\ \boldsymbol{P}_n^{\mathrm{T}}\boldsymbol{\mu} - v_n\boldsymbol{P}_n^{\mathrm{T}}\boldsymbol{\nu} \end{pmatrix} \tag{8-40}$$

将投影关系式（8-39）和式（8-40）相结合可以得到

$$
\begin{cases}
\boldsymbol{P}_i^{\mathrm{T}}\boldsymbol{\lambda}-\dfrac{\boldsymbol{m}_1^{\mathrm{T}}\boldsymbol{P}_i}{\boldsymbol{m}_3^{\mathrm{T}}\boldsymbol{P}_i}\boldsymbol{P}_i^{\mathrm{T}}\boldsymbol{\nu}=0 \\
\boldsymbol{P}_i^{\mathrm{T}}\boldsymbol{\mu}-\dfrac{\boldsymbol{m}_2^{\mathrm{T}}\boldsymbol{P}_i}{\boldsymbol{m}_3^{\mathrm{T}}\boldsymbol{P}_i}\boldsymbol{P}_i^{\mathrm{T}}\boldsymbol{\nu}=0
\end{cases}
\quad (i=1,2,\cdots,n) \tag{8-41}
$$

去掉分母整理后得

$$
\begin{cases}
\boldsymbol{P}_i^{\mathrm{T}}(\boldsymbol{m}_3\boldsymbol{\lambda}^{\mathrm{T}}-\boldsymbol{m}_1\boldsymbol{\nu}^{\mathrm{T}})\boldsymbol{P}_i=0 \\
\boldsymbol{P}_i^{\mathrm{T}}(\boldsymbol{m}_3\boldsymbol{\mu}^{\mathrm{T}}-\boldsymbol{m}_2\boldsymbol{\nu}^{\mathrm{T}})\boldsymbol{P}_i=0
\end{cases}
\quad (i=1,2,\cdots,n) \tag{8-42}
$$

假设标定时选取的点 P_i $(i=1,\cdots,n)$ 都位于某个平面 Π 中，平面 Π 可以用四维向量 $\boldsymbol{\Pi}$ 表示，有 $\boldsymbol{\Pi}^{\mathrm{T}}\cdot\boldsymbol{P}_i=0$ 。显然当 $(\boldsymbol{\lambda}^{\mathrm{T}},\boldsymbol{\mu}^{\mathrm{T}},\boldsymbol{\nu}^{\mathrm{T}})$ 等于 $(\boldsymbol{\Pi}^{\mathrm{T}},\boldsymbol{0}^{\mathrm{T}},\boldsymbol{0}^{\mathrm{T}})$、$(\boldsymbol{0}^{\mathrm{T}},\boldsymbol{\Pi}^{\mathrm{T}},\boldsymbol{0}^{\mathrm{T}})$、$(\boldsymbol{0}^{\mathrm{T}},\boldsymbol{0}^{\mathrm{T}},\boldsymbol{\Pi}^{\mathrm{T}})$ 三个向量的任意线性组合时，等式 $\boldsymbol{Pl}=0$ 都成立，此时矩阵 $\boldsymbol{P}$ 的零空间将额外包括由这些向量组成的向量空间。这意味着标定时所选的点不能全部位于同一平面上，如图 8-23 所示的情况，否则，将无法正确地估计出投影矩阵。

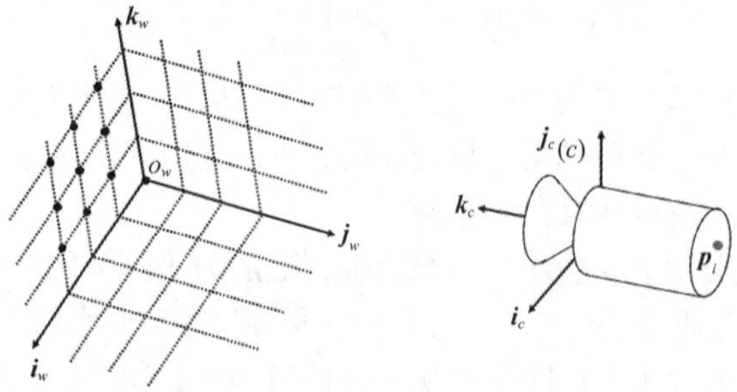

（a）　　　　（b）

图 8-23　退化情况示意图

8.4 径向畸变的摄像机标定

本节将详细探讨径向畸变的摄像机标定方法，构建径向畸变的摄像机模型，并讲解径向畸变标定中的摄像机的内部和外部参数的求解方法。

8.4.1 径向畸变模型

产生径向畸变的直接原因就是图像的放大率随距光轴距离的增加而变化，用一个畸变矩阵 $\boldsymbol{S}_\lambda$ 来描述这样的变化，即

$$
\boldsymbol{S}_\lambda=\begin{pmatrix} \dfrac{1}{\lambda} & 0 & 0 \\ 0 & \dfrac{1}{\lambda} & 0 \\ 0 & 0 & 1 \end{pmatrix} \tag{8-43}
$$

三维物体上的点的坐标经过投影矩阵 $\boldsymbol{M}$ 后得到二维像素点的坐标，在此基础上再经过矩

阵$\boldsymbol{S}_\lambda$的变换得到径向畸变图像上该点的坐标，以此来描述径向畸变摄像机的成像过程，即

$$\boldsymbol{p}_i = \boldsymbol{S}_\lambda \boldsymbol{M}\boldsymbol{P}_i = \begin{pmatrix} \frac{1}{\lambda} & 0 & 0 \\ 0 & \frac{1}{\lambda} & 0 \\ 0 & 0 & 1 \end{pmatrix} \boldsymbol{M}\boldsymbol{P}_i \tag{8-44}$$

其中，λ表示畸变程度，是关于像素点和图像中心之间距离平方的多项式函数，定义如下

$$\lambda = 1 \pm \sum_{p=1}^{q} k_p d^{2p} \tag{8-45}$$

一般情况下，式中的$q \leqslant 3$且失真系数$k_p\ (p=1,2,\cdots,q)$数值很小。其中d^2可由归一化后的图像坐标表示，即$d^2 = \hat{u}^2 + \hat{v}^2$，假设摄像机内部参数中$u_0, v_0$都为0，$d^2$还可以表示为

$$d^2 = \frac{u^2}{\alpha^2} + \frac{v^2}{\beta^2} + 2\frac{uv}{\alpha\beta}\cos\theta \tag{8-46}$$

使用上述畸变模型在摄像机标定时会对$(q+11)$个摄像机参数产生高度非线性约束。可以直接使用非线性最小二乘法进行畸变摄像机的标定，也可以先消除λ，使用线性最小二乘法估计9个摄像机参数，剩余$(q+2)$个参数再用非线性方法进行求解。

8.4.2 径向畸变标定

三维点P_i通过径向畸变摄像机投影到像素平面上的欧氏坐标可以表示为

$$\tilde{\boldsymbol{p}}_i = \begin{pmatrix} u_i \\ v_i \end{pmatrix} = \frac{1}{\lambda} \begin{pmatrix} \dfrac{\boldsymbol{m}_1^{\mathrm{T}} \boldsymbol{P}_i}{\boldsymbol{m}_3^{\mathrm{T}} \boldsymbol{P}_i} \\ \dfrac{\boldsymbol{m}_2^{\mathrm{T}} \boldsymbol{P}_i}{\boldsymbol{m}_3^{\mathrm{T}} \boldsymbol{P}_i} \end{pmatrix} \tag{8-47}$$

用u_i除以v_i得到

$$\frac{u_i}{v_i} = \frac{\dfrac{1}{\lambda}\dfrac{(\boldsymbol{m}_1^{\mathrm{T}} \boldsymbol{P}_i)}{(\boldsymbol{m}_3^{\mathrm{T}} \boldsymbol{P}_i)}}{\dfrac{1}{\lambda}\dfrac{(\boldsymbol{m}_2^{\mathrm{T}} \boldsymbol{P}_i)}{(\boldsymbol{m}_3^{\mathrm{T}} \boldsymbol{P}_i)}} = \frac{\boldsymbol{m}_1^{\mathrm{T}} \boldsymbol{P}_i}{\boldsymbol{m}_2^{\mathrm{T}} \boldsymbol{P}_i} \tag{8-48}$$

消去λ后，可以得到一个不包含畸变参数的约束方程为

$$v_i(\boldsymbol{m}_1^{\mathrm{T}} \boldsymbol{P}_i) - u_i(\boldsymbol{m}_2^{\mathrm{T}} \boldsymbol{P}_i) = 0 \tag{8-49}$$

由一组对应点可以列出一个线性方程，当有n组对应点时，可以列出一个包含n个方程的齐次线性方程组，即

$$
\begin{cases}
v_1(\boldsymbol{m}_1^{\mathrm{T}}\boldsymbol{P}_1)-u_1(\boldsymbol{m}_2^{\mathrm{T}}\boldsymbol{P}_1)=0\\
\vdots\\
v_i(\boldsymbol{m}_1^{\mathrm{T}}\boldsymbol{P}_i)-u_i(\boldsymbol{m}_2^{\mathrm{T}}\boldsymbol{P}_i)=0\\
\vdots\\
v_n(\boldsymbol{m}_1^{\mathrm{T}}\boldsymbol{P}_n)-u_n(\boldsymbol{m}_2^{\mathrm{T}}\boldsymbol{P}_n)=0
\end{cases}
\tag{8-50}
$$

将其表示为矩阵形式，即

$$
\boldsymbol{Ln}=\boldsymbol{0} \tag{8-51}
$$

其中

$$
\boldsymbol{L}=\begin{pmatrix}
v_1\boldsymbol{P}_1^{\mathrm{T}} & -u_1\boldsymbol{P}_1^{\mathrm{T}}\\
v_2\boldsymbol{P}_2^{\mathrm{T}} & -u_2\boldsymbol{P}_2^{\mathrm{T}}\\
\vdots & \vdots\\
v_n\boldsymbol{P}_n^{\mathrm{T}} & -u_n\boldsymbol{P}_n^{\mathrm{T}}
\end{pmatrix},\boldsymbol{n}=\begin{pmatrix}\boldsymbol{m}_1\\ \boldsymbol{m}_2\end{pmatrix}
\tag{8-52}
$$

因为方程组中包含 8 个未知数，所以选取点的个数$n\geqslant 8$，与 2.1.2 小节中的求解类似，采用线性最小二乘法，可以通过奇异值分解求出$\boldsymbol{n}$。

估计出$\boldsymbol{m}_1$和$\boldsymbol{m}_2$后，参考 2.1.3 小节可以列出以下等式

$$
\rho\begin{pmatrix}\boldsymbol{a}_1^{\mathrm{T}}\\ \boldsymbol{a}_2^{\mathrm{T}}\end{pmatrix}=\begin{pmatrix}\alpha\boldsymbol{r}_1^{\mathrm{T}}-\alpha\cot\theta\boldsymbol{r}_2^{\mathrm{T}}+u_0\boldsymbol{r}_3^{\mathrm{T}}\\ \dfrac{\beta}{\sin\theta}\boldsymbol{r}_2^{\mathrm{T}}+v_0\boldsymbol{r}_3^{\mathrm{T}}\end{pmatrix}
\tag{8-53}
$$

计算向量$\boldsymbol{a}_1,\boldsymbol{a}_2$的模和点积可以得到摄像机的纵横比和倾斜角度，即

$$
\frac{\beta}{\alpha}=\frac{|\boldsymbol{a}_2|}{|\boldsymbol{a}_1|},\cos\theta=-\frac{\boldsymbol{a}_1\cdot\boldsymbol{a}_2}{|\boldsymbol{a}_1||\boldsymbol{a}_1|}
\tag{8-54}
$$

因为$\boldsymbol{r}_2^{\mathrm{T}}$是旋转矩阵的第二行，所以模为 1，可以得到

$$
\alpha=\varepsilon\rho|\boldsymbol{a}_1|\sin\theta,\beta=\varepsilon\rho|\boldsymbol{a}_2|\sin\theta
\tag{8-55}
$$

其中$\varepsilon=\pm1$。经过一些简单的代数运算得到

$$
\begin{cases}
\boldsymbol{r}_1=\dfrac{\varepsilon}{\sin\theta}\left(\dfrac{1}{|\boldsymbol{a}_1|}\boldsymbol{a}_1+\dfrac{\cos\theta}{|\boldsymbol{a}_2|}\boldsymbol{a}_2\right)\\
\boldsymbol{r}_2=\dfrac{\varepsilon}{|\boldsymbol{a}_1|}\boldsymbol{a}_2
\end{cases}
\tag{8-56}
$$

再利用$\boldsymbol{r}_3=\boldsymbol{r}_1\times\boldsymbol{r}_2$的性质，可以得到旋转矩阵$\boldsymbol{R}$。平移向量$\boldsymbol{t}$中的两个平移参数，也可以通过式（8-57）得到

$$
\begin{pmatrix}\alpha t_x-\alpha\cot\theta t_y\\ \dfrac{\beta}{\sin\theta}t_y\end{pmatrix}=\rho\begin{pmatrix}b_1\\ b_2\end{pmatrix}
\tag{8-57}
$$

其中，b_1,b_2 是向量 $\boldsymbol{b}$ 中的前两个坐标，解出 t_x 和 t_y 为

$$\begin{cases} t_x = \dfrac{\varepsilon}{\sin\theta}\left(\dfrac{b_1}{|\boldsymbol{a}_1|} + \dfrac{b_2\cos\theta}{|\boldsymbol{a}_2|}\right) \\ t_y = \dfrac{\varepsilon b_2}{|\boldsymbol{a}_2|} \end{cases} \tag{8-58}$$

仅根据 $\boldsymbol{m}_1$ 和 $\boldsymbol{m}_2$ 的估计结果无法求出 t_z 和比例系数 ρ，需要有更多的约束条件。将带有畸变的投影关系式改成写如下等式

$$\begin{cases} (\boldsymbol{m}_1^{\mathrm{T}} - \lambda u_i \boldsymbol{m}_3^{\mathrm{T}}) \cdot \boldsymbol{P}_i = 0 \\ (\boldsymbol{m}_2^{\mathrm{T}} - \lambda v_i \boldsymbol{m}_3^{\mathrm{T}}) \cdot \boldsymbol{P}_i = 0 \end{cases} \tag{8-59}$$

这里 $\boldsymbol{m}_1$ 和 $\boldsymbol{m}_2$ 是已知的，因为 $\boldsymbol{m}_3^{\mathrm{T}} = (\boldsymbol{r}_3^{\mathrm{T}} \quad t_z)$，这里 $\boldsymbol{r}_3^{\mathrm{T}}$ 也是已知的，将 d^2 的表达式与上述 α、β 和 $\cos\theta$ 的表达式结合得到

$$d^2 = \frac{1}{\rho^2}\frac{|u_i\boldsymbol{a}_2 - v_i\boldsymbol{a}_1|^2}{|\boldsymbol{a}_1 \times \boldsymbol{a}_2|} \tag{8-60}$$

将式（8-60）代入投影关系式中，可以得到一个关于参数 ρ, t_z 和 $k_p\ (p=1,2,\cdots,q)$ 的非线性方程组。对于非线性方程组的求解，可以利用非线性最小二乘法进行迭代求解。初始解的设置对迭代效果有很大的影响，可以假设 $\lambda=1$，从而利用线性最小二乘法找到参数 ρ 和 t_z 的近似估计来作为迭代的初始解，失真参数一般初始设置为 0。最后可以通过 t_z 的符号唯一确定摄像机的一组参数，以此解决双重歧义的问题。

畸变摄像机标定中也存在不能唯一确定向量 $\boldsymbol{m}_1$ 和 $\boldsymbol{m}_2$ 的点的选取情况，假设矩阵 $\boldsymbol{P}$ 零空间中的向量 $\boldsymbol{l}$，将 $\boldsymbol{l}$ 分为两个四维向量：$\boldsymbol{\lambda} = (l_1, l_2, l_3, l_4)^{\mathrm{T}}$ 和 $\boldsymbol{\mu} = (l_5, l_6, l_7, l_8)^{\mathrm{T}}$。$\boldsymbol{L}\boldsymbol{l} = \boldsymbol{0}$ 可写为

$$\boldsymbol{0} = \boldsymbol{L}\boldsymbol{l} = \begin{pmatrix} v_1\boldsymbol{P}_1^{\mathrm{T}} & -u_1\boldsymbol{P}_1^{\mathrm{T}} \\ \vdots & \vdots \\ v_n\boldsymbol{P}_n^{\mathrm{T}} & -u_n\boldsymbol{P}_n^{\mathrm{T}} \end{pmatrix}\begin{pmatrix} \boldsymbol{\lambda} \\ \boldsymbol{\mu} \end{pmatrix} = \begin{pmatrix} v_1\boldsymbol{P}_1^{\mathrm{T}}\boldsymbol{\lambda} - u_1\boldsymbol{P}_1^{\mathrm{T}}\boldsymbol{\mu} \\ \vdots \\ v_n\boldsymbol{P}_n^{\mathrm{T}}\boldsymbol{\lambda} - u_n\boldsymbol{P}_n^{\mathrm{T}}\boldsymbol{\mu} \end{pmatrix} \tag{8-61}$$

将 u_i 和 v_i 用 $\boldsymbol{P}_i$ 表示，整理后得到

$$\boldsymbol{P}_i^{\mathrm{T}}(\boldsymbol{m}_2\boldsymbol{\lambda}^{\mathrm{T}} - \boldsymbol{m}_1\boldsymbol{\mu}^{\mathrm{T}})\boldsymbol{P}_i = \boldsymbol{0} \quad (i=1,2,\cdots,n) \tag{8-62}$$

当选取的点 $\boldsymbol{P}_i$ 都位于同一个平面 $\boldsymbol{\Pi}$ 中时，有 $\boldsymbol{\Pi}^{\mathrm{T}} \cdot \boldsymbol{P}_i = 0$，显然当 $(\boldsymbol{\lambda}^{\mathrm{T}}, \boldsymbol{\mu}^{\mathrm{T}})$ 等于 $(\boldsymbol{\Pi}^{\mathrm{T}}, \boldsymbol{0}^{\mathrm{T}})$、$(\boldsymbol{0}^{\mathrm{T}}, \boldsymbol{\Pi}^{\mathrm{T}})$ 或这两个向量的任意线性组合时，等式 $\boldsymbol{L}\boldsymbol{l} = \boldsymbol{0}$ 都成立，此时矩阵 $\boldsymbol{L}$ 的零空间也将额外包括由这些向量组成的向量空间，所以在畸变摄像机标定中选点也不能在同一平面内。

8.5 动手实践：摄像机标定

1. 实践目标

摄像机标定（Camera Calibration）旨在确定摄像机的内部参数和外部参数。摄像机的内部参数是摄像机的固有参数，其只与摄像机的硬件和基本属性有关。外部参数包括摄像

机在世界坐标系中的位置和姿态（位姿），描述了摄像机与现实世界物体之间的空间关系。

摄像机标定的主要目的是建立一个从三维世界点到二维像素点的映射关系，从而实现对现实世界中物体的精确测量和定位。这对于众多计算机视觉应用（如三维重建、机器人导航、自动驾驶等）具有重要意义。

本实验的目标是理解摄像机常见的内部参数与外部参数的含义，理解摄像机成像系统中世界坐标系与像素坐标系的含义及二者之间的联系，掌握如何通过世界坐标系中的坐标和像素坐标系中的坐标计算摄像机参数。具体包括如下目标。

（1）理解摄像机成像原理，通过动手实验，理解世界坐标系与摄像机坐标系之间的关系。

（2）理解摄像机内部参数矩阵与常见摄像机参数的含义，通过实验掌握摄像机参数的求解方法。

（3）了解应用领域，探索摄像机标定在计算机视觉、机器人技术等领域的应用。

2．实践内容

通过世界坐标系和摄像机坐标系中的坐标计算得到内部参数矩阵、旋转矩阵、平移向量等摄像机参数，并从世界坐标系和像素坐标系中引入一些点，以验证参数计算是否正确。

实践内容包括以下部分。

（1）坐标系信息整合：整合世界坐标与像素坐标信息并以二维矩阵的形式呈现。

（2）投影矩阵估计：用三维到二维的映射关系列出 n 个方程组，采用齐次线性方程组的最小二乘估计法求解该方程组，即对 $\boldsymbol{P}$ 矩阵进行奇异值分解以得到投影矩阵的最优估计值。

（3）摄像机参数估计：基于 $\boldsymbol{M}$ 矩阵估计出摄像机的内部参数和外部参数。

3．实践步骤

本实验利用 Python 实现前文所述摄像机内部和外部参数标定算法。给定世界坐标与像素坐标，利用奇异值分解等算法计算得到 $\boldsymbol{M}$ 矩阵。利用 $\boldsymbol{M}$ 矩阵以及 NumPy 库提供的矩阵乘法、叉积等数学运算工具，可以进一步计算得到内部参数矩阵、旋转矩阵、平移向量。最后给定一组世界坐标和像素坐标，用于验证标定结果。

（1）组合像素坐标与世界坐标

composeP 函数使用 numpy 数组的堆叠和索引操作，根据物体在世界坐标系中的坐标和在像素坐标系中投影点的像素坐标，生成一个 $2n\times12$ 的 $\boldsymbol{P}$ 矩阵。

```
def composeP(self):
    """
    代码执行流程如下。
    1. 初始化一个行为 self._point_num，列为 12 的空矩阵 P。
    2. 对于每个点，将其索引 i 除以 2 得到 c，这将用于获取世界坐标 p1 和像素坐标 pixel_coor[c]。
    3. 初始化一个长度为 4 的零向量 p2。
    4. 根据索引 i 的奇偶性，计算与像素坐标相关的向量 p3。
    5.将 p1、p2 和 p3 按顺序水平拼接成一个 12 维向量，并将其赋值给矩阵 P 的当前行。
    """
    i = 0
    P = np.empty([self._point_num, 12], dtype=float)
```

```
        # print(P.shape)
        while i < self.__point_num:
            c = i // 2
            p1 = self.__world_coor[c]
            p2 = np.array([0, 0, 0, 0])
                if i % 2 == 0:
                    p3 = -p1 * self.__pixel_coor[c][0]
                    # print(p3)
                    P[i] = np.hstack((p1, p2, p3))

                elif i % 2 == 1:
                    p3 = -p1 * self.__pixel_coor[c][1]
                    # print(p3)
                    P[i] = np.hstack((p2, p1, p3))
                # M = P[i]
                # print(M)
                i = i + 1
        print("Now P is with form of :")
        print(P)
        print('\n')
        self.__P = P
```

self.__P 属性后续将被 svdP 函数处理，以得到 ***M*** 矩阵，进而得到摄像机的内部和外部参数。

（2）对 ***P*** 矩阵进行奇异值分解

该函数的主要目的是对 ***P*** 矩阵进行奇异值分解（SVD），以得到投影矩阵的最优估计值。奇异值分解将矩阵 ***P*** 分解为 U、Σ 和 V^T 的乘积。

```
    def svdP(self):
        U, sigma, VT = LA.svd(self.__P)
        # print(VT.shape)
        V = np.transpose(VT)
        preM = V[:, -1]
        roM = preM.reshape(3, 4)
        print("some scalar multiple of M,recorded as roM:")
        print(roM)
        print('\n')
        A = roM[0:3, 0:3].copy()
        b = roM[0:3, 3:4].copy()
        print("M can be written in form of [A b], where A is 3×3 and b is 3×1, as
following:")
        print(A)
        print(b)
        print('\n')
        self.__roM = roM
        self.__A = A
        self.__b = b
```

得到 ***V*** 矩阵后，我们从 ***V*** 的最后一列提取一个向量 preM，再将其重塑为一个 3×4 的矩阵 roM。然后，从 roM 中提取矩阵 ***A***（3×3）和向量 ***b***（3×1），[***A*** | ***b***]包含了摄像机的内部和外部参数信息。

（3）求解摄像机的内部和外部参数

workInAndOut 函数的主要目的是根据步骤（2）计算得到的矩阵 ***A*** 和向量 ***b***（即矩阵 ***M***），计算摄像机的内部和外部参数。这些参数包括内参矩阵 ***K***、旋转矩阵 ***R***、平移向量 ***T***

以及一些与摄像机标定相关的其他参数，如 cx、cy、theta、alpha 和 beta。

```
    def workInAndOut(self):
        a3T = self.__A[2]
        # print(a3T)
        under = LA.norm(a3T)
        # print(under)
        ro01 = 1 / under
        print("The ro is %f \n" % ro01)

        # 计算 cx 和 cy
        a1T = self.__A[0]
        a2T = self.__A[1]
        cx = ro01 * ro01 * (np.dot(a1T, a3T))
        cy = ro01 * ro01 * (np.dot(a2T, a3T))
        print("cx=%f,cy=%f \n" % (cx, cy))

        # 计算 theta
        a_cross13 = np.cross(a1T, a3T)  # 计算两个向量的叉积
        a_cross23 = np.cross(a2T, a3T)
        theta = np.arccos((-1) * np.dot(a_cross13, a_cross23) / (LA.norm(a_cross13)*
LA.norm(a_cross23)))
        print("theta is: %f \n" % theta)

        # 计算 alpha 和 beta
        alpha = ro01 * ro01 * LA.norm(a_cross13) * np.sin(theta)
        beta = ro01 * ro01 * LA.norm(a_cross23) * np.sin(theta)
        print("alpha:%f, beta:%f \n" % (alpha, beta))

        # 计算内部参数矩阵
        K = np.array([alpha, -alpha * (1 / np.tan(theta)), cx, 0, beta / (np.sin
(theta)), cy, 0, 0, 1])
        K = K.reshape(3, 3)
        print("We can get K accordingly: ")
        print(K)
        print('\n')
        self.__K = K

        # 计算旋转矩阵
        r1 = a_cross23 / LA.norm(a_cross23)
        r301 = ro01 * a3T
        r2 = np.cross(r301, r1)
        # print(r1, r2, r301)
        R = np.hstack((r1, r2, r301))
        R = R.reshape(3, 3)
        print("we can get R:")
        print(R)
        print('\n')
        self.__R = R

        # 计算平移向量
        T = ro01 * np.dot(LA.inv(K), self.__b)
        print("we can get t:")
        print(T)
```

```
        print('\n')
    self.__t = T
```

计算得到内部和外部参数后，将内部参数矩阵、旋转矩阵、平移向量的结果作为 Python 对象的属性保存。

4．实验结果及分析

首先，将上一节中的代码封装为一个类。

```
class SingleCamera:
    def __init__(self, world_coor, pixel_coor, n):
        self.__world_coor = world_coor
            self.__pixel_coor = pixel_coor
            self.__point_num = n

    '''
    1. 已知M的SVD求解，这意味着摄像机矩阵的真值是M的一些标量倍数，记为__roM
    2. __M 可以表示为 [A b]，其中A 是一个 3×3 的矩阵，而 b 的形状为 3×1
    3. __K 是摄像机内部参数矩阵
    4. __R 和 __t 分别表示旋转和平移
    '''
    self.__P = np.empty([self.__point_num, 12], dtype=float)
    self.__roM = np.empty([3, 4], dtype=float)
    self.__A = np.empty([3, 3], dtype=float)
    self.__b = np.empty([3, 1], dtype=float)
    self.__K = np.empty([3, 3], dtype=float)
    self.__R = np.empty([3, 3], dtype=float)
    self.__t = np.empty([3, 1], dtype=float)

    def composeP(self):
        # 代码实现参考实践步骤
        pass

    # 对P奇异值分解，得到A,b, M=[A b]
    def svdP(self):
        # 代码实现参考实践步骤
        pass

    # 求解内部参数和外部参数
    def workInAndOut(self):
        # 具体实现参考实践步骤
        pass

    def selfcheck(self, w_check, c_check):
        my_size = c_check.shape[0]
        my_err = np.empty([my_size])
        for i in range(my_size):
            test_pix = np.dot(self.__roM, w_check[i])
            u = test_pix[0] / test_pix[2]
            v = test_pix[1] / test_pix[2]
            u_c = c_check[i][0]
            v_c = c_check[i][1]
            print("you get test point %d with result (%f,%f)" % (i, u, v))
```

```
            print("the correct result is (%f,%f)" % (u_c, v_c))
            my_err[i] = (abs(u - u_c) / u_c + abs(v - v_c) / v_c) / 2
        average_err = my_err.sum() / my_size
        print("The average error is %f ," % average_err)
        if average_err > 0.1:
            print("which is more than 0.1")
        else:
            print("which is smaller than 0.1, the M is acceptable")
```

引入必要库并设置世界坐标与像素坐标。

```
import numpy as np
from numpy import linalg as LA

# 写入所有点的世界坐标和像素坐标，设置测试点

# 写入齐次世界坐标
# 写入世界坐标
# points: (8, 0, 9), (8, 0, 1), (6, 0, 1), (6, 0, 9)
w_xz = np.array([8, 0, 9, 1, 8, 0, 1, 1, 6, 0, 1, 1, 6, 0, 9, 1])
w_xz = w_xz.reshape(4, 4)
# points: (5, 1, 0), (5, 9, 0), (4, 9, 0), (4, 1, 0)
w_xy = np.array([5, 1, 0, 1, 5, 9, 0, 1, 4, 9, 0, 1, 4, 1, 0, 1])
w_xy = w_xy.reshape(4, 4)
# points: (0, 4, 7), (0, 4, 3), (0, 8, 3), (0, 8, 7)
w_yz = np.array([0, 4, 7, 1, 0, 4, 3, 1, 0, 8, 3, 1, 0, 8, 7, 1])
w_yz = w_yz.reshape(4, 4)
w_coor = np.vstack((w_xz, w_xy, w_yz))
# print(w_coor)
# 写入像素坐标
c_xz = np.array([275, 142, 312, 454, 382, 436, 357, 134])
c_xz = c_xz.reshape(4, 2)
c_xy = np.array([432, 473, 612, 623, 647, 606, 464, 465])
c_xy = c_xy.reshape(4, 2)
c_yz = np.array([654, 216, 644, 368, 761, 420, 781, 246])
c_yz = c_yz.reshape(4, 2)
c_coor = np.vstack((c_xz, c_xy, c_yz))
# print(c_coor)
# 用于验证参数求解是否正确的世界坐标与像素坐标
w_check = np.array([6, 0, 5, 1, 3, 3, 0, 1, 0, 4, 0, 1, 0, 4, 4, 1, 0, 0, 7, 1])
w_check = w_check.reshape(5, 4)
c_check = np.array([369, 297, 531, 484, 640, 468, 646, 333, 556, 194])
c_check = c_check.reshape(5, 2)
```

计算摄像机参数和投影矩阵。

```
aCamera = SingleCamera(w_coor, c_coor, 12)  # 12 points in total are used
aCamera.composeP()
aCamera.svdP()
aCamera.workInAndOut()  # 打印计算结果
aCamera.selfcheck(w_check, c_check)  # 使用 5 个点来验证计算结果
```

本实验首先通过计算摄像机的 3 个轴向量，求解值 ro，它表示摄像机到平面的距离；然后根据 ro 计算出 cx 和 cy，这两个值用于计算图像中像素坐标到物体空间中点的转换参数；接着，通过两个向量的叉积来得到参数 theta，它表示摄像机到平面的角度；再根据 ro、

向量长度和 sin(theta)计算出 alpha 和 beta，这两个值用于完成图像中像素坐标到物体空间坐标的转换；最后，根据计算得到的 alpha、beta、theta 和 ro 计算摄像机矩阵 $\boldsymbol{K}$、旋转矩阵 $\boldsymbol{R}$ 和平移向量 $\boldsymbol{T}$。ro、cx、cy、theta、alpha 的计算结果如图 8-24 所示。

图 8-25 展示了内部参数矩阵、旋转矩阵与平移向量的计算结果，其中 $\boldsymbol{K}$、$\boldsymbol{R}$、$\boldsymbol{t}$ 分别表示内部参数矩阵、旋转矩阵和平移向量。

The ro is 18071.368080
cx=438.437788,cy=415.125101
theta is: 1.548703
alpha:834.244027, beta:821.193836

图 8-24　光心坐标等参数

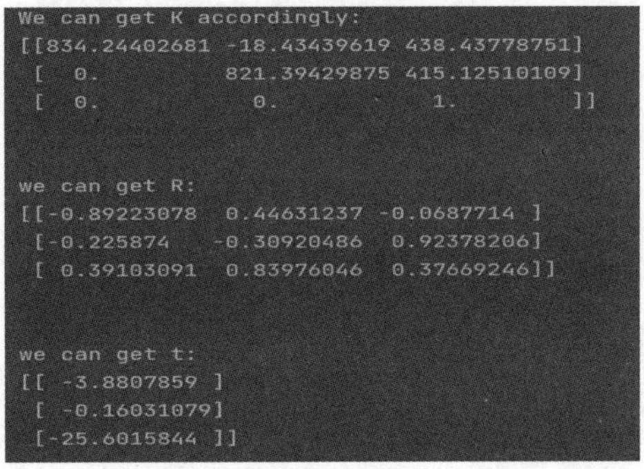
We can get K accordingly:
[[834.24402681 -18.43439619 438.43778751]
[0. 821.39429875 415.12510109]
[0. 0. 1.]]
we can get R:
[[-0.89223078 0.44631237 -0.0687714]
[-0.225874 -0.30920486 0.92378206]
[0.39103091 0.83976046 0.37669246]]
we can get t:
[[-3.8807859]
[-0.16031079]
[-25.6015844]]

图 8-25　内部参数矩阵、旋转矩阵、平移向量的计算结果

本章小结

本章详细介绍了摄像机模型和摄像机几何的相关知识，并以针孔摄像机模型为例，讨论了摄像机模型中齐次坐标的概念，以及摄像机如何使用投影矩阵将三维世界中的点映射到二维图像上。针对针孔摄像机的标定问题，从标定装置的原理入手，对摄像机的投影矩阵、内部和外部参数以及在退化情况下的求解方法进行了详细讲解。此外，还对如何解决摄像机的径向畸变问题进行了阐述。希望读者能够充分理解本章的内容，并认真完成本章的习题，因为这些知识是未来学习三维重建的基础。

习　题

1. 在针孔摄像机几何模型（见图 8-4）中，试绘出 Oik 平面上的成像关系图，写出对应的坐标关系。

2. 推导出位于针孔前面距离 f' 处的虚拟像平面的投影关系式。

3. 讨论球体在针孔摄像机中的投影是什么形状。

4. 推导透镜成像方程式（8-4）。

5. 假设坐标系(B)由坐标系(A)分别绕 $\boldsymbol{i}_A, \boldsymbol{j}_A, \boldsymbol{k}_A$ 轴旋转角度 θ 得到，参考书中公式写出旋转矩阵 ${}^{A}_{B}\boldsymbol{R}$。

6. 证明旋转矩阵的性质：旋转矩阵的逆矩阵等于它的转置；旋转矩阵的行列式等于 1。

7. 证明旋转矩阵不满足交换律，即给定两个旋转矩阵 $\boldsymbol{R}$ 和 $\boldsymbol{R}'$，两个乘积 $\boldsymbol{R}\boldsymbol{R}'$ 和 $\boldsymbol{R}'\boldsymbol{R}$ 通常是不同的。

8. 假设在坐标系(A)中两点间的刚体变换为 ${}^{A}\boldsymbol{T}=\begin{pmatrix} {}^{A}\boldsymbol{R} & {}^{A}\boldsymbol{t} \\ \boldsymbol{0}^{\mathrm{T}} & 1 \end{pmatrix}$，又已知坐标系$(A)$和坐标

系(B)之间的刚体变换为 ${}_B^A\boldsymbol{T}$ ，求出在坐标系(B)中该两点间的刚体变换矩阵 ${}^B\boldsymbol{T}$ 。

9. 证明刚体变换不会改变点之间的距离和角度。

10. 证明当像素发生倾斜，即两坐标轴夹角 θ 不为 90° 时，式（8-26）变为式（8-28）。

11. 令 $\boldsymbol{O}$ 表示摄像机中心在世界坐标系中的齐次坐标向量，$\boldsymbol{M}$ 表示对应的透视投影矩阵，证明 $\boldsymbol{MO}=\boldsymbol{0}$ 。

12. 计算线性方程组 $\begin{pmatrix}1 & 2\\0 & 1\\1 & 1\\1 & 0\end{pmatrix}\boldsymbol{x}=\begin{pmatrix}1\\5\\2\\3\end{pmatrix}$ 的最小二乘解。

13. 对矩阵 $\boldsymbol{A}=\begin{pmatrix}1 & 1\\1 & 1\\0 & 0\end{pmatrix}$ 进行奇异值分解，写出分解结果。

14. 假设摄像机成像平面没有角度偏斜，已知 5 组三维到二维投影的对应点 $X_i \sim x_i$ ，证明该情况下计算透视投影矩阵一般会有 4 个解，并且这 4 个解都能准确地实现这 5 组对应点的映射。

15. 假设摄像机内部参数已知，给定 3 组三维到二维投影的对应点 $X_i \sim x_i$ ，证明该情况下计算透视投影矩阵一般会有 4 个解，并且这 4 个解都能准确地实现这 3 组对应点的映射。

16. 编程实现 8.3.1 小节中摄像机投影矩阵的求解算法。

17. 阐述摄像机标定时标定点不能处于同一平面的原因。

第9章 三维重建

【本章导读】

在第 8 章中，我们学习了摄像机几何与标定，了解了如何从二维图像中恢复摄像机的内部和外部参数。在此基础上，本章将进入三维重建的核心内容，即如何从多个视角的二维图像中恢复出三维世界的几何结构。三维重建是计算机视觉领域的一个重要的研究方向，它在虚拟现实、增强现实、机器人导航、医学影像等领域有着广泛的应用。本章将介绍三维重建的基础知识，包括三角化概念和解法，以及双目立体视觉中的极几何和基础矩阵的概念，最后介绍双目立体视觉。通过学习本章，读者将能够理解三维重建的基本流程和方法。

【本章学习目标】

- 掌握三维重建的基础知识，理解三角化概念、线性与非线性解法，能够通过给定的图像点坐标求解对应的三维空间坐标，并理解其在三维重建中的应用。
- 了解极几何的基本概念，掌握基础矩阵的定义，实现基础矩阵估计。
- 掌握双目立体视觉法，其基于平行视图进行三维重建方法，掌握平行视图中的基础矩阵、极几何、三角化方法，了解将非平行视图校正为平行视图的方法，以及对应点搜索方法。

三维重建基础

9.1 三维重建基础

本节将首先介绍多视图重建的基础知识及核心思想，然后讲解三角化的概念、线性解法及非线性解法，最后详细讨论如何由不同相机拍摄的图像中的二维像素坐标以及相机之间的关系，求解空间点的三维坐标。

9.1.1 三角化的概念

图像中蕴含着丰富的场景结构信息，然而，仅仅依赖一幅图像通常难以确定三维场景的深度。如图 9-1（a）所示，从直观上看，人和比萨斜塔的大小几乎一样，这显然是不现实的。这种错觉源于单幅图像无法提供足够的深度信息。在这种情况下，人们倾向于将塔和人当作是位于同一深度的，导致二者看起来一样大。然而，如果从人与塔之间的某个角度观察这个场景，那么这种错觉将不复存在。

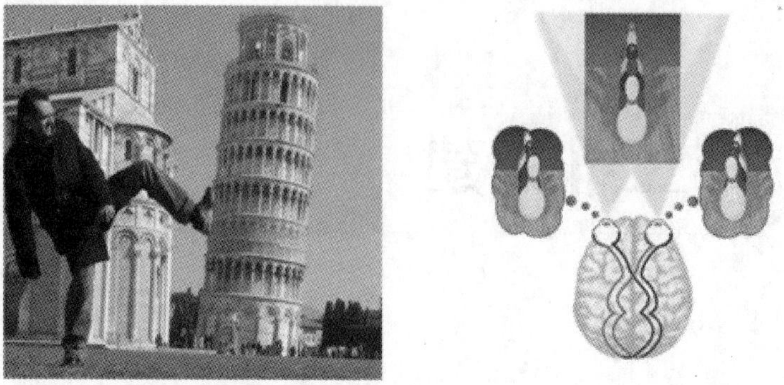

（a）比萨斜塔　　（b）人眼视觉系统示意图

图 9-1　视觉场景信息错觉

为了解决单视图重建中深度未知的问题，通常会使用两个视点的图像（双视图）或多个视点的图像（多视图）进行三维场景的重建，这也类似于人类拥有两只眼睛的原理。人眼视觉系统示意图如图 9-1（b）所示。在人类的视觉系统中，大脑会通过处理两只眼睛捕捉到的图像中微小的差异来获得物体的深度信息。同样，计算机可以基于三维空间中的点在不同相机拍摄的图像中的二维像素坐标以及相机之间的关系，来计算空间点的三维坐标。这个求解过程通常被称为“三角化”。

本节主要针对两视图的情况对三角化问题进行建模。假设两个摄像机的内部参数矩阵分别为 $\boldsymbol{K}$ 和 $\boldsymbol{K}'$，它们之间的旋转与平移关系已知。如图 9-2 所示，O_1,O_2 为两摄像机的中心，假设三维空间中的一点 P，在两个摄像机上的投影点分别是 p 和 p'，s 和 s'分别为点 P 与两摄像机中心的连线，分别经过点 p 和 p'。理论上，基于前述给定的条件可以计算出直线 s 与 s' 在第一个摄像机坐标系中的参数方程，然后，通过求解这两条直线的交点就可获得点 P 的三维坐标。然而实际上这种方法并不可行，由于摄像机校准参数和观测点 p,p' 存在噪声，这两条直线在大多数情况下不会相交。一种近似的方法是构造一条线段，使其与直线 s, s'相交且互相垂直，取该线段的中点作为点 P 的重构结果，如图 9-3 所示。总的来说，这种方法虽然简单但实际效果并不好，重构出的三维点误差较大。在后面两小节中会给大家介绍两种典型的三角化方法：线性解法和非线性解法。

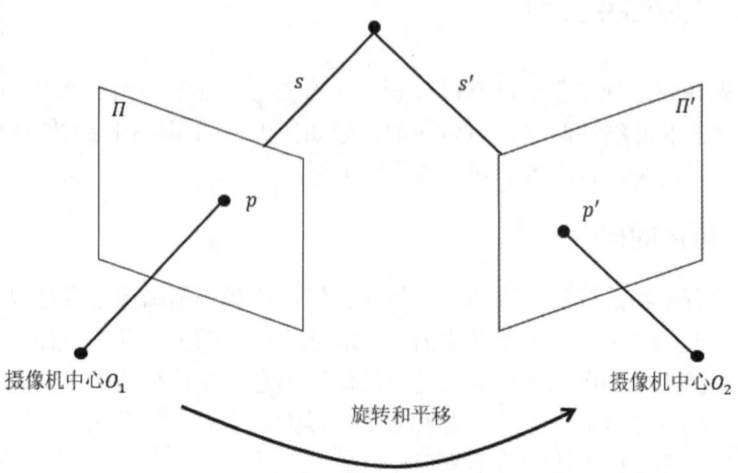

图 9-2　三角化示意图

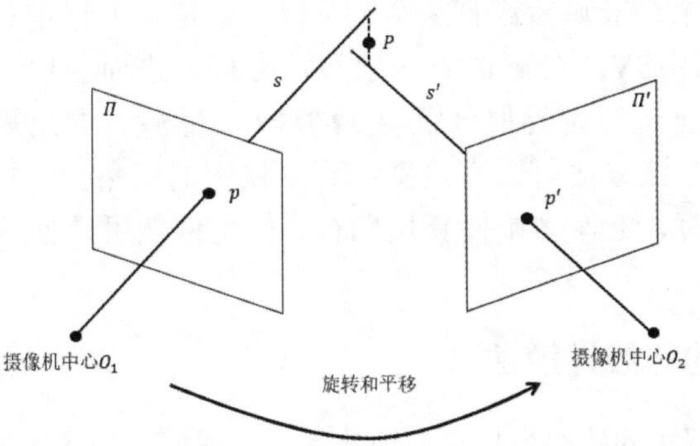

图 9-3　三角化的一种方法

9.1.2　三角化的线性解法

以第一个摄像机坐标系为世界坐标系，根据两个摄像机的透视投影矩阵，可以写出给定三维点与其对应的二维像素点之间的坐标映射关系，即

$$\begin{cases} \boldsymbol{p} = \boldsymbol{M}\boldsymbol{P} = \boldsymbol{K}(\boldsymbol{I} \quad \boldsymbol{0})\boldsymbol{P} \\ \boldsymbol{p}' = \boldsymbol{M}'\boldsymbol{P} = \boldsymbol{K}'(\boldsymbol{R} \quad \boldsymbol{t})\boldsymbol{P} \end{cases} \tag{9-1}$$

两摄像机的透视投影矩阵 $\boldsymbol{M}, \boldsymbol{M}'$ 是已知的，将它们分别写成如下形式：

$$\boldsymbol{M} = \begin{pmatrix} \boldsymbol{m}_1^{\mathrm{T}} \\ \boldsymbol{m}_2^{\mathrm{T}} \\ \boldsymbol{m}_3^{\mathrm{T}} \end{pmatrix} \quad \boldsymbol{M}' = \begin{pmatrix} \boldsymbol{m}_1'^{\mathrm{T}} \\ \boldsymbol{m}_2'^{\mathrm{T}} \\ \boldsymbol{m}_3'^{\mathrm{T}} \end{pmatrix} \tag{9-2}$$

假设二维像素点的欧氏坐标为 $\tilde{\boldsymbol{p}} = (u, v), \tilde{\boldsymbol{p}}' = (u', v')$，可以得到如下 4 个等式：

$$u = \frac{\boldsymbol{m}_1^{\mathrm{T}}\boldsymbol{P}}{\boldsymbol{m}_3^{\mathrm{T}}\boldsymbol{P}} \quad \Rightarrow \quad \boldsymbol{m}_1^{\mathrm{T}}\boldsymbol{P} - u(\boldsymbol{m}_3^{\mathrm{T}}\boldsymbol{P}) = 0 \tag{9-3}$$

$$v = \frac{\boldsymbol{m}_2^{\mathrm{T}}\boldsymbol{P}}{\boldsymbol{m}_3^{\mathrm{T}}\boldsymbol{P}} \quad \Rightarrow \quad \boldsymbol{m}_2^{\mathrm{T}}\boldsymbol{P} - v(\boldsymbol{m}_3^{\mathrm{T}}\boldsymbol{P}) = 0 \tag{9-4}$$

$$u' = \frac{\boldsymbol{m}_1'^{\mathrm{T}}\boldsymbol{P}}{\boldsymbol{m}_3'^{\mathrm{T}}\boldsymbol{P}} \quad \Rightarrow \quad \boldsymbol{m}_1'^{\mathrm{T}}\boldsymbol{P} - u'(\boldsymbol{m}_3'^{\mathrm{T}}\boldsymbol{P}) = 0 \tag{9-5}$$

$$v' = \frac{\boldsymbol{m}_2'^{\mathrm{T}}\boldsymbol{P}}{\boldsymbol{m}_3'^{\mathrm{T}}\boldsymbol{P}} \quad \Rightarrow \quad \boldsymbol{m}_2'^{\mathrm{T}}\boldsymbol{P} - v'(\boldsymbol{m}_3'^{\mathrm{T}}\boldsymbol{P}) = 0 \tag{9-6}$$

于是得到 4 个方程，写成矩阵的形式为

$$\boldsymbol{A}\boldsymbol{P} = \boldsymbol{0} \tag{9-7}$$

其中

$$\boldsymbol{A} = \begin{pmatrix} u\boldsymbol{m}_3^{\mathrm{T}} - \boldsymbol{m}_1^{\mathrm{T}} \\ v\boldsymbol{m}_3^{\mathrm{T}} - \boldsymbol{m}_2^{\mathrm{T}} \\ u'\boldsymbol{m}_3'^{\mathrm{T}} - \boldsymbol{m}_1'^{\mathrm{T}} \\ v'\boldsymbol{m}_3'^{\mathrm{T}} - \boldsymbol{m}_2'^{\mathrm{T}} \end{pmatrix}$$

因为方程数有 4 个，未知参数有 3 个，所以，这是一个超定齐次线性方程组的求解问题。因此，可以使用 SVD 分解的方法求解该方程，进而获得点 P 坐标的最佳估计。具体来说，先对矩阵 $\boldsymbol{A}$ 进行奇异值分解 $\boldsymbol{A}=\boldsymbol{UDV}^{\mathrm{T}}$，然后，取出矩阵 $\boldsymbol{V}$ 的最后一列即为点 P 坐标的估计结果。该方法可以直接推广到多视图的三角化，每增加一个视图就会多出两个约束方程，此时，矩阵 $\boldsymbol{A}$ 中便新增两行，但是依然可以使用奇异值分解来求点 P 的坐标。

9.1.3 三角化的非线性解法

三角化的非线性解法的核心思想是最小化重投影误差。如图 9-4 所示，在三维空间中随机选取一初始点 P^*，不断调整 P^* 的坐标，使得点 P^* 在两个二维平面上的投影点 $p^*, p^{*\prime}$ 与实际点 P 对应的两投影点 p, p' 的距离最近。

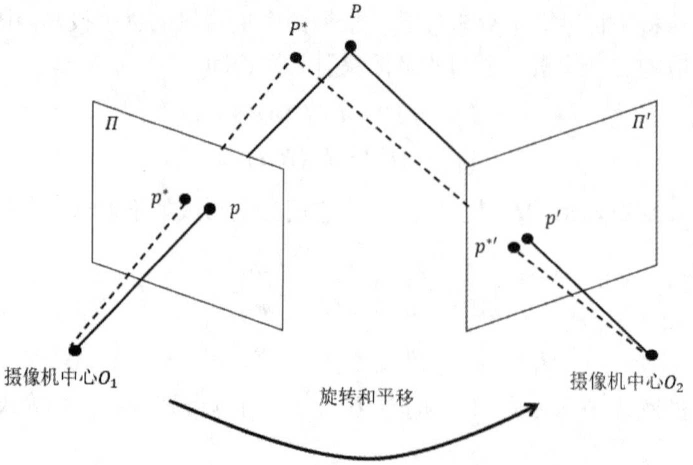

图 9-4　三角化的非线性求解示意图

基于上述思想，可以定义如下能量函数来表示点 P^* 与点 P 的差距，即重投影误差。

$$E=d(\boldsymbol{p},\boldsymbol{MP}^*)+d(\boldsymbol{p}',\boldsymbol{M}'\boldsymbol{P}^*)=\|\boldsymbol{MP}^*-\boldsymbol{p}^2\|+\|\boldsymbol{M}'\boldsymbol{P}^*-\boldsymbol{p}'^2\| \tag{9-8}$$

其目标就是求解使重投影误差最小时点 P^* 的坐标，能量函数越小，则点 P^* 与点 P 越接近。这是一个非线性优化问题，通常的求解方法是牛顿法或列文伯格-马夸尔特法（L-M 方法）。迭代的效果和收敛时长与初始点的设置有关，在实际运用中通常用线性解法求出的解作为该方法的初始解，然后进行迭代得到最优解。

式（9-8）定义的是两个视图的重投影误差。但是，其思想可以方便地推广到多视图的情况。如果增加一个视图，则在重投影误差里添加对应的误差项即可。所以，将非线性解法推广到多视图时的重投影误差的定义如下

$$\min_{\boldsymbol{P}^*}\sum_i\|\boldsymbol{M}_i\boldsymbol{P}^*-\boldsymbol{p}_i\|^2 \tag{9-9}$$

式中，$\boldsymbol{p}_i$ 表示当前点在第 i 个视图上的投影点，$\boldsymbol{M}_i$ 表示第 i 个视图对应的摄像机投影矩阵。同样，可以采用非线性最小二乘法对式（9-9）进行求解。

需要特别注意的是，三角化方法的前提是已知摄像机的内部和外部参数。然而，在实际的三维场景重建过程中，通常不会事先知道摄像机的确切参数。因此，在这种情况下，

无法直接应用三角化方法进行求解，而必须首先对摄像机参数进行估计。在第 8 章中，已经讨论了单个摄像机内部和外部参数标定的方法，本章将详细探讨在重建任务中如何获取摄像机的投影矩阵。

9.2 极几何与基础矩阵

本节将介绍两个视图之间的内在投影几何关系，详细讲解极几何、本质矩阵、基础矩阵的概念，并进一步讨论由多组二维对应点准确估计基础矩阵的方法，即八点法。

9.2.1 极几何

极几何

极几何是一种描述两个视图之间内在投影几何关系的方法，用于描述同一场景或物体的两个视点图像之间的几何关系。这种方法独立于场景的具体结构，只取决于摄像机的内部参数和它们之间的相对位姿。本小节将详细探讨两视图中对应点之间的极几何关系。

如图 9-5 所示，三维空间中的点 P 在两个视图中的投影点分别为 p,p' ，O_1,O_2 分别是两摄像机的中心，这 5 个点都在由相交直线 O_1P 和 O_2P 定义的平面上，该平面又称为极平面。两摄像机中心的连线称为基线，基线与两图像平面分别交于点 e 和 e' ，它们分别是对应摄像机的极点。极点 e' 可以看作第一个摄像机中心 O_1 在第二个摄像机成像平面上的投影点，同理，极点 e 也可以看作第二个摄像机中心 O_2 在第一个摄像机成像平面上的投影点。极平面与视图 Π 的交线为 l ，与视图 Π' 的交线为 l' 。l 和 l' 都称为极线，显然点 p 位于极线 l 上，点 p' 位于极线 l' 上。

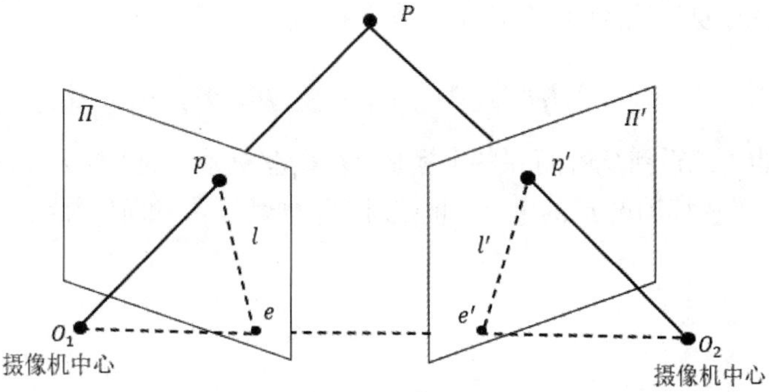

图 9-5　极几何关系示意图

对点 P 进行三角化计算的前提是知道点 P 对应的一组投影点 p,p' ，而直接在两幅图像中寻找相匹配的投影点是非常困难的。假设两个摄像机的内部参数和外部参数都已知，可以通过两幅图像之间的极几何关系来约束匹配点的搜索，从而提高搜索效率。如果已知点 p 的坐标，结合两摄像机中心便可确定极平面。极平面与第二个摄像机平面的交线便是极线 l' 。由极几何约束可知点 p 的对应点 p' 必然在极线 l' 上，于是寻找点 p' 时只须在极线 l' 上搜索即可，而无须在整个图像上搜索，因此可以极大地降低计算的复杂度。

9.2.2 本质矩阵与基础矩阵

本质矩阵与基础矩阵

本质矩阵是对规范化摄像机的两个视点图像间的极几何关系的代数描述。以图 9-5 为例，假定两摄像机均为规范化摄像机，第二个摄像机坐标系相对于第一个摄像机坐标系的旋转为 $\boldsymbol{R}$，平移为 $\boldsymbol{t}$。设视图 Π 上的点 p 的像素坐标为 (u,v)，视图 Π' 上的点 p' 的像素坐标为 (u',v')，两摄像机的内部参数矩阵 $\boldsymbol{K},\boldsymbol{K}'$ 为

$$\boldsymbol{K}=\boldsymbol{K}'=\begin{pmatrix}1&0&0\\0&1&0\\0&0&1\end{pmatrix} \tag{9-10}$$

规范化摄像机投影变换公式为

$$\boldsymbol{p}=\begin{pmatrix}x\\y\\z\end{pmatrix}=\boldsymbol{MP}=\begin{pmatrix}1&0&0&0\\0&1&0&0\\0&0&1&0\end{pmatrix}\begin{pmatrix}x\\y\\z\\1\end{pmatrix} \tag{9-11}$$

由于摄像机坐标系下三维点的欧氏坐标等于二维投影点的齐次坐标，于是回到示例图 9-5 中，将两个投影点 p,p' 看成在三维空间中，可以直接得到点 p 在 O_1 坐标系下的欧氏坐标为 $(u,v,1)$，点 p' 在 O_2 坐标系下的欧氏坐标为 $(u',v',1)$。假设点 p' 在 O_1 坐标系下的坐标向量记为 $\boldsymbol{p}'^*$，由于两坐标系之间存在着旋转和平移的位置关系，坐标 $\boldsymbol{p}'^*$ 与 $\boldsymbol{p}'$ 之间也存在如下关系

$$\boldsymbol{p}'=\boldsymbol{R}\boldsymbol{p}'^*+\boldsymbol{t} \tag{9-12}$$

由此可以解出 $\boldsymbol{p}'^*$，得到 p' 在 O_1 坐标系下 的坐标为

$$\boldsymbol{p}'^*=\boldsymbol{R}^{\mathrm{T}}(\boldsymbol{p}'-\boldsymbol{t})=\boldsymbol{R}^{\mathrm{T}}\boldsymbol{p}'-\boldsymbol{R}^{\mathrm{T}}\boldsymbol{t} \tag{9-13}$$

除此之外，也可以得到 O_2 坐标系的坐标原点在 O_1 坐标系下的坐标为 $-\boldsymbol{R}^{\mathrm{T}}\boldsymbol{t}$。在 O_1 坐标系下，求出 O_2 坐标原点的坐标和点 p' 的坐标，也就得到了向量 $\overline{O_1p'}$ 和向量 $\overline{O_1O_2}$，如图 9-6 所示。

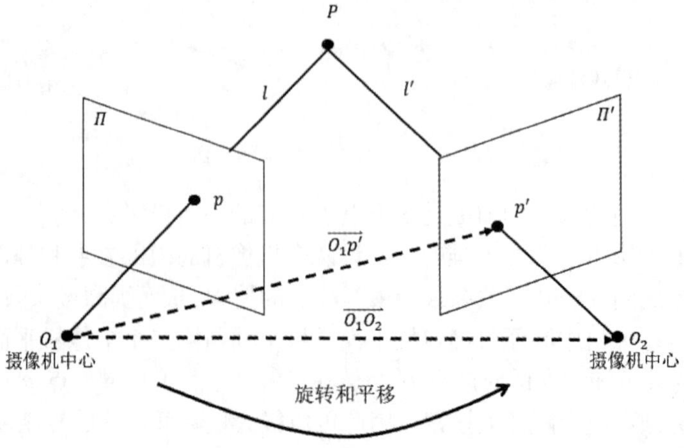

图 9-6 向量 $\overline{O_1p'}$ 和向量 $\overline{O_1O_2}$ 的示意图

将这两个向量作叉乘，有

$$\boldsymbol{R}^{\mathrm{T}}\boldsymbol{t}\times(\boldsymbol{R}^{\mathrm{T}}\boldsymbol{p}'-\boldsymbol{R}^{\mathrm{T}}\boldsymbol{t})=\boldsymbol{R}^{\mathrm{T}}\boldsymbol{t}\times\boldsymbol{R}^{\mathrm{T}}\boldsymbol{p}' \tag{9-14}$$

由于向量$\overline{O_1p'}$和向量$\overline{O_1O_2}$都位于极平面上，所以叉乘后得到的向量垂直于极平面，与向量$\overline{O_1p}$点乘得到

$$(\boldsymbol{R}^{\mathrm{T}}\boldsymbol{t}\times\boldsymbol{R}^{\mathrm{T}}\boldsymbol{p}')^{\mathrm{T}}\cdot\boldsymbol{p}=0 \tag{9-15}$$

对式（9-15）进行整理后得到

$$\boldsymbol{p}'^{\mathrm{T}}[\boldsymbol{t}\times\boldsymbol{R}]\boldsymbol{p}=0 \tag{9-16}$$

于是得到了两投影点 p,p' 之间的关系，将 $\boldsymbol{E}=\boldsymbol{t}\times\boldsymbol{R}=[t_{\times}]\boldsymbol{R}$ 称为本质矩阵，它是一个 3×3 大小的奇异矩阵，矩阵的秩为 2，总共包含 5 个自由度，它描述了规范化摄像机下两个投影点之间的极几何约束关系。

本质矩阵可用于计算投影点对应的极线。在图 9-5 中，因为点 p 在极线 l 上，所以有 $\boldsymbol{l}^{\mathrm{T}}\boldsymbol{p}=0$，与极几何约束 $\boldsymbol{p}'^{\mathrm{T}}\boldsymbol{E}\boldsymbol{p}=0$ 比较，可以得到 $\boldsymbol{l}^{\mathrm{T}}=\boldsymbol{p}'^{\mathrm{T}}\boldsymbol{E}$，即 $\boldsymbol{l}=\boldsymbol{E}^{\mathrm{T}}\boldsymbol{p}'$。同理点 p' 所在的极线 l' 也可由本质矩阵 $\boldsymbol{E}$ 和点 p 计算得出，即 $\boldsymbol{l}'=\boldsymbol{E}\boldsymbol{p}$。对于第一个摄像机平面上的任意点（除了极点 e），其对应的极线都会经过极点 e'，所以有 $\boldsymbol{E}\boldsymbol{e}=0$，同理 $\boldsymbol{E}^{\mathrm{T}}\boldsymbol{e}'=0$。

实际情况中摄像机并不是理想的规范化摄像机，所以下面将继续讨论一般摄像机的情况下对应点的极几何关系。用基础矩阵对一般透视摄像机拍摄的两个视点图像间的极几何关系进行代数描述。

这里仍然以图 9-5 为例，求解思路就是在上述本质矩阵推导的基础上加入一般摄像机到规范化摄像机的变换。在一般透视摄像机中，三维点到二维点的映射关系为 $\boldsymbol{p}=\boldsymbol{K}(\boldsymbol{I}\quad \boldsymbol{0})\boldsymbol{P}$，将等式两边同时乘以 $\boldsymbol{K}^{-1}$ 得到

$$\boldsymbol{K}^{-1}\boldsymbol{p}=\boldsymbol{K}^{-1}\boldsymbol{K}(\boldsymbol{I}\quad \boldsymbol{0})\boldsymbol{P}=\begin{pmatrix}1&0&0&0\\0&1&0&0\\0&0&1&0\end{pmatrix}\boldsymbol{P} \tag{9-17}$$

定义 $\boldsymbol{p}_c=\boldsymbol{K}^{-1}\boldsymbol{p}$，式（9-17）可写成

$$\boldsymbol{p}_c=\begin{pmatrix}1&0&0&0\\0&1&0&0\\0&0&1&0\end{pmatrix}\boldsymbol{P} \tag{9-18}$$

同样，在第二个摄像机坐标系中，令 $\boldsymbol{p}_c'=\boldsymbol{K}'^{-1}\boldsymbol{p}'$，有

$$\boldsymbol{p}_c'=\begin{pmatrix}1&0&0&0\\0&1&0&0\\0&0&1&0\end{pmatrix}\boldsymbol{P}' \tag{9-19}$$

这样就可以把三维点 P 在两个一般摄像机下的投影点 p 和 p' 看作是点 P 经过两个规范化摄像机得到两个投影点 p_c 和 p_c'。点 p_c 和 p_c' 的坐标满足由本质矩阵定义的极几何约束，代入约束等式可得 $\boldsymbol{p}_c^{\mathrm{T}}\boldsymbol{E}\boldsymbol{p}_c'=0$，等式左边可展开为

$$
\begin{aligned}
p_c'^{\mathrm{T}} E p_c &= p_c'^{\mathrm{T}} [t_\times] R p_c \\
&= (K'^{-1} p')^{\mathrm{T}} \cdot [t_\times] R K^{-1} p \\
&= p'^{\mathrm{T}} K'^{-\mathrm{T}} [t_\times] R K^{-1} p
\end{aligned}
\tag{9-20}
$$

9.2.3 基础矩阵估计

基础矩阵估计

1．八点法

在两视图中基础矩阵的约束关系式为 $p'^{\mathrm{T}} F p = 0$，正如前一节所提到的，在摄像机的内部和外部参数未知的情况下，只要有充足的对应点信息就可以计算出基础矩阵 F。基础矩阵 F 为 3×3 大小的矩阵，有 9 个参数，减去关于比例大小的尺度参数以及矩阵秩为 2 的约束，矩阵 F 总共有 7 个自由度，所以理论上只需至少 7 组匹配点的坐标信息就可以计算出基础矩阵 F。但通过 7 组匹配点计算基础矩阵的方法过于复杂，也不常用。本节主要讨论一种更简单、更常见的基础矩阵估计方法：八点法，它由朗格特-希金斯（Longuet-Higgins）在 1981 年提出，并且在 1995 年由哈特利（Hartley）进一步改进完善。

假设任意一组匹配点的坐标为

$$
p = \begin{pmatrix} u \\ v \\ 1 \end{pmatrix}, p' = \begin{pmatrix} u' \\ v' \\ 1 \end{pmatrix}
\tag{9-21}
$$

代入基础矩阵约束关系式得到

$$
(u', v', 1) \begin{pmatrix} F_{11} & F_{12} & F_{13} \\ F_{21} & F_{22} & F_{23} \\ F_{31} & F_{32} & F_{33} \end{pmatrix} \begin{pmatrix} u \\ v \\ 1 \end{pmatrix} = 0
\tag{9-22}
$$

将矩阵 F 中每个元素排列成列向量的形式，整理式（9-22）得到

$$
(uu', vu', u', uv', vv', v', u, v, 1) \begin{pmatrix} F_{11} \\ F_{12} \\ F_{13} \\ F_{21} \\ F_{22} \\ F_{23} \\ F_{31} \\ F_{32} \\ F_{33} \end{pmatrix} = 0
\tag{9-23}
$$

由一组匹配点可以得到一个约束方程，假设有 n 组匹配点的坐标信息，则可以得到一组如下形式的线性方程组

$$
Af = \begin{pmatrix} u_1u_1' & u_1'v_1 & u_1' & u_1v_1' & v_1v_1' & v_1' & u_1 & v_1 & 1 \\ \vdots & \vdots & \vdots & \vdots & \vdots & \vdots & \vdots & \vdots & \vdots \\ u_nu_n' & u_n'v_n & u_n' & u_nv_n' & v_nv_n' & v_n' & u_n & v_n & 1 \end{pmatrix} f = \mathbf{0}
\tag{9-24}
$$

其中列向量 $f=(\boldsymbol{F}_{11},\boldsymbol{F}_{12},\boldsymbol{F}_{13},\boldsymbol{F}_{21},\boldsymbol{F}_{22},\boldsymbol{F}_{23},\boldsymbol{F}_{31},\boldsymbol{F}_{32},\boldsymbol{F}_{33})^{\mathrm{T}}$。这是一个齐次线性方程组，在不考虑比例大小的情况下需要至少 8 个约束方程才能进行求解（即 $n\geqslant 8$），所以正如八点法这一名称所示，在该算法中选取 8 组匹配点，线性方程组可以写为

$$\begin{pmatrix} u_1u_1' & v_1u_1' & u_1' & u_1v_1' & v_1v_1' & v_1' & u_1 & v_1 & 1 \\ u_2u_2' & v_2u_2' & u_2' & u_2v_2' & v_2v_2' & v_2' & u_2 & v_2 & 1 \\ u_3u_3' & v_3u_3' & u_3' & u_3v_3' & v_3v_3' & v_3' & u_3 & v_3 & 1 \\ u_4u_4' & v_4u_4' & u_4' & u_4v_4' & v_4v_4' & v_4' & u_4 & v_4 & 1 \\ u_5u_5' & v_5u_5' & u_5' & u_5v_5' & v_5v_5' & v_5' & u_5 & v_5 & 1 \\ u_6u_6' & v_6u_6' & u_6' & u_6v_6' & v_6v_6' & v_6' & u_6 & v_6 & 1 \\ u_7u_7' & v_7u_7' & u_7' & u_7v_7' & v_7v_7' & v_7' & u_7 & v_7 & 1 \\ u_8u_8' & v_8u_8' & u_8' & u_8v_8' & v_8v_8' & v_8' & u_8 & v_8 & 1 \end{pmatrix}\begin{pmatrix} \boldsymbol{F}_{11} \\ \boldsymbol{F}_{12} \\ \boldsymbol{F}_{13} \\ \boldsymbol{F}_{21} \\ \boldsymbol{F}_{22} \\ \boldsymbol{F}_{23} \\ \boldsymbol{F}_{31} \\ \boldsymbol{F}_{32} \\ \boldsymbol{F}_{33} \end{pmatrix}=\boldsymbol{0} \tag{9-25}$$

将式（9-25）记为 $\boldsymbol{A}\boldsymbol{f}=\boldsymbol{0}$，求解目标就是 $\boldsymbol{f}$，因为不考虑比例因素，所以不妨直接令 $\boldsymbol{F}_{33}=1$，于是上述齐次线性方程组可以转化为一个非齐次线性方程组，即

$$\begin{pmatrix} u_1u_1' & v_1u_1' & u_1' & u_1v_1' & v_1v_1' & v_1' & u_1 & v_1 \\ u_2u_2' & v_2u_2' & u_2' & u_2v_2' & v_2v_2' & v_2' & u_2 & v_2 \\ u_3u_3' & v_3u_3' & u_3' & u_3v_3' & v_3v_3' & v_3' & u_3 & v_3 \\ u_4u_4' & v_4u_4' & u_4' & u_4v_4' & v_4v_4' & v_4' & u_4 & v_4 \\ u_5u_5' & v_5u_5' & u_5' & u_5v_5' & v_5v_5' & v_5' & u_5 & v_5 \\ u_6u_6' & v_6u_6' & u_6' & u_6v_6' & v_6v_6' & v_6' & u_6 & v_6 \\ u_7u_7' & v_7u_7' & u_7' & u_7v_7' & v_7v_7' & v_7' & u_7 & v_7 \\ u_8u_8' & v_8u_8' & u_8' & u_8v_8' & v_8v_8' & v_8' & u_8 & v_8 \end{pmatrix}\begin{pmatrix} \boldsymbol{F}_{11} \\ \boldsymbol{F}_{12} \\ \boldsymbol{F}_{13} \\ \boldsymbol{F}_{21} \\ \boldsymbol{F}_{22} \\ \boldsymbol{F}_{23} \\ \boldsymbol{F}_{31} \\ \boldsymbol{F}_{32} \end{pmatrix}=-\begin{pmatrix} 1 \\ 1 \\ 1 \\ 1 \\ 1 \\ 1 \\ 1 \\ 1 \end{pmatrix} \tag{9-26}$$

由上述方程组可以直接解出一组确定解，将结果重新排列为 3×3 的矩阵即可得到所估计的基础矩阵。

在实际应用中，一般会使用 8 组以上的对应点，构造更多的关系式，以减少测量噪声对估计结果带来的影响。当匹配点多于 8 组时，可以采用最小二乘法进行方程组的求解。利用奇异值分解的方法求取其最小二乘解，$\boldsymbol{f}$ 为矩阵 $\boldsymbol{A}$ 的最小奇异值对应的右奇异向量，且 $\|\boldsymbol{f}\|=1$，将结果 $\boldsymbol{f}$ 重新排列得到估计的基础矩阵。

需要注意的是，八点法直接计算的解或者最小二乘解都没有考虑基础矩阵秩为 2 的约束，求出的解通常是秩为 3 的矩阵，不满足基础矩阵的性质。因此，在上述求解的基础上，需要增加一个奇异性的约束。假设通过上述方法求出的矩阵记为 $\hat{\boldsymbol{F}}$，最简便的方法就是寻找一个矩阵 $\boldsymbol{F}$ 使得其与 $\hat{\boldsymbol{F}}$ 在 Frobenius 范数下最接近但秩为 2。寻找矩阵 $\boldsymbol{F}$ 的过程对应如下优化过程

$$\begin{gathered} \min_{\boldsymbol{F}} \|\boldsymbol{F}-\hat{\boldsymbol{F}}\|_F \\ \text{s.t. } \det(\boldsymbol{F})=0 \end{gathered} \tag{9-27}$$

该优化问题可以通过式（9-28）进行求解：首先，对矩阵 $\hat{\boldsymbol{F}}$ 进行奇异值分解 $\hat{\boldsymbol{F}}=\boldsymbol{U}\boldsymbol{D}\boldsymbol{V}^{\mathrm{T}}$，获得对角矩阵 $\boldsymbol{D}=\mathrm{diag}(s_1,s_2,s_3)$ 满足 $s_1\geqslant s_2\geqslant s_3$，然后，将对角矩阵 $\boldsymbol{D}$ 的第三个奇异值 s_3 直接赋 0，随后，将赋 0 后的对角矩阵 $\boldsymbol{D}$ 与分解得到的 $\boldsymbol{U}$，$\boldsymbol{V}^{\mathrm{T}}$ 相乘，即获得满足上述优化条

件且 Frobenius 范数最小的基础矩阵 $\boldsymbol{F}$，即

$$\mathrm{SVD}(\hat{\boldsymbol{F}})=\boldsymbol{U}\begin{pmatrix} s_1 & 0 & 0 \\ 0 & s_2 & 0 \\ 0 & 0 & s_3 \end{pmatrix}\boldsymbol{V}^{\mathrm{T}} \quad \Rightarrow \quad \boldsymbol{F}=\boldsymbol{U}\begin{pmatrix} s_1 & 0 & 0 \\ 0 & s_2 & 0 \\ 0 & 0 & 0 \end{pmatrix}\boldsymbol{V}^{\mathrm{T}} \tag{9-28}$$

2．归一化八点法

八点法是计算基础矩阵的基本方法之一，但在实际应用中，直接使用八点法来获得基础矩阵通常会导致精度较低。其主要原因在于系数矩阵 $\boldsymbol{A}$ 中的元素值差异较大，这可能导致奇异值分解过程中出现数值计算问题，从而引入较大的误差。为了解决这个问题，在构造矩阵 $\boldsymbol{A}$ 之前将匹配点坐标先进行归一化，然后再用八点法计算，最后，去归一化以获得最终的基础矩阵。这种方法也称为归一化八点法。

假设任意一对匹配点 p_i, p_i'，归一化操作就是对每一组匹配点施加平移和缩放的变换，使得变换后的坐标满足两个条件：同一图像上点的重心等于图像坐标系的原点，各个像点到坐标原点的均方根距离等于 $\sqrt{2}$（或者均方距离等于 2），如图 9-7 所示。可以通过变换矩阵 $\boldsymbol{T},\boldsymbol{T}'$ 来表示归一化过程

$$\boldsymbol{q}_i=\boldsymbol{T}\boldsymbol{p}_i, \boldsymbol{q}_i'=\boldsymbol{T}'\boldsymbol{p}_i' \tag{9-29}$$

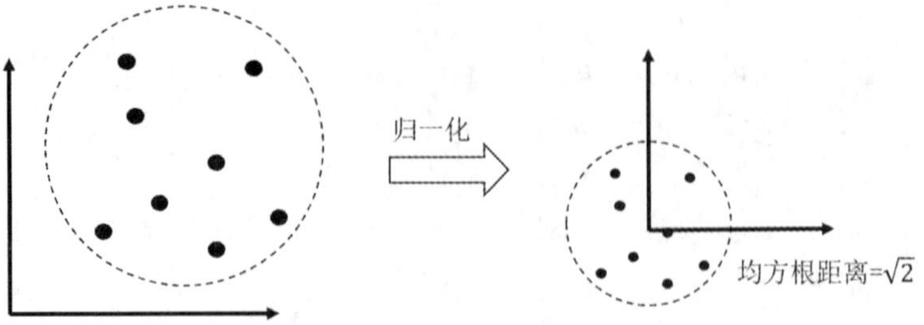

图 9-7　归一化示意图

使用归一化后的新坐标构造矩阵 $\boldsymbol{A}$，然后采用八点法计算出新的矩阵 $\boldsymbol{F}_q$。然而矩阵 $\boldsymbol{F}_q$ 是相对于坐标归一化后的图像的基础矩阵，为了能在原来的图像中使用，需要对 $\boldsymbol{F}_q$ 进行一次去归一化，以得到最终的基础矩阵，即

$$\boldsymbol{F}=\boldsymbol{T}^{\mathrm{T}}\boldsymbol{F}_q\boldsymbol{T}' \tag{9-30}$$

除了八点法，基础矩阵估计还有其他方法，如可以最小化投影点与极线之间的均方距离来估计基础矩阵：$\min\limits_{\boldsymbol{F}}\sum\limits_{i=1}^{n}[d^2(\boldsymbol{p}_i,\boldsymbol{F}^{\mathrm{T}}\boldsymbol{p}_i')+d^2(\boldsymbol{p}_i',\boldsymbol{F}\boldsymbol{p}_i)]$，然后，采用非线性最小二乘法、高斯-牛顿法或列文伯格-马夸尔特法进行求解，此时，可以使用八点法或归一化八点法的计算结果作为迭代的初始解，提高迭代效率，提升基础矩阵估计的准确性。

9.2.4　动手实践：基础矩阵估计

1．实践目标

基础矩阵可对一般透视摄像机拍摄的两个视点图像间的极几何关系进行代数描述。通

过对基础矩阵进行估计，可以实现图像间的极几何关系分析，进而完成三维重建、运动估计等任务。通过使用不同的估计方法和约束条件，可以提高基础矩阵估计的精度和稳定性，为后续的三维重建和运动估计等任务提供有力支持。

在实际应用中，基础矩阵估计主要依赖于图像中特征点的匹配。给定两幅图像中的一组匹配点对，我们可以通过求解线性方程组或者使用随机抽样一致（RANSAC）算法等方法来估计基础矩阵。然而，由于图像噪声、特征点匹配错误等因素，估计出的基础矩阵可能存在误差。为了提高估计的精度和稳定性，研究人员提出了许多改进算法，如八点法、六点综合法等。本实验完成从特征提取到特征点匹配以及计算基础矩阵的全过程。实践目标如下。

（1）理解基础矩阵的含义。

（2）掌握使用 OpenCV 提取 SIFT 特征并进行关键点匹配的方法。

（3）理解基础矩阵计算方式。

（4）掌握 RANSAC 算法的流程并编程实现。

（5）了解基础矩阵估计在三维重建、运动估计等领域的应用。

2. 实践内容

实现基于 SIFT 特征和 RANSAC 算法的基础矩阵估计方法。利用 OpenCV 提供的 SIFT 特征提取器和 BFMatcher 特征匹配器筛选关键点，根据关键点构建对基础矩阵的线性约束并使用 NumPy 内置的 SVD 分解函数求解得到基础矩阵。

实践内容如下。

（1）提取图像 SIFT 特征：使用 cv2 库中的 SIFT 算法，将输入的图片提取出关键点和描述符特征。

（2）利用提取的特征匹配关键点：匹配特征描述子。使用欧氏距离作为相似性度量标准，并通过 BFMatcher 对特征描述子进行匹配。得到匹配成功的一组匹配信息的关键点。

（3）根据关键点计算基础矩阵：基于匹配的关键点，编程实现 RANSAC 算法并计算得到基础矩阵。

3. 实践步骤

（1）提取 SIFT 特征

使用 cv2 库中的 SIFT 算法从图像中提取特征。

```
def extract_features(self):
"""
    提取图片的 SIFT 特征并返回关键点和描述子
    输出:
    keypoints: 关键点
    descriptors: 图像的描述子
    """
    sift = cv2.SIFT_create()
    keypoints, descriptors = sift.detectAndCompute(self.gray, None)

    if len(keypoints) <= 20:
        return None, None
    else:
```

```
            self.keypoints = keypoints
            self.descriptors = descriptors
        return keypoints, descriptors
```

该函数返回图像中的关键点和描述符。如果关键点的数量少于 20 个，则返回 None，否则将关键点和描述符保存在实例变量中并返回。

（2）对提取到的 SIFT 特征进行特征匹配

使用 BFMatcher 和欧氏距离在查询图像和训练图像之间匹配特征描述符。

```
def get_matches(des_query, des_train):
    """
    筛选匹配的特征点并返回 matches
    输入：
    des_query: 用于查询的描述子
    des_train: 用于训练的 knnMatch 的描述子
    输出：
    good: 以列表的形式封装匹配信息
    """
    bf = cv2.BFMatcher(cv2.NORM_L2)
    matches = bf.knnMatch(des_query, des_train, k=2)

    good = []
    for m, m_ in matches:
        # 比例设置为 0.6，保留足够的特征
        if m.distance < 0.6 * m_.distance:
            good.append(m)
    return good
```

返回一个包含匹配信息的列表。匹配度高于 0.6 倍的更好匹配会被保留。

（3）根据匹配的特征获取对应的关键点

获取匹配的关键点。

```
def get_match_point(p, p_, matches):
    """
    寻找匹配的特征点
    输入：
    p: 步骤 2 的函数中对应查询特征的关键点
    p_: 步骤 2 的函数中对应训练特征的关键点
    matches:查询特征与训练特征之间的匹配信息
    输出：
    points_query、points_train: 匹配成功的关键点
    """
    points_query = np.asarray([p[m.queryIdx].pt for m in matches])
    points_train = np.asarray([p_[m.trainIdx].pt for m in matches])
    return points_query, points_train
```

给定一组查询特征点、训练特征点和匹配信息，该函数通过遍历匹配信息，分别获取查询特征点和训练特征点的坐标并以 NumPy 数组的形式返回。

（4）根据匹配到的关键点构建基础矩阵与单应矩阵

估计两组点集之间的基础矩阵与单应矩阵。

```
def estimate_fundamental(pts1, pts2, num_sample=8):
    n = pts1.shape[0]
    pts_index = range(n)
```

```
    sample_index = random.sample(pts_index, num_sample)
    p1 = pts1[sample_index, :]
    p2 = pts2[sample_index, :]
    n = len(sample_index)
    p1_norm, T1 = normalize(p1, None)
    p2_norm, T2 = normalize(p2, None)
    w = np.zeros((n, 9))
    for i in range(n):
        w[i, 0] = p1_norm[i, 0] * p2_norm[i, 0]
        w[i, 1] = p1_norm[i, 1] * p2_norm[i, 0]
        w[i, 2] = p2_norm[i, 0]
        w[i, 3] = p1_norm[i, 0] * p2_norm[i, 1]
        w[i, 4] = p1_norm[i, 1] * p2_norm[i, 1]
        w[i, 5] = p2_norm[i, 1]
        w[i, 6] = p1_norm[i, 0]
        w[i, 7] = p1_norm[i, 1]
        w[i, 8] = 1

    U, sigma, VT = np.linalg.svd(w)
    f = VT[-1, :].reshape(3, 3)
    U, sigma, VT = np.linalg.svd(f)
    sigma[2] = 0
    f = U.dot(np.diag(sigma)).dot(VT)
    f = T2.T.dot(f).dot(T1)
    return f

def estimate_homo(pts1, pts2, num_sample=4):
    n = pts1.shape[0]
    pts_index = range(n)
    sample_index = random.sample(pts_index, num_sample)
    p1 = pts1[sample_index, :]
    p2 = pts2[sample_index, :]
    n = len(sample_index)
    w = np.zeros((n * 2, 9))
    for i in range(n):
        w[2 * i, 0] = p1[i, 0]
        w[2 * i, 1] = p1[i, 1]
        w[2 * i, 2] = 1
        w[2 * i, 3] = 0
        w[2 * i, 4] = 0
        w[2 * i, 5] = 0
        w[2 * i, 6] = -p1[i, 0] * p2[i, 0]
        w[2 * i, 7] = -p1[i, 1] * p2[i, 0]
        w[2 * i, 8] = -p2[i, 0]
        w[2 * i + 1, 0] = 0
        w[2 * i + 1, 1] = 0
        w[2 * i + 1, 2] = 0
        w[2 * i + 1, 3] = p1[i, 0]
        w[2 * i + 1, 4] = p1[i, 1]
        w[2 * i + 1, 5] = 1
        w[2 * i + 1, 6] = -p1[i, 0] * p2[i, 1]
        w[2 * i + 1, 7] = -p1[i, 1] * p2[i, 1]
        w[2 * i + 1, 8] = -p2[i, 1]
   U, sigma, VT = np.linalg.svd(w)
```

```
    h = VT[-1, :].reshape(3, 3)
    return h
```

estimate_fundamental 函数的输入为两组点集 pts1 和 pts2，以及可选的采样数目 num_sample。该函数通过对点集进行采样，并对采样点进行归一化处理，然后使用 RANSAC 算法估计基础矩阵 f。

estimate_homo 函数通过随机选择若干个点对，构建线性方程组并进行奇异值分解，得到单应矩阵。该函数参数为两个点集 pts1 和 pts2，以及可选的样本点数 num_sample，默认为 4。返回值为估计得到的单应矩阵 h。

此外，在进行计算时需要对点进行归一化处理，处理函数实现如下。

```
def normalize(pts, T=None):
    """
    归一化特征点
    输入:
    pts: 需要被正规化的点
    T: 变换矩阵，如果为 None 则表示需要计算
    输出: 正规化后的点和矩阵 T
    """
    if T is None:
        u = np.mean(pts, 0)
        d = np.sum(np.sqrt(np.sum(np.power(pts, 2), 1)))
        T = np.array([
            [np.sqrt(2) / d, 0, -(np.sqrt(2) / d * u[0])],
            [0, np.sqrt(2) / d, -(np.sqrt(2) / d * u[1])],
            [0, 0, 1]
            ])
    return homoco_pts_2_euco_pts(np.matmul(T, euco_pts_2_homoco_pts(pts).T).T), T

def homoco_pts_2_euco_pts(pts):
    """
    齐次坐标到欧氏坐标的变换
    输入:
    pts: 齐次坐标
    输出:
    res: 变换后的欧氏坐标
    """
    if len(pts.shape) == 1:
        pts = pts.reshape(1, -1)
    res = pts / pts[:, -1, None]
    return res[:, :-1].squeeze()

def euco_pts_2_homoco_pts(pts):
    """
    欧氏坐标到齐次坐标的变换
    输入:
    pts: 欧氏坐标
    输出:
    res.squeeze(): 齐次坐标
    """
```

```
    if len(pts.shape) == 1:
        pts = pts.reshape(1, -1)
    one = np.ones(pts.shape[0])
    res = np.c_[pts, one]
    return res.squeeze()
```

4．实验结果及分析

（1）读取图像数据，提取 SIFT 特征和关键点信息

```
def build_img_info(img_root):
    """
    从图像中提取 SIFT 特征和关键点
    输入:
    img_root : 图片路径
    输出:
    img: 输入图片
    feat: SIFT 描述子和关键点
    """
    imgs = []
    feats = []
    for i, name in enumerate(os.listdir(img_root)):
        if '.jpg' in name or '.JPG' in name:
            path = os.path.join(img_root, name)
            img = cv2.imread(path)
            imgs.append(img)
            feature_process = FeatureProcess(img)
            kpt, des = feature_process.extract_features()
            feats.append({'kpt': kpt, 'des': des})
    return imgs, feats

img_root = 'images/'
imgs, feats = build_img_info(img_root)
```

（2）根据 SIFT 特征估计基础矩阵与单应矩阵

```
def build_F_H_pair_match(feats):
    """
    构建基础矩阵和单位矩阵
    输入:
    feats: 图像的特征
    输出:
    F_single: 基础矩阵
    H_single: 单应矩阵
    pair: 匹配的关键点
    patch: 匹配信息
    """

    pair = dict()
    match = dict()

    for i in range(len(feats)):
        for j in range(i + 1, len(feats)):
            print(i, j)
            matches = get_matches(
```

```
                feats[i]['des'], feats[j]['des'])
            pts1, pts2 = get_match_point(
                feats[i]['kpt'], feats[j]['kpt'], matches)
            assert pts1.shape == pts2.shape
            # Need 8 points to estimate models
            if pts1.shape[0] < 8:
                continue

            F_single = estimate_fundamental(pts1, pts2)
            H_single = estimate_homo(pts1, pts2)

            if pts1.shape[0] < 8:
                continue

            pair.update({(i, j): {'pts1': pts1, 'pts2': pts2}})
            match.update({(i, j): {'match': matches}})

    return F_single, H_single, pair, match
    # 计算基础矩阵与单应矩阵并输出
    F, H, pair, match = build_F_H_pair_match(feats)
    print("The Fundamental Matrix is:\n", F)
    print("The Homography Matrix is:\n", H)
```

计算得到的基础矩阵和单应矩阵如图 9-8 所示。

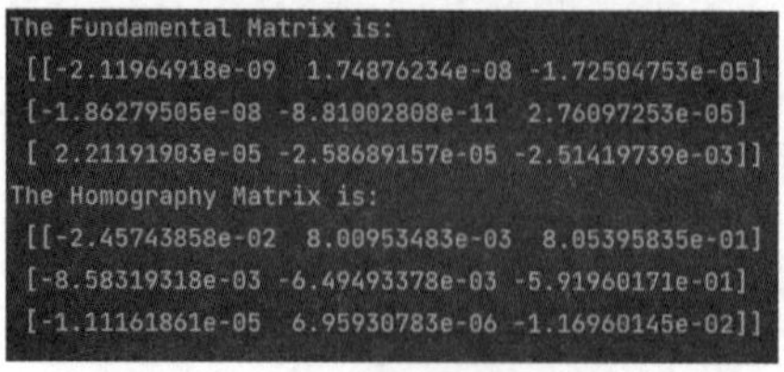

```
The Fundamental Matrix is:
 [[-2.11964918e-09  1.74876234e-08 -1.72504753e-05]
 [-1.86279505e-08 -8.81002808e-11  2.76097253e-05]
 [ 2.21191903e-05 -2.58689157e-05 -2.51419739e-03]]
The Homography Matrix is:
 [[-2.45743858e-02  8.00953483e-03  8.05395835e-01]
 [-8.58319318e-03 -6.49493378e-03 -5.91960171e-01]
 [-1.11161861e-05  6.95930783e-06 -1.16960145e-02]]
```

图 9-8　基础矩阵的估计结果

基础矩阵通常为 3×3 的方阵。

$$\boldsymbol{F}=\begin{bmatrix} f_{11} & f_{12} & f_{13} \\ f_{21} & f_{22} & f_{23} \\ f_{31} & f_{32} & f_{33} \end{bmatrix}$$

其中，f_{ij} 是矩阵的元素。基础矩阵的元素具有以下含义：f_{11} 和 f_{22} 通常为正数，表示相机的焦距；f_{22} 和 f_{21} 表示相机的光心在另一个图像平面上的投影；f_{13} 和 f_{23} 表示相机光心的坐标；f_{31}、f_{32}、f_{33} 是自由参数，它们不影响基础矩阵的秩。

9.3 双目立体视觉

在前两节的基础上，本节将详细介绍一种典型的基于平行视图的三维重建方法，即双目立体视觉法。我们将讲解平行视图中的基础矩阵、极几何、三角化方法，讨论将非平行视图校正为平行视图的方法，以及对应点搜索方法。

基于平行视图的双目立体视觉

9.3.1 基于平行视图的双目立体视觉

1．平行视图的基础矩阵与极几何

双目立体视觉系统通常采用两个平行摄像机，如图 9-9（a）所示，

用于同时捕获三维场景的图像，形成平行视图。然后，利用视差原理计算图像中物体的深度信息，从而实现三维重建。这一过程类似于人眼系统的工作原理，人眼也是一种双目立体视觉系统。人类的大脑通过同时使用两只眼睛捕获周围环境的图像，然后依靠这些图像之间的视差来还原周围环境的三维结构。

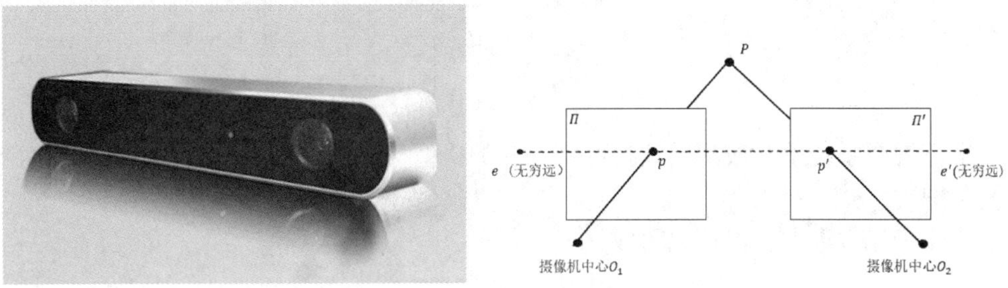

（a）双目摄像机　　（b）平行视图的极几何关系

图 9-9　双面立体视觉成像系统

平行视图系统是一种特殊的双目视觉系统，其特点在于左、右两个视图的图像平面是平行的，如图 9-9（b）所示。此外，两个摄像机的光心之间的连线（基线）也是平行于图像平面的。同时，左、右两个视图的极点均位于无穷远处，因此所有的极线都与图像坐标系的横轴平行。

（1）平行视图的基础矩阵

在 9.2.2 小节中推导了基础矩阵的表达式 $\boldsymbol{F}=\boldsymbol{K}'^{-\mathrm{T}}[\boldsymbol{t}_\times]\boldsymbol{R}\boldsymbol{K}^{-1}$。在平行视图中，需要推导一种新的基础矩阵的表示形式。

首先，这里介绍一个关于叉乘的性质。对于任意向量 $\boldsymbol{a}$，如果矩阵 $\boldsymbol{B}$ 可逆，则在相差一个尺度情况下有如下等式

$$[\boldsymbol{a}_\times]\boldsymbol{B}=\boldsymbol{B}^{-\mathrm{T}}[(\boldsymbol{B}^{-1}\boldsymbol{a})_\times] \tag{9-31}$$

接下来，令 $\boldsymbol{a}=\boldsymbol{t}$，$\boldsymbol{B}=\boldsymbol{K}'^{-1}$，式（9-31）可写为

$$[\boldsymbol{t}_\times]\boldsymbol{K}'^{-1}=\boldsymbol{K}'^{\mathrm{T}}[(\boldsymbol{K}'\boldsymbol{t})_\times] \tag{9-32}$$

然后，在等式两边同时乘以 $\boldsymbol{K}'$ 可得

$$[\boldsymbol{t}_\times]=\boldsymbol{K}'^{\mathrm{T}}[(\boldsymbol{K}'\boldsymbol{t})_\times]\boldsymbol{K}' \tag{9-33}$$

更进一步，将式（9-33）代入基础矩阵 $\boldsymbol{F}$ 的表达式并进行化简，可得

$$\boldsymbol{F}=\boldsymbol{K}'^{-\mathrm{T}}[\boldsymbol{t}_\times]\boldsymbol{R}\boldsymbol{K}^{-1}=\boldsymbol{K}'^{-\mathrm{T}}\boldsymbol{K}'^{\mathrm{T}}[(\boldsymbol{K}'\boldsymbol{t})_\times]\boldsymbol{K}'\boldsymbol{R}\boldsymbol{K}^{-1}=[(\boldsymbol{K}'\boldsymbol{t})_\times]\boldsymbol{K}'\boldsymbol{R}\boldsymbol{K}^{-1} \tag{9-34}$$

最后仍然以 (O_1) 坐标系为世界坐标系，则极点 e' 可以看成三维空间中的点 O_1 在 O_2 摄像机平面上的投影，显然 O_1 的齐次坐标为 $(0\,0\,0\,1)^{\mathrm{T}}$，所以极点 e' 的计算公式为

$$\boldsymbol{e}'=\boldsymbol{K}'(\boldsymbol{R}\quad\boldsymbol{t})\begin{pmatrix}0\\0\\0\\1\end{pmatrix}=\boldsymbol{K}'\boldsymbol{t} \tag{9-35}$$

用 $\boldsymbol{e}'$ 替换上面基础矩阵表达式中的 $\boldsymbol{K}'\boldsymbol{t}$ 得到

$$\boldsymbol{F}=[\boldsymbol{e}'_\times]\boldsymbol{K}'\boldsymbol{R}\boldsymbol{K}^{-1} \tag{9-36}$$

以上便是基础矩阵 $\boldsymbol{F}$ 的另一种表达形式。它反映了摄像机的内部参数矩阵、两摄像机间的旋转以及极点的坐标与基础矩阵之间的关系。

在平行视图的情况下，两摄像机之间不存在旋转关系，只有图像坐标系横轴方向上的平移，所以旋转矩阵 $\boldsymbol{R}$ 和平移向量 $\boldsymbol{t}$ 可以写成下面的形式

$$\boldsymbol{R}=\mathrm{I}, \boldsymbol{t}=\begin{pmatrix} t_x \\ 0 \\ 0 \end{pmatrix} \tag{9-37}$$

在平行视图系统中一般都会选择两个一样的摄像机，所以可以认为两摄像机的内部参数相同，即 $\boldsymbol{K}=\boldsymbol{K}'$ 。

极点位于无穷远点，$\boldsymbol{e}'$ 可以写成

$$\boldsymbol{e}'=\begin{pmatrix} 1 \\ 0 \\ 0 \end{pmatrix} \tag{9-38}$$

将式（9-37）和式（9-38）代入基础矩阵新的表达式（9-36）中，可以得到平行视图的基础矩阵为

$$\boldsymbol{F}=[\boldsymbol{e}'_{\times}]\boldsymbol{K}'\boldsymbol{R}\boldsymbol{K}^{-1}=[\boldsymbol{e}'_{\times}]=\begin{pmatrix} 0 & 0 & 0 \\ 0 & 0 & -1 \\ 0 & 1 & 0 \end{pmatrix} \tag{9-39}$$

（2）平行视图的极几何性质

由基础矩阵的性质可知，当已知点 p' 的坐标和基础矩阵 $\boldsymbol{F}$ 时，可以求出对应点 p 所在的极线，计算公式为 $\boldsymbol{l}=\boldsymbol{F}^{\mathrm{T}}\boldsymbol{p}'$ 。假设点 p' 的齐次坐标为 $(p'_u, p'_v, 1)^{\mathrm{T}}$ ，在平行视图的情况下，点 p' 的极线 l 为

$$\boldsymbol{l}=\boldsymbol{F}^{\mathrm{T}}\boldsymbol{p}'=\begin{pmatrix} 0 & 0 & 0 \\ 0 & 0 & 1 \\ 0 & -1 & 0 \end{pmatrix}\begin{pmatrix} p'_u \\ p'_v \\ 1 \end{pmatrix}=\begin{pmatrix} 0 \\ 1 \\ -p'_v \end{pmatrix} \tag{9-40}$$

由此可以得到结论：极线是水平的，平行于图像坐标系的 u 轴。两对应点 p 和 p' 的坐标间存在对极约束 $\boldsymbol{p}'^{\mathrm{T}}\boldsymbol{F}\boldsymbol{p}=0$ ，将平行视图的基础矩阵代入可得

$$\boldsymbol{p}'^{\mathrm{T}}\boldsymbol{F}\boldsymbol{p}=0 \Rightarrow (p_u \quad p_v \quad 1)\begin{pmatrix} 0 & 0 & 0 \\ 0 & 0 & -1 \\ 0 & 1 & 0 \end{pmatrix}\begin{pmatrix} p'_u \\ p'_v \\ 1 \end{pmatrix}=0 \Rightarrow p_v=p'_v \tag{9-41}$$

式（9-41）表明，视图间的对应点 p 和 p' 具有相同的 v 坐标。换句话说，在平行视图系统中，对应点 p 和 p' 在同一条直线上，这条直线也被称为扫描线。这意味着，如果已知点 p 的坐标，只须沿着点 p 所在的扫描线寻找其对应点 p' 即可，而无须计算极线。这将极大地简化对应点的搜索过程，同时，也会提升整个场景的三角化效率。

2．平行视图的三角测量与视差

视差是指在两个不同位置观察同一个物体时，该物体在不同视野中的位置变化与差异。

在平行视图系统中，同一个三维点在左、右视图的投影点的纵坐标是相同的，差异主要体现在横坐标上。而这两个投影点的横坐标之间的差异被称为视差。接下来分析视差与场景深度之间的关系。

由于平行视图中对应点的纵坐标相同，因此可以采用俯视图进行分析。在俯视的情况下，每个摄像机的成像平面都变成了一条线段，如图 9-10 所示。

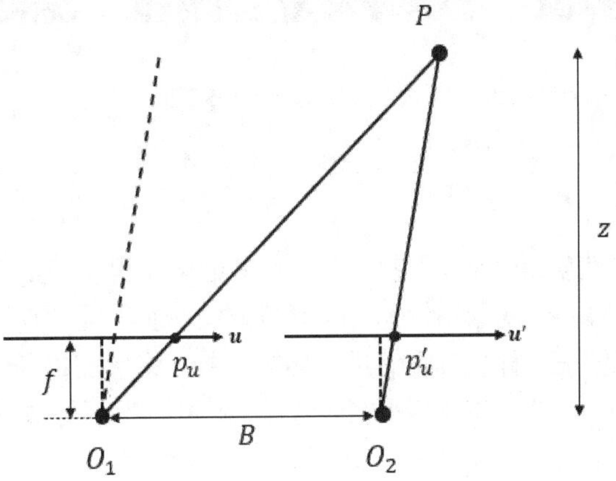

图 9-10　平行视图系统俯视示意图

令 p_u, p'_u 分别表示三维点 P 在两视图上的投影点的横坐标，O_1, O_2 分别是两摄像机的中心，它们之间的距离为 B，f 为摄像机的焦距。假设物体的深度为 z，根据相似三角形定理可得，两投影点的横坐标之差与摄像机焦距的比值等于两摄像机中心距离与物体深度的比值，即

$$\frac{p_u - p'_u}{f} = \frac{B}{z} \tag{9-42}$$

于是得到物体深度的计算公式

$$z = \frac{B \cdot f}{p_u - p'_u} \tag{9-43}$$

从式（9-43）可以看出，只要知道摄像机的焦距、基线长度和对应点横坐标的像素差（视差），便能求出对应三维点的深度。还可以看出，在给定 B 和 f 的情况下，视差 $p_u - p'_u$ 与深度 z 成反比。

实际上，视差与场景深度的这一关系在许多场合都有广泛的应用。例如，天文学家使用视差来测量天体距离地球的距离，包括月球、太阳以及太阳系之外的恒星。3D 电影也利用了视差与深度之间的关系。在 3D 电影放映时，同时在屏幕上叠加显示左、右两幅图像。如果用裸眼观看屏幕，就会看到图像重叠在一起，如图 9-11（a）所示。然而，当人们戴上 3D 偏光眼镜［见图 9-11（b）］时，它可以分离混叠在一起的左、右视图，让人的左眼和右眼分别看到不同的图像。接着，大脑可以根据这两幅图像之间的视差自动还原出场景的深度信息，从而产生 3D 的感觉，如图 9-11（c）所示。在屏幕上，视差越大的物体给人的感觉是离得越近，反之亦然。因此，利用视差原理以及 3D 偏光眼镜，能够让人从平面图像中感受到场景的深度信息。

（a）　（b）　（c）

图 9-11　视差应用场景：3D 电影

9.3.2　图像校正

图像校正

平行视图的极几何性质确实使对应点搜索和三角化变得相对简单。然而，在现实中构建理想的平行视图系统是相当困难的。因此，需要对双目系统捕获的两幅图像进行校正，通过对它们进行矩阵变换，将它们重新投影到同一个平面上，并保证它们的光轴互相平行。这样，就可以得到等效的平行视图，如图 9-12 所示。这一校正过程对于后续的立体视觉处理是至关重要的。

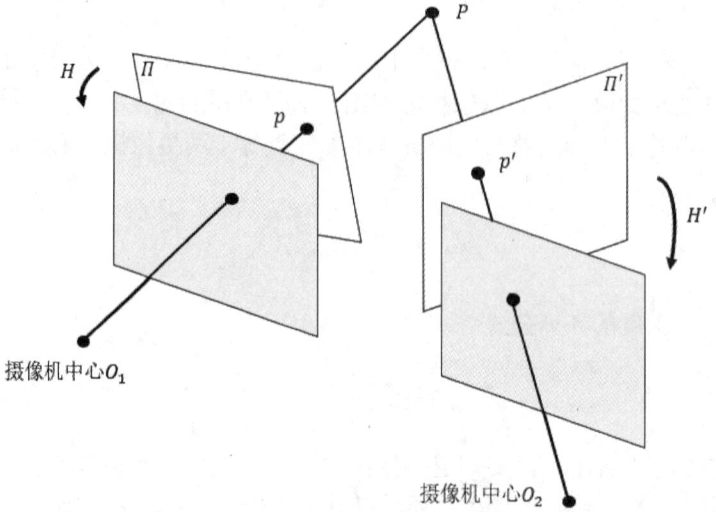

图 9-12　平行视图校正

一般情况下，两幅图像对应的摄像机的内部参数以及它们之间的变换矩阵通常是未知的，因此需要先估计基础矩阵。假设在两幅图像中找到了足够多的匹配点 $p_i, p_i'(i \geqslant 8)$，通过归一化八点法可以估计基础矩阵 $\boldsymbol{F}$；然后，根据基础矩阵的性质计算出每组匹配点 p_i, p_i' 对应的极线 l_i, l_i'，即

$$\begin{cases} \boldsymbol{l}_i = \boldsymbol{F}^{\mathrm{T}} \boldsymbol{p}_i' \\ \boldsymbol{l}_i' = \boldsymbol{F} \boldsymbol{p}_i \end{cases} \tag{9-44}$$

同一视图中的所有极线都会经过该视图中的极点，所以，根据极线的交点就可以计算出极点 e, e'。在实际情况中，由于测量噪声的存在，算出的极线可能不会相交在同一个点

上，因此，采用最小化极点与极线之间的最小二乘误差来拟合出极点。因为极点在极线上，可以得到下面两式

$$\begin{pmatrix} \boldsymbol{l}_1^{\mathrm{T}} \\ \vdots \\ \boldsymbol{l}_n^{\mathrm{T}} \end{pmatrix} \boldsymbol{e} = 0, \quad \begin{pmatrix} \boldsymbol{l}_1'^{\mathrm{T}} \\ \vdots \\ \boldsymbol{l}_n'^{\mathrm{T}} \end{pmatrix} \boldsymbol{e}' = 0 \tag{9-45}$$

对于这两个超定的齐次线性方程组，采用奇异值分解的方法得到其最小二乘解，从而估计出极点e和e'。

由平行视图的性质可知，当两幅图像为平行视图时，两个极点在水平方向上是无穷远点，反之同样成立。因此，可以通过寻找一组单应矩阵$\boldsymbol{H},\boldsymbol{H}'$来将极点$e,e'$分别映射到无穷远处，以实现平行视图的校正。

先对极点e'进行处理，即寻找$\boldsymbol{H}'$将e'映射到无穷远点$(f,0,0)$。首先，将第二幅图像的中心移动到$(0,0,1)$，即以图像中心作为图像坐标系的原点，该变换可以通过乘以一个平移矩阵$\boldsymbol{T}$来实现：

$$\boldsymbol{T} = \begin{Bmatrix} 1 & 0 & -\dfrac{\text{width}}{2} \\ 0 & 1 & -\dfrac{\text{height}}{2} \\ 0 & 0 & 1 \end{Bmatrix} \tag{9-46}$$

通过平移，可以得到新的e'的齐次坐标记为$(e_1',e_2',1)$。然后，应用旋转操作将极点变换到水平轴上的某个点$(f,0,1)$，这里将旋转矩阵$\boldsymbol{R}$设置为

$$\boldsymbol{R} = \begin{pmatrix} \alpha\dfrac{e_1'}{\sqrt{e_1'^2+e_2'^2}} & \alpha\dfrac{e_2'}{\sqrt{e_1'^2+e_2'^2}} & 0 \\ -\alpha\dfrac{e_2'}{\sqrt{e_1'^2+e_2'^2}} & \alpha\dfrac{e_1'}{\sqrt{e_1'^2+e_2'^2}} & 0 \\ 0 & 0 & 1 \end{pmatrix} \tag{9-47}$$

其中，当$e_1'>0$时，$\alpha=1$；反之$\alpha=-1$。

最后，构建一个矩阵$\boldsymbol{G}$，将点$(f,0,1)$映射到无穷远点$(f,0,0)$，即

$$\boldsymbol{G} = \begin{pmatrix} 1 & 0 & 0 \\ 0 & 1 & 0 \\ -\dfrac{1}{f} & 0 & 1 \end{pmatrix} \tag{9-48}$$

由于变换过程中进行了图像平移的操作，所以，最后需要将坐标系转化为原来的图像坐标系，即再经过一个$\boldsymbol{T}^{-1}$的变换。因此，综合整个映射操作，单应矩阵$\boldsymbol{H}'$可定义为

$$\boldsymbol{H}' = \boldsymbol{T}^{-1}\boldsymbol{GRT} \tag{9-49}$$

最终，通过矩阵 $\boldsymbol{H}'$ 就可以直接将极点 e' 映射到无穷远点。将矩阵 $\boldsymbol{H}'$ 作用于第二幅图像，就完成了该图像的校正。

接下来，继续为第一幅图像寻找其对应的单应矩阵 $\boldsymbol{H}$ 。一旦求出了矩阵 $\boldsymbol{H}'$ ，可以直接通过最小化校正后的图像匹配点之间的距离来估计出矩阵 $\boldsymbol{H}$ ，即

$$\boldsymbol{H} = \arg\min_{\boldsymbol{H}} \sum_i d(\boldsymbol{H}\boldsymbol{p}_i, \boldsymbol{H}'\boldsymbol{p}_i') \tag{9-50}$$

其中将距离定义为

$$d(\boldsymbol{H}\boldsymbol{p}_i, \boldsymbol{H}'\boldsymbol{p}_i') = \| \boldsymbol{H}\boldsymbol{p}_i - \boldsymbol{H}'\boldsymbol{p}_i' \|^2 \tag{9-51}$$

这里省略了矩阵 $\boldsymbol{H}$ 的推导过程，只给出一些结论性的结果。可以证明矩阵 $\boldsymbol{H}$ 具有如下形式

$$\boldsymbol{H} = \boldsymbol{H}_{\boldsymbol{A}}\boldsymbol{H}'\boldsymbol{M} \tag{9-52}$$

其中

$$\boldsymbol{F} = [\boldsymbol{e}]_\times \boldsymbol{M}$$

$$\boldsymbol{H}_{\boldsymbol{A}} = \begin{pmatrix} a_1 & a_2 & a_3 \\ 0 & 1 & 0 \\ 0 & 0 & 1 \end{pmatrix}$$

元素 a_1, a_2, a_3 组成某个向量 $\boldsymbol{a}$ ，后面将对该向量进行计算。

首先，需要求出 $\boldsymbol{M}$ ，对于任意的 3×3 反对称矩阵 $\boldsymbol{A}$ ，在不考虑尺度的情况下，有 $\boldsymbol{A} = \boldsymbol{A}^3$ 成立。因为矩阵 $[\boldsymbol{e}]_\times$ 是反对称的，并且基础矩阵 $\boldsymbol{F}$ 的尺度是未知的，所以有

$$\boldsymbol{F} = [\boldsymbol{e}]_\times \boldsymbol{M} = [\boldsymbol{e}]_\times [\boldsymbol{e}]_\times [\boldsymbol{e}]_\times \boldsymbol{M} = [\boldsymbol{e}]_\times [\boldsymbol{e}]_\times \boldsymbol{F} \tag{9-53}$$

可以发现 $\boldsymbol{M} = [\boldsymbol{e}]_\times \boldsymbol{F}$ ，注意到如果 $\boldsymbol{M}$ 的列由 $\boldsymbol{e}$ 的任意倍数得到。那么，在不考虑尺度的情况下 $\boldsymbol{F} = [\boldsymbol{e}]_\times \boldsymbol{M}$ 仍然成立，因此矩阵 $\boldsymbol{M}$ 一般定义为

$$\boldsymbol{M} = [\boldsymbol{e}]_\times \boldsymbol{F} + \boldsymbol{e}\boldsymbol{v}^{\mathrm{T}} \tag{9-54}$$

其中，向量 $\boldsymbol{v}$ 一般设置为 $\boldsymbol{v}^{\mathrm{T}} = [1 \quad 1 \quad 1]$ 。

为了求解矩阵 $\boldsymbol{H}$ ，需要计算向量 $\boldsymbol{a}$ 。因为已经知道了 $\boldsymbol{H}'$ 和 $\boldsymbol{M}$ 的值，将它们代入上面需要最小化的公式得到

$$\arg\min_{\boldsymbol{H}_A} \sum\nolimits_i \| \boldsymbol{H}_A \boldsymbol{H}'\boldsymbol{M}\boldsymbol{p}_i - \boldsymbol{H}'\boldsymbol{p}_i' \|^2 \tag{9-55}$$

令 $\hat{\boldsymbol{p}}_i = \boldsymbol{H}'\boldsymbol{M}\boldsymbol{p}_i$, $\hat{\boldsymbol{p}}_i' = \boldsymbol{H}'\boldsymbol{p}_i'$ ，假设 $\hat{\boldsymbol{p}}_i$ 的齐次坐标为 $(\hat{x}_i, \hat{y}_i, 1)$ ， $\hat{\boldsymbol{p}}_i'$ 的齐次坐标为 $(\hat{x}_i', \hat{y}_i', 1)$ ，上述最小化问题可以写为

$$\arg\min_{\boldsymbol{a}} \sum_i (a_1\hat{x}_i + a_2\hat{y}_i + a_3 - \hat{x}_i')^2 + (\hat{y}_i - \hat{y}_i')^2 \tag{9-56}$$

由于 $\hat{y}_i - \hat{y}_i'$ 是一个与式（9-56）的最小化无关的常数值，最小化问题可以进一步简化为

$$\arg\min_{\boldsymbol{a}} \sum_i (a_1\hat{x}_i + a_2\hat{y}_i + a_3 - \hat{x}_i')^2 \tag{9-57}$$

最终，这个问题便转化成了一个线性最小二乘问题 $\boldsymbol{Wa}=\boldsymbol{b}$ ，其中

$$\boldsymbol{W}=\begin{pmatrix}\hat{x}_1 & \hat{y}_1 & 1\\ \vdots & \vdots & \vdots\\ \hat{x}_n & \hat{y}_n & 1\end{pmatrix},\boldsymbol{b}=\begin{pmatrix}\hat{x}_1'\\ \vdots\\ \hat{x}_n'\end{pmatrix}$$

计算出向量 $\boldsymbol{a}$ 之后，可以计算出矩阵 $\boldsymbol{H}_A$ ，最后得到矩阵 $\boldsymbol{H}$ 。分别用矩阵 $\boldsymbol{H}$ 和 $\boldsymbol{H}'$ ，对左右两幅图像进行重采样，即可将原视图转化为平行视图。

对应点搜索

9.3.3 对应点搜索

1．相关匹配算法

计算深度需要考虑视差、基线长度和焦距这三个因素。基线长度和焦距通常由摄像机本身的特性决定，因此这两个参数通常是已知的。然而，视差的计算是一个较为复杂的问题。在实际应用中，通常不知道左右视图中哪两个点是对应的，因此需要解决对应点匹配的问题，这也被称为双目融合问题。具体来说，就是在给定一个 3D 点的情况下，需要在左右图像中找到相应的观测值。

正如前面所讨论的，当处理倾斜的图像平面时，可以利用极几何的约束关系将搜索范围限制在对应的极线上。经过图像校正后，就得到了两个平行视图，因此极线现在是水平的。在这种情况下，只需要沿着水平扫描线寻找对应点，这大大降低了搜索的难度。因此，对应点搜索问题就变成了在同一纵坐标下寻找匹配点的问题。这里介绍一种相关匹配算法，它通过比较像素点的灰度分布来寻找最佳匹配点。这种方法被认为是解决双目融合问题时有效的方法之一。

如图 9-13 所示，已知一组双目平行视图，对于图 9-13（a）中的一点 p ，其坐标为 (p_u,p_v) ，目标是寻找其在图 9-13（b）中的对应点 p' 。根据平行视图的极几何性质，无须对图 9-13（b）中的所有像素进行搜索，而只需要在图 9-13（b）中纵坐标为 p_v 的一条水平线上查找即可。首先，以点 p 为中心选择一个 3×3 大小的窗口，提取窗口中的像素值组成一个 3×3 大小的矩阵 $\boldsymbol{W}$，将矩阵 $\boldsymbol{W}$ 重新排列，得到一个表示点 p 特征的列向量 $\boldsymbol{w}$ ，即

$$\boldsymbol{W}=\begin{pmatrix}w_{11} & w_{12} & w_{13}\\ w_{21} & w_{22} & w_{23}\\ w_{31} & w_{32} & w_{33}\end{pmatrix}\Rightarrow \boldsymbol{w}=(w_{11}\quad w_{12}\quad w_{13}\quad w_{21}\quad w_{22}\quad w_{23}\quad w_{31}\quad w_{32}\quad w_{33})^{\mathrm{T}}$$

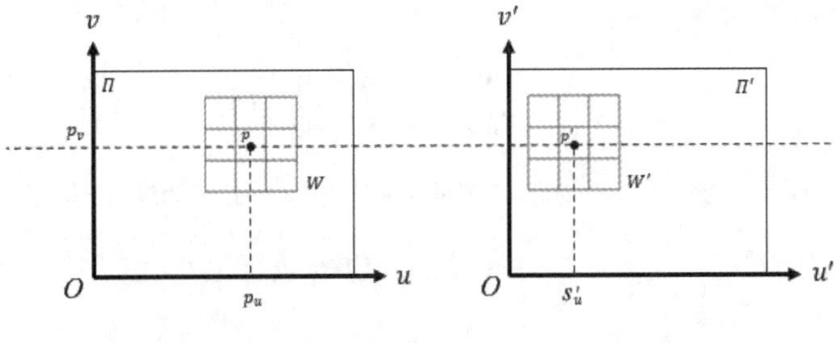

（a）　　（b）

图 9-13　相关匹配示意图

在图 9-13（b）中，对纵坐标为 p_v 的所有点同样进行上面的操作。假设其中一点为 (s'_u, p_v)，以它为中心提取 3×3 窗口中的像素值构建矩阵，然后对矩阵中的元素重新排列，得到其对应的列向量 $\boldsymbol{w}'$，只需比较列向量 $\boldsymbol{w}$ 与 $\boldsymbol{w}'$ 之间的相似程度，即可在图 9-13（b）中找到点 p 的最佳匹配点。这里将相关匹配度定义为

$$C = \boldsymbol{w}^{\mathrm{T}}\boldsymbol{w}' \tag{9-58}$$

计算所有 (s'_u, p_v) 处的点对应的 $\boldsymbol{w}'$，找出使匹配度 C 最大时的列向量 $\boldsymbol{w}'$，其所在位置的点即为所要寻找的匹配点。这一过程写成数学表达式如下

$$p'_u = \arg\max_{s'_u} \boldsymbol{w}^{\mathrm{T}}\boldsymbol{w}' \tag{9-59}$$

简单来说，相关匹配算法有如下 4 个步骤。

- 在 $p = (p_u, p_v)$ 处选择一个 3×3 大小的窗口 W，将其展开成 9×1 的向量 $\boldsymbol{w}$。
- 在右图中沿扫描线在每个位置 s'_u 处建立 3×3 大小的窗口 W'，将其展开成 9×1 的向量 $\boldsymbol{w}'$。
- 计算每个 s'_u 位置处 $\boldsymbol{w}^{\mathrm{T}}\boldsymbol{w}'$ 的值。
- 确定对应点的位置 $p'_u = \arg\max\limits_{s'_u} \boldsymbol{w}^{\mathrm{T}}\boldsymbol{w}'$。

然而，在实际应用中，由于光照的影响，可能会导致对应点匹配失败，如图 9-14 所示。这通常是因为两幅图像对应的摄像机曝光条件不同造成的。两幅图像的亮度差异越大，相关匹配度就越低。所以，为了消除光照的影响，需要对基础的相关匹配算法进行改进。一种简单而高效的做法是在计算相关性之前对图像窗口内的灰度值进行归一化操作，以抑制光照变化带来的影响，这就是归一化相关匹配算法。

图 9-14 不同曝光条件示意图

在归一化相关匹配过程中对应点的匹配度计算采用如下公式

$$C = \frac{(\boldsymbol{w} - \bar{\boldsymbol{w}})^{\mathrm{T}}(\boldsymbol{w}' - \bar{\boldsymbol{w}}')}{\|\boldsymbol{w} - \bar{\boldsymbol{w}}\|\|\boldsymbol{w}' - \bar{\boldsymbol{w}}'\|} \tag{9-60}$$

其中，$\bar{\boldsymbol{w}}$ 为 W 内的像素均值，$\bar{\boldsymbol{w}}'$ 为 W' 内的像素均值。可以证明最大化匹配度等同于最小化向量 $\dfrac{\boldsymbol{w} - \bar{\boldsymbol{w}}}{\|\boldsymbol{w} - \bar{\boldsymbol{w}}\|}$ 和向量 $\dfrac{\boldsymbol{w}' - \bar{\boldsymbol{w}}'}{\|\boldsymbol{w}' - \bar{\boldsymbol{w}}'\|}$ 之差的模值，也等效于最小化归一化后窗口对应像素值之间的均方误差。

归一化相关匹配算法可以在一定程度上减小不同曝光条件对匹配结果的影响。通常情况下，曝光强度的变化会导致图像的灰度值按一定幅度增加或减小。因此，在归一化相关

匹配中，去均值操作可以消除曝光强度变化引起的像素值的整体波动，仅保留物体自身的结构信息。这有助于提高匹配的准确性。

在前面的例子中，将窗口尺寸设定为 3×3。在实际应用中，可以根据实际情况设置不同的窗口大小。需要注意的是，窗口的尺寸对于最终的结果有直接影响，如图 9-15 所示。

原图　　窗口大小=3　　窗口大小=20

图 9-15　不同窗口大小的影响结果

当窗口较小时，容易产生误匹配，视差图结果的细节丰富但含有较多噪声。当窗口较大时，视差图结果更平滑，噪声更少，但只有物体大致轮廓信息被保留，物体的一些细节信息被丢失。

2．相关匹配算法存在的问题

相关匹配算法虽然简单而有效，但在许多情况下也会出现匹配失败的情况，尤其是在面对透视缩短和遮挡等情况时，如图 9-16 所示。透视缩短指的是，当从物体的侧面进行拍摄时，与从正面拍摄相比，物体在图像中的成像会发生明显的压缩，从而导致信息损失较大。另一方面，在实际应用中，经常会遇到部分遮挡的情况，即物体只能在特定角度或位置下才能被观察到，而在其他视角下会被遮挡。在这两种情况下，左右视图中对应点的周围信息会出现显著差异，这很容易导致匹配失败。

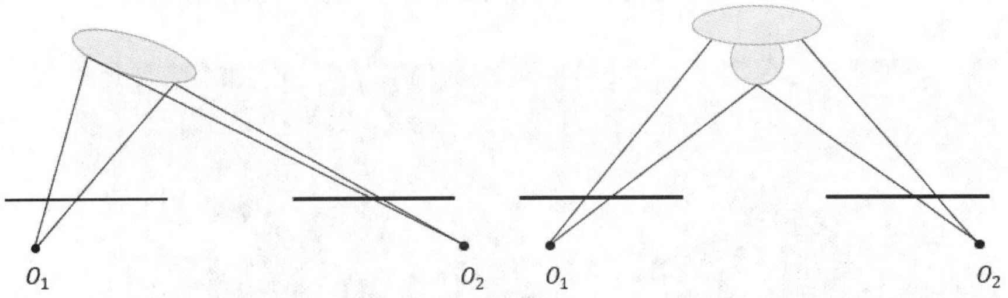

（a）透视缩短　　（b）遮挡

图 9-16　透视缩短与遮挡示意图

为了减少透视缩短和遮挡的影响，希望有更小的 $\frac{B}{z}$（基线深度比）值。但是，当 $\frac{B}{z}$ 过小时，测量值的小误差会导致深度估算的大误差。

在基线窄、深度大的情况下，相关匹配过程更少地受到透视缩短或者遮挡问题的影响。因此，设计系统时可以尽量选择小的基线深度比值。但过小的基线深度比值会让重建算法过于依赖对应点的精度。这是因为深度估计是通过点 p 和 p' 三角化来获得的。显然，当基线过窄时，两条直线接近平行，此时，较小的视差计算错误会导致较大的深度估计错误。

图 9-17（a）中双目立体视觉系统的基线较宽，所以，即使存在较小的视差计算错误（如用 u_e' 代替 u'），对深度的影响也不大，即估计深度与真实深度差别不大。但对于基线过窄的系统，如图 9-17（b）所示，较小的视差计算错误（如用 u_e' 代替 u'），就会带来较大的深度估计误差。

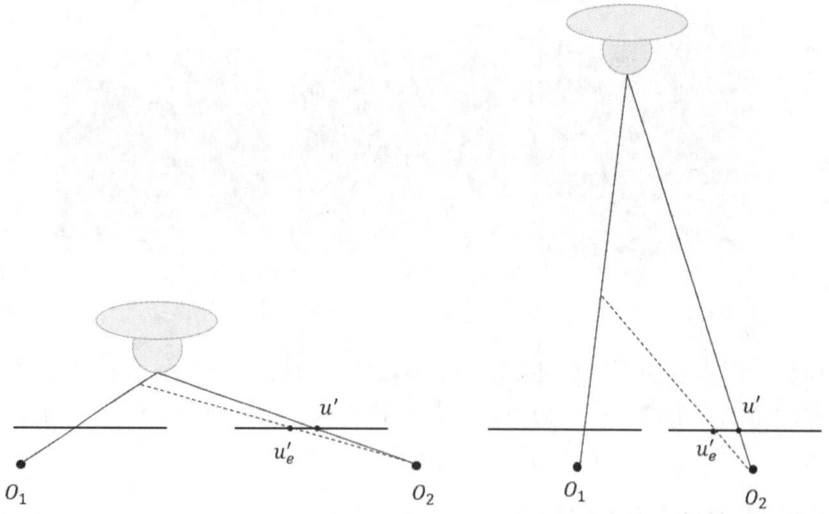

（a）双目立体视觉系统的基线较宽　　（b）双目立体视觉系统的基线较窄

图 9-17　不同基线深度比示意图（实线交汇处为真实值，虚线与实线交汇处为估计值）

除了之前提到的问题，同质区域也可能在匹配过程中带来困难。同质区域具有均匀的灰度值分布，各区域之间的相似度非常高，这会导致在相关匹配过程中获得较为平坦的匹配响应值。在这种情况下，匹配响应的最大值本质上是随机的，因此，要找到正确的对应点变得非常困难，如图 9-18 所示。碗的特征和背景桌面的特征可能非常相似，它们的灰度值分布均匀，而且缺乏明显的纹理特征，导致难以在碗上找到正确的匹配点。

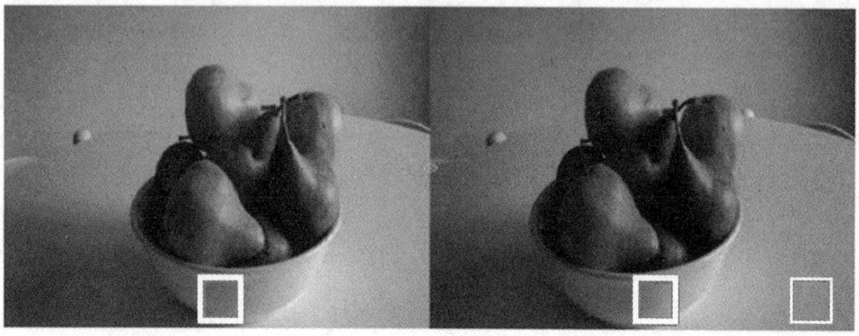

图 9-18　同质区域示例

重复模式也是影响图像匹配精度的一个重要因素。在存在重复模式的情况下，图像中有许多对应区块和目标区块相似，导致匹配响应结果具有多个峰值，难以确定最佳的匹配点。如图 9-19 所示，图中的网格特征存在较多的重复区域，尤其是在栏杆交叉点处的图像块，其同一水平线上有多个几乎相同的图像块，这导致准确区分它们非常困难，容易导致误匹配。

图 9-19　重复模式示例

对于这些对应点的匹配问题，可以引入更多的约束来解决。例如，唯一性约束，一幅图像中的任何点，在另一幅图像中最多只有一个匹配点；顺序约束/单调性约束，左右视图中对应点的次序一致，这对于重复模式的情况很有帮助；平滑性约束，视差函数通常是平滑的（除了遮挡边界），有助于提高系统的鲁棒性。

9.3.4　动手实践：双目立体视觉定位

1．实践目标

双目立体视觉技术采用两台摄像机模拟人的双眼处理景物的方式，从不同角度在同一时刻拍摄目标，获得两张包含目标信息的二维图像，再利用视差原理通过左右图像的匹配点来计算处在三维空间中目标的深度信息，最后根据三角形法则，计算目标大小、位置等三维信息，实现三维重建。双目立体视觉技术在机器人视觉、无人汽车驾驶、多自由度机械装置控制等领域具有较大的应用价值。本实验旨在通过双目立体视觉的图像校正实验，使读者达到以下目标。

（1）理解双目视觉原理：通过动手实验，理解双目视觉系统利用深度感知、距离估计进行三维重建的流程。

（2）掌握双目视觉定位方法：学习并熟悉双目视觉定位的具体算法，包括双目相机的校准和图像匹配等，能够通过双目图像获取物体的视差图。

（3）掌握实践操作能力：熟悉图像采集、预处理、特征提取、匹配等基本图像处理技术，培养实验操作技能和动手实践能力。

（4）了解应用领域：探索双目视觉在计算机视觉、机器人技术、虚拟现实等领域的应用，并理解其在实际场景中的重要性。

2．实践内容

根据两个相机在不同角度拍的同一物体的不同图片，应用双目立体视觉方法进行视觉分析，实现图像校正和三维重建，以获得该三维物体的几何信息和深度信息，理解和掌握利用算法模型获取三维视觉信息的方法和知识，如立体匹配算法、极线校正理论等。

实践内容包括以下部分。

（1）图像读取和处理：根据给出的原图像和特征点数据生成极线。

（2）图像校正：通过特征点计算基础矩阵，并利用 Homography 变换和匹配算法，由基础矩阵求取两个齐次矩阵，在左右图像中进行变化和匹配，完成对图像的校正，将图片校正为平行视图。

（3）结果分析与优化：匹配校正后的两幅图像的特征点，将对应关系进行展示，探索其他图像校正和三维视觉重建的算法的优缺点。

通过这些实践内容，读者将深入理解双目视觉原理，掌握相关的图像处理和三维重建技术中的双目立体校正方法，并能够将其应用于解决实际问题中。

3. 实践步骤

（1）计算基础矩阵

使用八点法从匹配点计算基础矩阵。

```
def compute_fundamental(x1, x2)
def fundamental_matrix(x1, x2)
```

输入：x1, x2 是两幅图像的特征点。

输出：compute_fundamental 函数利用归一化坐标计算 ***F*** 矩阵；

fundamental_matrix 函数将 ***F*** 矩阵反向归一化，得到基础矩阵。

（2）计算极点

由基础矩阵 ***F*** 计算极点。

```
def compute_epipole(F):
'''
输入：F 为基础矩阵
输出：
e1：图像 1 中的极点
e2：图像 2 中的极点
'''
    U,S,Vh = np.linalg.svd(F)    #奇异值分解
    e1 = U[:, -1]
    e2 = Vh[-1]
    e1 = e1/e1[-1]
    e2 = e2/e2[-1]

    return e1, e2
```

（3）计算匹配单应性

进行 Homography 变换，获得匹配单应性。

```
def compute_matching_homographies(e2, F, im2, point1, point2):
'''
输入：
e2：图像 2 中的极点
F：基础矩阵
im2：图像 2
point1、point2：图像 1、图像 2 中的特征点
输出：
H1：图像 1 的 Homography 变换
H2：图像 2 的 Homography 变换
'''
```

```
    # 计算图片 2 的 Homography 变换 H2
    width = im2.shape[1]
    height = im2.shape[0]

    T = np.identity(3)          #创建变换矩阵 T，用于将图像中心移至原点
    T[0][2] = -1.0 * width / 2
    T[1][2] = -1.0 * height / 2

    e = T.dot(e2)
    e1_prime = e[0]
    e2_prime = e[1]
    if e1_prime >= 0:
        alpha = 1.0
    else:
        alpha = -1.0

    R = np.identity(3)          #计算旋转矩阵 R
    R[0][0] = alpha * e1_prime / np.sqrt(e1_prime ** 2 + e2_prime ** 2)
    R[0][1] = alpha * e2_prime / np.sqrt(e1_prime ** 2 + e2_prime ** 2)
    R[1][0] = - alpha * e2_prime / np.sqrt(e1_prime ** 2 + e2_prime ** 2)
    R[1][1] = alpha * e1_prime / np.sqrt(e1_prime ** 2 + e2_prime ** 2)

    f = R.dot(e)[0]             #计算矩阵 G
    G = np.identity(3)
    G[2][0] = - 1.0 / f
     H2 = np.linalg.inv(T).dot(G.dot(R.dot(T)))  #R 和 G 结合计算 H2

    # 计算图片 2 的 Homography 变换 H1
    e_prime = np.zeros((3, 3))     #计算反对称矩阵
    e_prime[0][1] = -e2[2]
    e_prime[0][2] = e2[1]
    e_prime[1][0] = e2[2]
    e_prime[1][2] = -e2[0]
    e_prime[2][0] = -e2[1]
    e_prime[2][1] = e2[0]

    v = np.array([1, 1, 1])
    M = e_prime.dot(F) + np.outer(e2, v)  #映射矩阵，将第二幅图映射到第一幅图

    points1_hat = H2.dot(M.dot(points1)).T
    points2_hat = H2.dot(points2).T

    W = points1_hat / points1_hat[:, 2].reshape(-1, 1)
    b = (points2_hat / points2_hat[:, 2].reshape(-1, 1))[:, 0]

    # 最小二乘法优化映射
    a1, a2, a3 = np.linalg.lstsq(W, b, rcond=None)[0]
    HA = np.identity(3)
    HA[0] = np.array([a1, a2, a3])

    H1 = HA.dot(H2).dot(M)
     return H1, H2
```

（4）设计匹配算法

将原图像和矩阵 ***H*** 进行匹配，实现图像校正。

```
def mapping(target_image, H, source_image):
```

```
    '''
    输入：
    source_image：原图像
    H：Homography 变换矩阵
    target_image：目标图像
   输出：
   target_image：校正后的图像
   '''
   #获取原图像的尺寸和四个顶点的坐标
   source_size = np.shape(source_image)
   source_points = np.array([[0, 0], [source_size[1], 0], [source_size[1],
   source_size[0]], [0, source_size[0]]]).T
   target_size = np.shape(target_image)
   p = np.ones((3,))
   #循环遍历目标图像中的每个像素
   for i in range(0, target_size[1]):
       for j in range(0, target_size[0]):
           p[0] = i
           p[1] = j
           #通过单应矩阵将目标图像中的像素坐标映射到原图像中
           imap = np.matmul(np.linalg.inv(H), p)
           #归一化，确保图像在有效范围内
           imap = imap[:2] / imap[2]
           #在坐标有效范围内，将原图像的像素值复制到目标图像中
           if int(imap[1]) >= 0 and int(imap[1]) < source_size[0] and
                   int(imap[0]) >= 0 and int(imap[0]) < source_size[1]:
               target_image[j, i, :] = source_image[int(imap[1]), int(imap[0]), :]
return target_image
```

（5）图像校正的完整过程

调用前 4 步设计的函数进行完整的图像校正。

```
def image_rectification(im1, im2, points1, points2):
    '''
    输入：两张原图像及其对应的特征点
    输出：校正后的两幅图像和对应的新特征点
    '''

    F = fundamental_matrix(points1, points2) #计算基础矩阵
    e1, e2 = compute_epipole(F)               #计算极点
    H1, H2 = compute_matching_homographies(e2, F.T, im2, points1, points2) #单应性
    rectified_im1 = mapping(np.ones(im1.shape), H1, im1)      #图像 1 校正
    rectified_im2 = mapping(np.ones(im2.shape), H2, im2)      #图像 2 校正
    new_cor1 = np.matmul(H1, points1)
    new_cor2 = np.matmul(H2, points2)
    new_cor1 = new_cor1 / new_cor1[2, :]        #校正后图像 1 的特征点
    new_cor2 = new_cor2 / new_cor2[2, :]        #校正后图像 2 的特征点

    return rgb2gray(rectified_im1), rgb2gray(rectified_im2), new_cor1, new_cor2
```

（6）对校正后的两幅图像进行对应点匹配

```
#计算特征点匹配关系
```

```
def correspondence_matching_epipole(img1, img2, corners1, F, R, NCCth):
    '''
    输入：
    img1, img2：分别为校正后的两幅图像
    corners1：img1 中的角点坐标集合
    F：基础矩阵，用于极线约束
    R：匹配窗口的半径
    NCCth：归一化互相关的阈值，用于判断匹配质量
    输出：特征点匹配关系
    '''

    matching = []
    n = corners1.shape[0]
    cor1 = np.row_stack((corners1.T, [1] * n))   #将特征点坐标转换为齐次坐标形式

    for i in range(n):
        l_para2 = np.dot(F.T, cor1[:, i])   #与 img1 中第 i 个角点对应的 img2 中的极线
        x2 = img2.shape[1]
        y_max = img2.shape[0]
        maximum = 0
        candidate = np.array([-1, -1])
        #在 img2 中，找到使归一化互相关最大的对应点
        for j in range(R, x2 - R):
            #根据极线方程计算潜在的匹配点的 y 坐标
            y = int((j * l_para2[0] + l_para2[2]) / (-l_para2[1]))
            if y >= R and y < y_max - R:
                cor2_temp = np.array([j, y])
                #使用 ncc_match 函数计算归一化互相关值
                ncc = (ncc_match(img1, img2, corners1[i], cor2_temp, R)).min()
                if ncc > maximum:
                    maximum = ncc
                    candidate = cor2_temp
        if maximum > NCCth:
            #若 NCC 大于阈值，则将匹配点添加到列表中
            matching.append((corners1[i], candidate))
return matching
#计算两个窗口的 NCC（归一化互相关）值
def ncc_match(img1, img2, c1, c2, R):
    '''
    输入：
    img1, img2：分别为校正后的两个图像
    c1,c2：窗口的中心坐标
    R：匹配窗口的半径，窗口的大小为 (2*R+1) x (2*R+1)
    输出：归一化互相关值
    '''
    sum1 = 0              #方差和变量
    sum2 = 0
    matching_score = 0    #NCC 值
    mean1=[]              #窗口均值
    mean2=[]
```

```
    #计算窗口均值
    for i in range(-R, R+1):
        for j in range(-R, R+1):
            mean1.append(img1[c1[1]+i][c1[0]+j])
            mean2.append(img2[c2[1]+i][c2[0]+j])
    w1_m = np.mean(mean1)
    w2_m = np.mean(mean2)
    #循环遍历窗口中的像素，计算方差的累加值
    for i in range(-R, R+1):
        for j in range(-R, R+1):
            sum1 += (img1[c1[1]+i][c1[0]+j] - w1_m)**2
            sum2 += (img2[c2[1]+i][c2[0]+j] - w2_m)**2
    #将窗口内的像素值减去均值并除以标准差，得到归一化后的像素值
    for i in range(-R, R+1):
        for j in range(-R, R+1):
            w1 = (img1[c1[1]+i][c1[0]+j] - w1_m)/np.sqrt(sum1)
            w2 = (img2[c2[1]+i][c2[0]+j] - w2_m)/np.sqrt(sum2)
            matching_score += w1*w2    #计算归一化互相关值
    return matching_score
```

4．实验结果及分析

（1）读取图像数据，画出原图像的极线

首先给出绘制极线函数的代码。

```
def plot_epipolar_lines(img1, img2, cor1, cor2):

    F = fundamental_matrix(cor1, cor2)    #计算基础矩阵
    # 绘制第一幅图的极线
    fig = plt.figure(figsize=(8, 8))
    plt.imshow(img1, cmap='gray')
    for i in range(cor2.shape[1]):
        a1 = np.dot(F, cor2[:, i])
        y_s1 = a1[2] / (-a1[1])
        y_e1 = (img1.shape[1] * a1[0] + a1[2]) / (-a1[1])
        plt.plot([0, img1.shape[1]], [y_s1, y_e1], color='b')
        plt.axis([0, img1.shape[1], img1.shape[0], 0])
    for i in range(cor1.shape[1]):
        plt.scatter(cor1[0][i], cor1[1][i], s=45, edgecolors='g', facecolors='b')
    plt.show()
    # 绘制第二幅图的极线
    fig = plt.figure(figsize=(8, 8))
    plt.imshow(img2, cmap='gray')
    for i in range(cor2.shape[1]):
        plt.scatter(cor2[0][i], cor2[1][i], s=45, edgecolors='g', facecolors='b')
    for i in range(cor1.shape[1]):
        a2 = np.dot(F.T, cor1[:, i])
        y_s2 = a2[2] / (-a2[1])
        y_e2 = (img2.shape[1] * a2[0] + a2[2]) / (-a2[1])
        plt.plot([0, img2.shape[1]], [y_s2, y_e2], color='b')
        plt.axis([0, img2.shape[1], img2.shape[0], 0])

    plt.show()
```

下面的代码根据不同角度的图像和特征点绘制极线，如图 9-20 所示。

```
#读取图像和特征点
I1 = imread("./p4/matrix/matrix0.png")
I2 = imread("./p4/matrix/matrix1.png")
cor1 = np.load("./p4/matrix/cor1.npy")
cor2 = np.load("./p4/matrix/cor2.npy")
#根据图像和特征点绘制极线
plot_epipolar_lines(I1,I2,cor1,cor2)
```

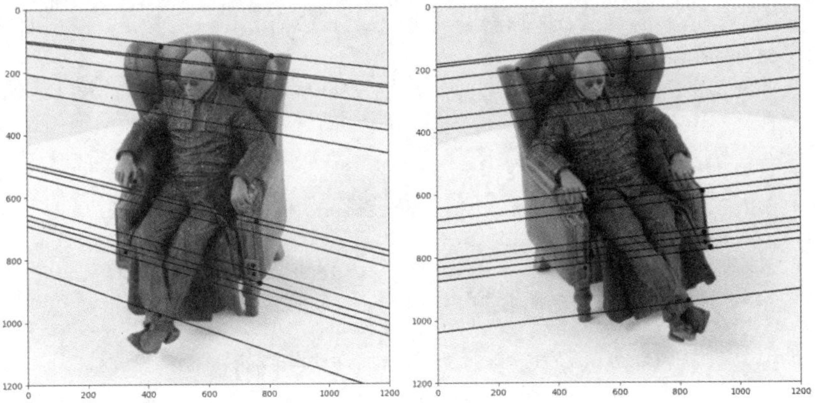

图 9-20　读取不同角度的图像和特征点绘制极线

（2）进行图像校正

图像校正代码如下，校正后绘制极线的结果如图 9-21 所示。

```
I1=imread("./p4/matrix/matrix0.png")
I2=imread("./p4/matrix/matrix1.png")
cor1 = np.load("./p4/matrix/cor1.npy")
cor2 = np.load("./p4/matrix/cor2.npy")

rectified_im1,rectified_im2,new_cor1,new_cor2 = image_rectification(I1,I2,cor1,cor2)
plot_epipolar_lines(rectified_im1,rectified_im2,new_cor1,new_cor2)
```

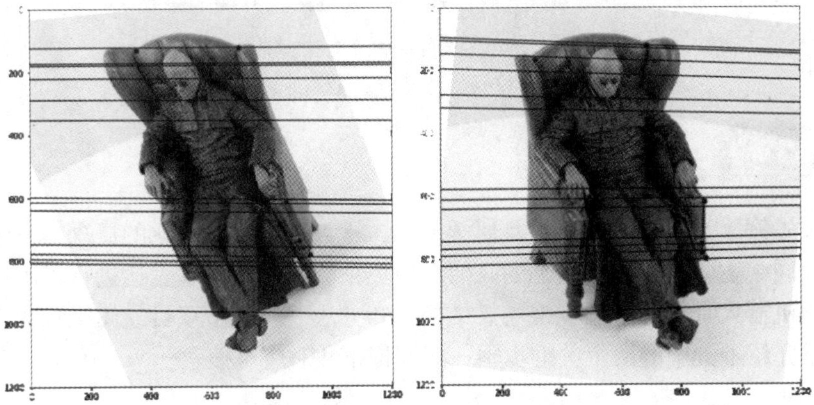

图 9-21　图像校正后绘制极线的结果

（3）画出图像校正后的匹配关系

画出图像校正后的匹配关系的代码如下，校正图像的关键点匹配关系的结果如图 9-22 所示。

```
# 决定 NCC 匹配窗口半径
R = 5
nCorners = 10
```

```
    smoothSTD = 2
    windowSize = 11
    NCCth=0.71

    # 确定基础矩阵
    F_new = fundamental_matrix(new_cor1, new_cor2)

    # 特征点检测
    corners1 = corner_detect(rectified_im1, nCorners, smoothSTD, windowSize)
    #使用NCC求两幅图像的匹配关系
    matching = correspondence_matching_epipole(rectified_im1, rectified_im2, corners1,
                F_new, R, NCCth)

    fig = plt.figure(figsize=(8, 8))
    plt.imshow(np.hstack((rectified_im1,rectified_im2)), cmap='gray')
    for p1, p2 in matching:
        plt.scatter(p1[0], p1[1], s=35, edgecolors='r', facecolors='none')
        plt.scatter(p2[0] + rectified_im1.shape[1], p2[1], s=35, edgecolors='r',
                    facecolors='none')
        plt.plot([p1[0], p2[0] + rectified_im1.shape[1]], [p1[1], p2[1]])
    plt.savefig('dino_matching.png')
    plt.show()
```

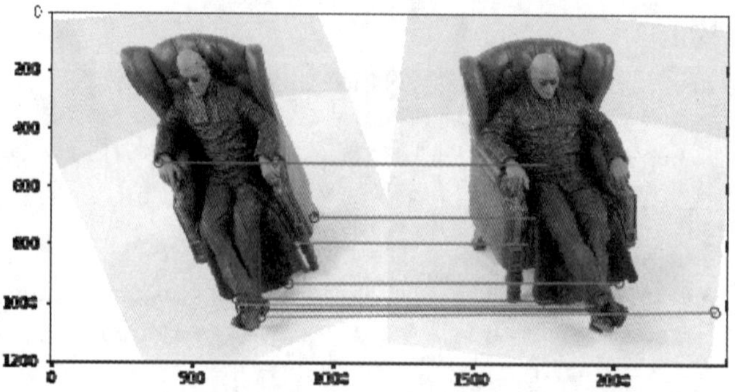

图 9-22　校正图像的关键点匹配关系的结果

本章小结

本章首先概述了多视图重建的几何学基础，重点介绍了三角化的概念与方法；其次，详细介绍了同一物体在不同视角下的几何对应关系，并对其数学表达进行了阐述；最后，探讨了智能机器人常用的一种三维场景结构感知方法——基于双目立体视觉的三维重建方法，并着重介绍了其中的两个关键步骤：图像校正和对应点搜索。

习　题

1. 在两个摄像机只有平移关系的情况下推导出一种三角化方法。

2. 证明若本质矩阵的一个奇异值为 0，则另外两个奇异值相等。

提示：$\boldsymbol{E}$ 的奇异值是 $\boldsymbol{E}\boldsymbol{E}^{\mathrm{T}}$ 的特征值。

3. 证明本质矩阵和基础矩阵的秩都为 2。

4. 对于三维空间中的某一点，假设两摄像机的主轴相交于该点，且像素平面的坐标原点与主点重合，证明此时基础矩阵中元素 F_{33} 为零。

5. 假设一个摄像机拍摄一个物体及其在平面镜中的反射，分别得到两幅图像，证明这两幅图像等价于该物体的两个视图，并且基础矩阵是斜对称的。

6. 写出归一化变换矩阵 $\boldsymbol{T}$ 的参数表达形式，并推导基础矩阵的去归一化公式［式（9-30）］。

7. 在平行视图基础矩阵的推导中，证明所用到的叉乘的性质［式（9-31）］。

8. 在平行视图系统中，推导物体深度的计算公式。

9. 在平行视图系统中，使用视差的定义，用关于基线和深度的函数描述重建的准确性。

10. 在进行归一化相关匹配的过程中，如果两个窗口的灰度值矩阵存在仿射变换关系 $\boldsymbol{I}' = \lambda \boldsymbol{I} + \mu$，其中 λ 和 μ 为常数且 $\lambda > 0$，证明此时相关函数值为最大值 1。

11. 证明具有零均值和单位 Frobenius 范数的图像中，其相关性计算和平方差的和是等价的。

12. 相关函数的迭代计算，假设匹配窗口的长宽分别为 $2m+1$ 和 $2n+1$，窗口平均灰度值为 $\overline{\boldsymbol{I}}$ 和 $\overline{\boldsymbol{I}}'$。

（1）证明 $(\boldsymbol{w} - \overline{\boldsymbol{w}}) \cdot (\boldsymbol{w}' - \overline{\boldsymbol{w}}') = \boldsymbol{w} \cdot \boldsymbol{w}' - (2m+1)(2n+1)\overline{\boldsymbol{I}}\,\overline{\boldsymbol{I}}'$。

（2）证明平均灰度值 $\overline{\boldsymbol{I}}$ 可以迭代计算，并估计每步计算的成本。

13. 将上述计算方法推广到相关函数计算中涉及的所有元素，并估计计算一对图像相关性的总体成本。

14. 假设两个视图为前后平移的关系，9.3.2 小节中的图像校正方法可以应用在这种情况下吗?

15. 针对相关匹配可能存在的若干种问题，提出一些改进思路。

参考文献

[1] CANNY JOHN. A computational approach to edge detection[J]. IEEE transactions on pattern analysis and machine intelligence, 1986 (6): 679-698.

[2] FISCHLER MARTIN A, BOLLES ROBERT COY. Random sample consensus: a paradigm for model fitting with applications to image analysis and automated cartography[J]. Communications of the ACM, 1981, 24(6): 381-395.

[3] DUDA RICHARD O, HART PETER E. Use of the Hough transformation to detect lines and curves in pictures[J]. Communications of the ACM, 1972, 15(1): 11-15.

[4] HARRIS CHRISTOPHER G, STEPHENS MIKE. A combined corner and edge detector[C] //Alvey vision conference. Manchester: Alvey Vision Club, 1988, 15(50): 147-151.

[5] LINDEBERG, TONY. Feature detection with automatic scale selection[J]. International journal of computer vision, 1998, 30: 79-116.

[6] LOWE DAVID G. Distinctive image features from scale-invariant keypoints[J]. International journal of computer vision, 2004, 60: 91-110.

[7] ROSTEN EDWARD, PORTER REID, DRUMMOND TOM. Faster and better: A machine learning approach to corner detection[J].IEEE transactions on pattern analysis and machine intelligence，2008，32(1): 105-119.

[8] LAZEBNIK SVETLANA, SCHMID CORDELIA, PONCE JEAN. Beyond bags of features: spatial pyramid matching for recognizing natural scene categories[C]//2006 IEEE computer society conference on computer vision and pattern recognition (CVPR'06). Piscataway: IEEE, 2006, 2: 2169-2178.

[9] PAPAGEORGIOU C PAPAGEORGIOU, OREN M, POGGIO TOMASO. A general framework for object detection[C]//Sixth international conference on computer vision (IEEE Cat. No. 98CH36271). Piscataway: IEEE, 1998: 555-562.

[10] DALAL N, TRIGGS BILL. Histograms of oriented gradients for human detection[C]//2005 IEEE computer society conference on computer vision and pattern recognition (CVPR'05). Piscataway: IEEE, 2005, 1: 886-893.

[11] KURT KOFFKA. 格式塔心理学原理[M]. 李维, 译. 北京：北京大学出版社，2010.

[12] COMANICIU DORIN, MEER PETER. Mean shift: A robust approach toward feature space analysis[J]. IEEE transactions on pattern analysis and machine intelligence, 2002, 24(5): 603-619.

[13] SHI JIANBO, TOMASI. Good features to track[C]//1994 Proceedings of IEEE conference on computer vision and pattern recognition. Piscataway: IEEE, 1994: 593-600.

[14] HARTLEY RICHARD HARTLEY. In defense of the eight-point algorithm[J]. IEEE transactions on pattern analysis and machine intelligence, 1997: 19(6): 580-593.